普通高等教育机械类专业"十三五"规划教材

CATIA实用教程及 3D打印技术

主编 邱志惠

西安交通大学出版社
XI'AN JIAOTONG UNIVERSITY PRESS

内容简介

本教材是一本介绍计算机绘图软件 CATIA 及 3D 打印技术的实用教程,介绍了 CATIA 建模的方法和 3D 打印的基本原理,学习密歇根大学的机械基础教学方式,将基础课程内容和先进的实用技术相结合。

本教材共分上下两篇共 12 章,上篇第 1 章~第 8 章是 CATIA 软件建模教学部分,内容的介绍以实例为主,教材中的全部实例的具体操作均有章可循,详细的操作步骤及配图一目了然。读者可以依据这些常见的实例的操作练习来学习和掌握 CATIA 软件的基本命令和绘图建模技巧。下篇第 9~12 章是 3D 打印技术内容,其中包括了 3D 打印概述、3D 打印原理和逆向工程、快速模具内容,作为工科类学生应该了解的快速制造、先进制造技术的内容。为了方便国际学生和双语教学的学生的学习,在附录里放置了机械制图关键部分的英文内容,所以也可以作为双语教材使用。附录里有计算机绘图的国家标准、英文的机械制图及第三角投影制图、英文的 3D 打印技术和 CATIA 建模练习题、以及 3D 打印的部分应用实例图片。

本教材既可作为本科生、国际生双语教材,也可以作为培训班学员的培训教材,还可以作为工程技术人员学习 CATIA、3D 打印技术的教材和参考书。

图书在版编目(CIP)数据

CATIA 实用教程及 3D 打印技术/邱志惠主编. —西安:西安交通大学出版社,2017.6
ISBN 978 - 7 - 5605 - 9804 - 8

Ⅰ.C… Ⅱ.①邱… Ⅲ.①机械设计-计算机辅助设计-应用软件-教材 ②立体印刷-印刷术-教材 Ⅳ.①TH122 ②TH122

中国版本图书馆 CIP 数据核字(2017)第 150092 号

书　　名	CATIA 实用教程及 3D 打印技术
主　　编	邱志惠
责任编辑	屈晓燕
出版发行	西安交通大学出版社
	(西安市兴庆南路 10 号　邮政编码 710049)
网　　址	http://www.xjtupress.com
电　　话	(029)82668357　(029)82667874(发行中心)
	(029)82668315(总编办)
传　　真	(029)82668280
印　　刷	陕西元盛印务有限公司
开　　本	787mm×1092mm　1/16　　印张　21.75　　字数　516 千字
版次印次	2017 年 7 月第 1 版　　2017 年 7 月第 1 次印刷
书　　号	ISBN 978 - 7 - 5605 - 9804 - 8
定　　价	45.00 元

读者购书、书店添货、如发现印装质量问题,请与本社发行中心联系、调换。
订购热线:(029)82665248　(029)82665249
投稿热线:(029)82668803　(029)82668804
读者信箱:med_xjup@163.com

主 编 简 介

邱志惠,女,副教授,九三学社社员,中国发明协会会员,先进制造技术及 CAD 应用研究生指导教师,陕西省高校跨校选课任课教员,美国 Autodesk 公司中国区域 AutoCAD 认证教员。

1982 年 1 月毕业于西安交通大学,1988 年被电子部二十所聘为工程师,1993 年 5 月至今在西安交通大学任教。1994 年转为讲师,1995 年 12 月被聘为陕西省图学会标准化委员会委员。1998 年 7 月被聘为副教授。主要为本科生讲授画法几何及工程制图、工程制图基础、机械工程制图、计算机绘图、产品快速开发课程,并为研究生讲授计算机图形学、CAD 原理及软件应用等选修课程。主要研究方向为三维快速成型制造技术、微纳制造、计算机图形学的应用技术、计算机三维造型及工业造型设计、机床模块化设计、数字化制造。荣获“2010 年度王宽诚教书育才奖”“2011 年度西安交通大学教书育人优秀教师奖”。

2007 年 7 月—2008 年 7 月在美国密歇根大学做访问学者,2009 年 7—9 月在香港科技大学做访问学者。2012—2016 年多次赴美国开展合作交流。

2005 年主持国家自然科学基金项目“快速成形(3D 打印)新技术的普及与推广”,与中央电视台联合拍摄的 3D 打印科教片,在中央电视台播放多次。至今一直在高校、企业做 3D 打印的科普讲座,仅 2015 年就受邀举办讲座十场以上,并义务为中小学生举办讲座多场。参加“高档数控机床模块化配置设计平台及其应用”等多项国家重大科技专项课题,并荣获多项省、厅级科技成果奖。发表教育研究论文多篇,出版计算机绘图教材多本。主编的《AutoCAD 实用教程》教材累计发行 5 万多册,荣获 2015 年度西安交通大学优秀教材二等奖

E-mail:qzh@mail.xjtu.edu.cn

交大个人主页:

http://gr.xjtu.edu.cn/web/qzh

序

    CATIA 是法国 Dassault 公司的 CAD/CAM/CAE 一体化软件,是世界上业界主流的软件之一。它是一套参数化、基于特征的实体模型化、功能强大的 CAD 系统,适用于工业设计、机械设计、功能仿真、制造和数据管理等领域,涉及从设计到生产的全部过程。使用该软件,可通过修改尺寸达到设计更改的目的,亦可将设计意图融入计算机辅助设计,通过参数化模型,直观地创建和修改模型,完成设计。该软件还支持各种符合工业标准的绘图仪和打印机,可以方便地进行二维和三维的图形输出。使用该软件还可进行刀具轨迹的演示及生成数据文件、生成数控机床可用的数据文件,特别是输出适合 3D 打印的数字模型。

    CATIA 扩展了普通的实体建模特征,使得用户能轻易、快速地生成各种复杂曲面造型,也可根据各种关系和公式来生成壳体设计及艺术造型等复杂的曲线曲面,在飞机设计、汽车制造、人物造型、模具加工等领域被广泛地应用。

    西安交通大学机械学院根据目前国内制造业的情况,拟选择 CATIA V5 为机械学院的国际学生学习工程制图和计算机绘图的软件,同时介绍先进的 3D 打印相关技术,为学生可以直接将模型打印为实体、实现各自的创新、创意奠定基础。

    本书主编邱志惠老师从教二十多年,具有丰富的机械设计经验,所编写的多本 CAD 教材非常畅销,被很多学校选用。本书是针对西安交通大学机械学院的国际学生班计算机绘图课编写的一本教材。该书始终贯彻三维造型理念,并以用户操作中的方法和绘图技巧为主线,循序渐进,深入浅出,因此无论对本科生、技校学生还是工程技术人员以及自学者,都是一本很好的教材。

2017 年 6 月于西安

序

    CATIA 是法国达索公司开发的一款 CAD/CAE/CAM 集成软件,在汽车、航空航天、船舶、消费品和通用机械制造等领域应用广泛。该软件拥有先进的实体建模设计、外型设计、分析和模拟、机械加工、数字样机、设备与系统工程等功能,具备完整的设计开发能力,从产品的概念设计到产品的加工制造,以其精确灵活的解决方案,成为世界上最受青睐的产品开发系统之一。

    CATIA V5 R20 造型软件是最新版本,是一套先进的通用机械设计工具,具有雄厚的三维处理能力。该软件的功能包括实体零件造型、装配造型、渲染、工程图的设计等,使设计变得更直观、简单,已被广泛地应用在飞机设计、汽车制造、模具加工等各个领域。

    计算机绘图及三维建模造型技巧是当今时代每个工程技术人员不可缺少的能力。传统的从一条线、一个图开始绘图的方法正在被三维建模制图所替代。也正是这种设计理念,使广大工程设计人员提高设计效率、解放创造性思维的能力成为现实。轻松自如地使用它,是工科院校相关专业的学生必须掌握的技能之一。

    传统的制图方法已经不能适应现在的少学时和未来实际工作的需要,3D 打印是一种新的制造技术,和机械制图、计算机绘图完美结合也是一种必然趋势。

    西安交通大学机械工程学院邱志惠副教授在美国密歇根大学访学期间,在密歇根大学安娜堡分校和迪尔本分校听了机械制图和 CAD 课程以后,和密歇根大学 WuCenter 的几位访问学者一起编写了这本《CATIA 实用教程及 3D 打印技术》,我认为本教材适合现在国内压缩学时、一门课介绍多个领域内容的教学需要。特别是本书是为西安交大国际学生学习计算机绘图编写的一本教材,可以做到一课多学。邱教授编写过多本 CAD 教材,已经累计发行 7 万册以上,在美国期间利用 CATIA 为汽车公司设计建模,熟练掌握了该软件的应用,同时她结合 20 多年的教学和 30 多年的设计经验,在该书编写中始终贯彻三维造型理念,并以用户操作中的方法和绘图技巧为主线,循序渐进,深入浅出。因此无论对本科生还是培训班学员以及自学者,本书都是一本很好的教材。

倪军

2016 年 11 月于美国密歇根大学

前　言

CATIA 是法国 Dassault 公司开发的 CAD/CAM/CAE 一体化软件,被广泛应用于电子、通信、机械、模具、汽车、自行车、航天、家电和玩具等制造行业的产品设计。该软件拥有先进的实体建模、外形设计、分析和模拟、机械加工、数字样机、设备与系统工程、人机工程学设计与分析、知识工程和虚拟产品管理等模块,具备完整的设计开发功能,从产品的概念设计到产品的加工制造,以其精确灵活的解决方案为用户开发出满意的产品,成为世界上最受青睐的产品开发系统之一。

CATIA 拥有众多模块,本书是为工科学生学习 CAD 建模和机械制图及了解 3D 打印而编写的,所以主要介绍机械设计模块。机械设计模块包括零部件设计、装配件设计、草图绘制、功能公差与标注设计、模具设计、结构设计、工程制图等子模块。该模块可实现产品实体零件造型、装配造型及工程图等。同时介绍其强大的曲面设计功能,它提供多种曲线曲面造型技术,如自由塑造不规则曲面、创成式曲面设计或快速曲面重构等方法,对汽车、飞机等曲面外形设计有强大的技术优势。其产品造型、制造的数字处理可以容易地实现在 3D 打印中的需要。

本书将设计思想贯穿在以实例为主的教学和学习方法,目的是便于学生快速掌握各种基本命令和绘图技巧。在编写过程中充分注意了入门与提高之间的关系,并始终以用户操作中的方法和绘图技巧为主线,循序渐进、深入浅出,以期减少初学者的困难。

本书主编在 2007 年～2008 年访学美国期间,在密歇根大学和汽车公司均使用 CATIA 建模,2016 年再次赴密歇根大学学习机械制图、计算机绘图课程,了解机械专业在世界名列前茅的密歇根大学的机械制图只是"ME250 Design & Manufacturing Course"中的很少一部分,该课程还包括了 CAD 及 3D 打印等很多内容的讲解。同时聆听了密歇根大学迪尔本分校的制图课程,该课程计算机绘图使用的 CATIA 和 Solidworks。所以在访学期间夜以继日地和同事们一起编写了本书,希望该书能够解决近年来国内大量压缩课时,却不减少内容的问题,为改革课程内容提供一本先进制造技术的教材,在一门课程里面,能够学习机械制图、CATIA 计算机绘图、3D 打印及其相关的逆向工程、快速模具等内容。希望能有更多的学校能够学习密歇根大学在少学时的情况下,让学生学习到更多必需内容的经验。

本书由西安交通大学机械工程学院先进制造技术研究所邱志惠副教授主编,重庆科技学院雷贞贞讲师、西安交通大学张进华副教授、李旸博士、李宝童博士、西北工业大学康永刚副教授、吉林大学冀世军副教授参加编写。西安交大杨晓君博士、广西大学胡珊珊博士参加了校对修改。安徽理工大学谢晓燕参加编写了附录制图部分。西安交通大学马雪亭硕士绘制了 3D 打印的原理图、密歇根大学刘逸轩硕士做了英文截图(因为篇幅限制没有使用)。西安交通大学吴厚旗同学对 CATIA 建模部分做了全部的试做,夏天等同学也做了部分练习,以保证读者可以按照步骤就能完成所有绘图和建模。西安交通大学荀伟同学进行了英文附录排版。

在 3D 打印部分的编写过程中得到了卢秉恒院士的大力支持,还得到了西安交通大学机械工程学院先进制造技术研究所和快速制造国家工程研究中心的许多同事的协助(提供了大量的论文和应用实例图片),以及密歇根大学 WuCenter 的部分访问学者和博士的帮助,在编写的过程中,参考了西安交大先进制造研究所洪军教授、赵万华教授、梁晋教授等人的博士论文,以及鲁中良、田国强、魏润强、唐正宗、黄淇、陈号等人的论文,人数太多,不一一列举,在此一并表示感谢。

特别感谢陕西恒通智能机器有限公司总经理王永信、副总经理李虎城和渭南鼎信创新智造科技有限公司曹江涛总经理及许多工程师的大力支持和提供资料。

感谢密歇根大学教授们提供的方便和附录 C 的英文制图内容,附录 D 的 3D 打印技术英文由美国教授修改。

本书是专为西安交通大学机械工程学院国际学生和双语教学试点改进工程制图教学及计算机绘图选修课而编写的教材。CATIA 可以直接使用英文版软件结合教学,机械制图和 3D 打印技术都在附录里提供了部分英文简介。由于时间紧促,编者水平有限,缺点和错误在所难免,望广大读者批评指正。

编　者

E-mail:qzh@mail. xjtu. edu. cn

2016 年 12 月

目　录

第1章 绪 论

1.1 概述

  CATIA 是法国达索公司开发的一款 CAD/CAE/CAM 集成软件,在汽车、航空航天、船舶制造、厂房设计、电力与电子、消费品和通用机械制造等领域应用广泛。该软件拥有先进的实体建模设计、外形设计、分析和模拟、机械加工、数字样机、设备与系统工程、人机工程学设计与分析、知识工程和虚拟产品管理等功能。该软件具备完整的设计开发功能,从产品的概念设计到产品的加工制造,其精确灵活的解决方案可以为用户开发出满意的产品,是世界上最受青睐的产品开发系统之一。CATIA 拥有众多模块,下面对其主要模块进行简单介绍。本书只对机械制图中常用的草图、零件建模、装配、工程图等进行教学指导。

  1.基础结构模块

  CATIA 基础结构模块包含产品结构、材料库、不同版本之间的转换、图片工作室、实时渲染、过滤产品数据等子模块,如图 1-1 所示。提供结构树、色彩渲染效果、材料库及零部件应用之间的关联等功能。

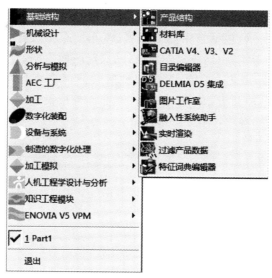

图 1-1 基础结构模块

  2.机械设计模块

  机械设计模块如图 1-2 所示,该模块包括零部件设计、装配件设计、草图绘制器、功能公差与标注设计、焊接设计、模具设计、结构设计、工程制图、钣金设计等子模块。该模块可实现产品实体零件造型、装配造型、工程图及制造工艺设计等。例如,该模块所具有的拉伸、旋转、抽壳、扫描、混成、扭曲及用户自定义特征的功能,设计常见的立体、螺纹、弹簧、肋板、壳体等零件,并进行圆角、倒角、退刀槽、拔摸等常规机械结构及加工特征的设计,使设计变得直观、简单。同时,其方便的尺寸修改及快捷的特征重定义功能,使设计变得更加随意,不受软件的束缚。

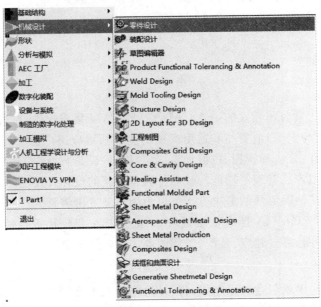

图 1-2　机械设计模块

3. 形状模块

形状模块如图 1-3 所示,包括自由曲面造型、汽车白车身接合、基于草图的自由曲面造型、图像和外形、数字化外形编辑、创成式外形设计、快速曲面重构、汽车 A 级曲面设计等子模块。CATIA 拥有强大的曲面设计功能,提供多种曲线曲面造型技术,如自由塑造不规则曲面、创成式曲面设计或快速曲面重构等方法,对汽车曲面外形设计也拥有强大的技术优势。

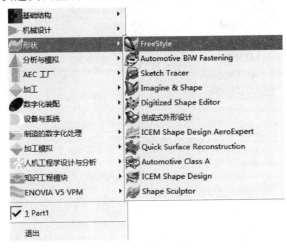

图 1-3　形状模块

4．分析与模拟模块

分析与模拟模块如图 1-4 所示，包括变形装配件公差分析、高级网格划分工具、创成式结构分析等子模块。提供实体的网格划分、静态应力应变、模态分析等有限元分析功能，并且可以导出网格划分数据供其他 CAE 软件共享。

5．AEC 工厂模块

AEC 工厂模块如图 1-5 所示，包括提供厂房布局等子模块。实现工厂的规划、布局功能。

图 1-4　分析与模拟模块　　　　　　图 1-5　AEC 模块

6．加工模块

加工模块如图 1-6 所示，包含车削加工、铣削加工、曲面加工、高级加工、数控加工审查、STL 快速成型等子模块。提供设计实体零件的几何、毛坯、夹具、机床、刀具等参数信息，自动生成数控编程程序，实现对零件毛坯的数控加工。可实现从两轴到五轴的加工编程的能力，除此之外，该模块拥有产品造型、加工工艺和加工人员等加工资源高度关联的特性，良好支持并

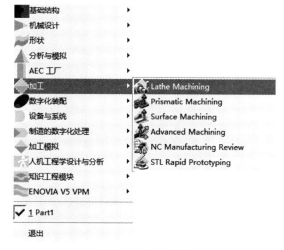

图 1-6　加工模块

行工程和管理加工流程。

7. 数字样机(数字化装配)模块

数字样机(数字化装配)模块如图 1-7 所示,包括 DMU 漫游器、DMU 空间分析、DMU 运动机构模拟、DMU 配件、DMU 优化器、DMU 公差审查等。实现各类运动机构的动态仿真与控制,空间问题分析,产品功能优化等。

8. 设备与系统模块

设备与系统模块如图 1-8 所示,包括电子电缆布线规则、电气线束规则、HVAC 规则、多专业、初步布局、管路专业、管道专业领域、结构专业领域、电路板设计等子模块。提供各种电子电缆的布局,管道、塑料管路、电气线束以及电子零件配置等功能。

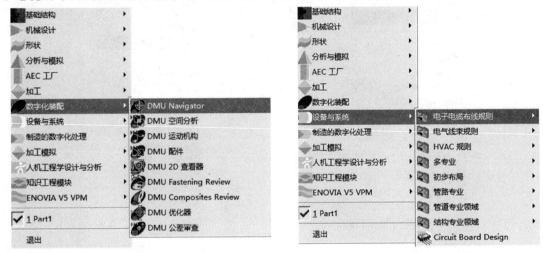

图 1-7　数字化装配模块　　　　　　　　图 1-8　设备与系统模块

9. 制造的数字处理模块

制造的数字处理模块如图 1-9 所示,包括工艺公差与标注设计等子模块。实现在实体建模设计中进行产品的特征、公差配合及标注等功能。

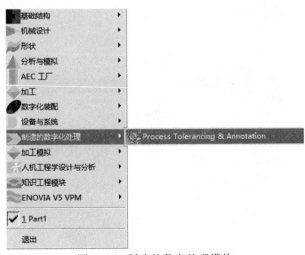

图 1-9　制造的数字处理模块

10.加工模拟模块

加工模拟模块如图 1-10 所示,包括数控设备模拟、数控设备刀具构建器等子模块。通过对数控机床的实体建模、组装和整机模拟,实现数控加工过程的仿真。

11.人机工程学设计与分析模块

人机工程学设计与分析模块如图 1-11 所示,包括人体模型测量编辑、人体行为分析、人体模型构建、人体姿势分析等子模块。提供人体模型,进行人体空间分析,提供人机设计与分析解决方案。

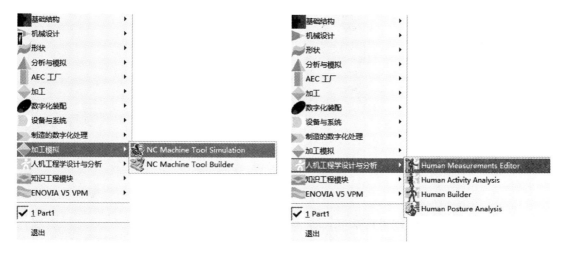

图 1-10 加工模拟模块   图 1-11 人机工程学设计与分析模块

12.知识工程模块

知识工程模块如图 1-12 所示,包括知识顾问、知识工程专家、产品工程优化、产品知识模板、业务流程模板、产品功能定义等子模块。将制造知识集成于设计模型中,缩短设计周期,减少设计缺陷,提升设计质量。

图 1-12 知识工程模块

13. ENOVIA V5 VPM 模块

ENOVIA V5 VPM 模块如图 1-13 所示,包括虚拟产品管理等子模块。支持协同设计环境,提供虚拟产品开发管理、产品生命周期并行设计及等功能。

图 1-13   ENOVIA V5 VPM 模块

1.2   CATIA 的窗口界面与基本操作

本节主要介绍 CATIA V5 的窗口界面及其基本操作,使用户对 CATIA V5 有初步的认识。CATIA V5 的窗口界面如图 1-14 所示,主要包括标题条、主菜单、下拉工具条、快捷图标

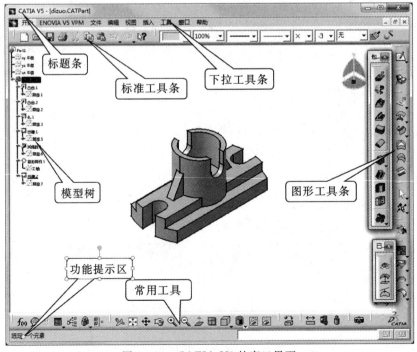

图 1-14   CATIA V5 的窗口界面

工具按钮、罗盘、命令提示栏、绘图区和模型树。

CATIA 的主菜单如图 1-15 所示,它可以使用户实现对 CATIA 的各种操作,用户可以使用的所有功能几乎都能在其下拉菜单中得以实现。注意,CATIA 不同模块下的菜单略有不同。下面将对下拉菜单中常用功能进行介绍。

开始 ENOVIA V5 VPM 文件 编辑 视图 插入 工具 窗口 帮助

图 1-15 CATIA/E 的主菜单

1.2.1 【开始】菜单的基本操作

【开始】下拉菜单(见图 1-2)包含了 CATIA 的各个不同的设计模块,每个模块都有其相应的子菜单。如图 1-2 所示的机械设计模块包含了机械设计的相关部分,包括零件设计、装配设计、草图编辑器和工程制图等等。

1.2.2 【文件】菜单的基本操作

如图 1-16 所示的文件下拉菜单:涵盖了 CATIA 对文件操作的所有命令,包括新建、打开、保存、打印、文件属性、最近打开的文件及退出等 CATIA 系统命令。

1. 新建

创建新的不同类型的文件。点击该菜单之后,在出现的如图 1-17 所示的新建对话框对话框中选取合适的选项,新建文件类型一共有 16 种,但我们主要运用的是 Part(零件)类文件。

图 1-16 部分文件菜单   图 1-17 "新建"对话框

2. 打开

打开不同类型的文件,其对话框如图 1-18 所示。CATIA 能直接打开的文件种类比较多,除了 CATIA/E 系统创建的文件之外,还可打开 Dwg、Iges、Cgm、Stp、及 CATPart 文件等多个软件的多种文件格式。CATIA 还支持对某些类型文件的预览功能,点击对话框左下方中的预览按钮即可对零件文件、装配文件进行预览。

3. 保存及另存为

点击保存或另存为显示询问是否保存菜单栏如图 1-19 所示,点击确定,保存和另存为都

图 1-18　打开对话框

可以更改文件类型。例如，在模型状态下，可以把文件存为 Jpg 图片格式，将模型的某种状态制作成图片。

图 1-19　保存或选择格式生成其他类型的文件

4. 打印

利用该命令，可以将 CATIA 对象输出到打印机或者绘图仪。点击该命令之后，会出现如图 1-20 所示打印效果对话框。点击属性按钮会出现如图 1-21 所示的打印对话框，选择适当的打印尺寸和分辨率,点击退出对话框。在打印对话框中选择确定即可打印。

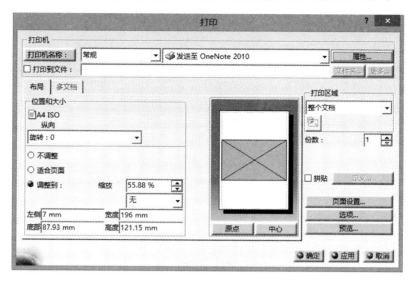

图 1 - 20　"打印"对话框

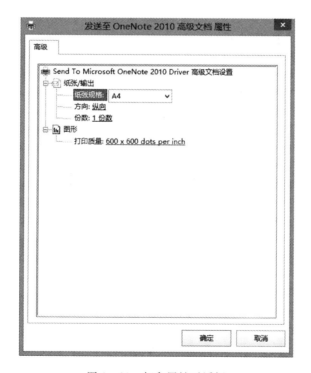

图 1 - 21　打印属性对话框

1.2.3　【编辑】菜单的基本操作

【编辑】菜单如图 1 - 22 所示,包括对对象的操作命令,比如撤销、复制、粘贴以及选择集的定义、编辑和查找等。

图 1-22　编辑菜单

1.2.4　【视图】菜单的基本操作

如图 1-23 所示,该下拉菜单栏里包括了改变模型显示方式和工作区的显示等功能。在该菜单栏中包括工具栏、命令列表、几何图形、规格、指南针、规格概述、几何概述、视图显示、窗

图 1-23　视图下拉菜单

口显示操作等。视图显示和窗口显示十分重要,将进行详细讲解。

1. 工具栏

如图 1-24 工具栏中包含了制作模型所需的所有工具,可以通过点击工具栏使所需要的工具显示或者隐藏起来。

2. 几何图形、规格及指南针

该命令主要用于将模型的几何图形、规格及指南针进行显示或隐藏,使人们能够更好地观察各种组成部分。

3. 规格概述和几何概述

如图 1-25 和图 1-26 所示,规格概述是用来显示模型的详细规格而几何概述是用来显示模型的几何特征。

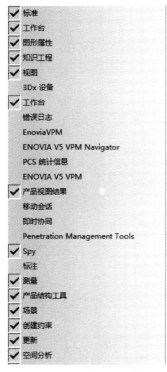

图 1-24 视图工具栏

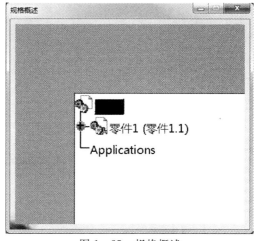

图 1-25 规格概述

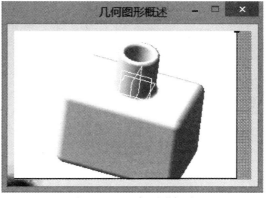

图 1-26 几何图形概述

4.视图显示操作

视图显示操作中的所有操作都包括在如图 1-27 的视图工具栏中,可以在绘图区将其调出。

图 1-27　视图工具栏

(1)单击视图工具栏中的飞行模式按钮，此时系统进入飞行模式,视图工具栏将变为如图 1-28 所示。

图 1-28　飞行模式下视图工具栏

单击按钮,按住鼠标左键就可以对模型进行旋转,图 1-29 所示。

图 1-29　飞行模式下的旋转按钮

单击视图工具栏的飞行，按住鼠标左键拖动鼠标,如图 1-30 示,屏幕下方绿色箭头显示了移动速度和方向。单击　和　分别可以加减飞行模式的移动速度。

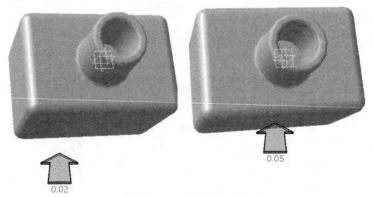

图 1-30　飞行效果

(2)单击视图工具栏中的全部适应按钮，系统会自动将模型调整到居于绘图区正中的位置,如图 1-31 所示。

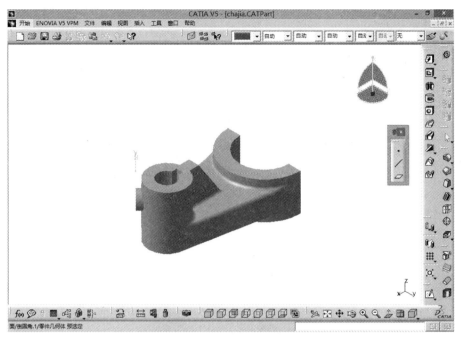

图 1-31 全部适应按钮效果

(3)单击视图工具栏中的平移按钮 ⊕,拖动鼠标左键就可以将模型平移,如图 1-32 所示。除此之外为了方便也可以通过长按鼠标滚轮,然后移动鼠标对模型进行视图平移。

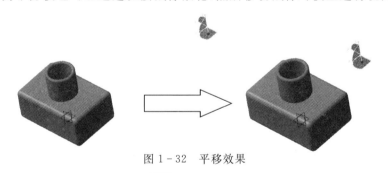

图 1-32 平移效果

(4)单击视图工具栏中的旋转按钮 ,按住鼠标左键然后拖动鼠标就可以让模型旋转,如图 1-33 所示。除此之外为了方便也可以通过长按鼠标滚轮,然后按住鼠标左键和右键同时移动鼠标就可以让模型旋转。

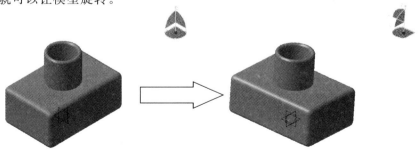

图 1-33 旋转效果

（5）单击视图工具栏中放大按钮 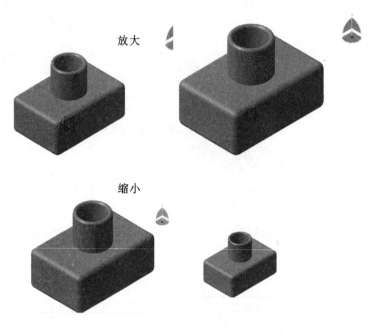 或缩小按钮 ，按住鼠标左键然后拖动鼠标就可以将模型视图放大或者缩小，如图 1-34 所示。除此之外为了方便也可以通过长按鼠标滚轮，然后点击鼠标左键或者右键同时上下移动鼠标就可以对模型进行放大和缩小。

放大

缩小

图 1-34 放大和缩小效果

（6）选择参考面，单击视图工具栏中的法线视图按钮 ，如图 1-35 所示沿选定基准平面的法线方向调整模型，可以方便观察模型某个方向的正投影特征。

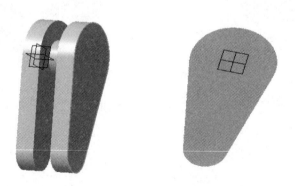

图 1-35 法线视图效果

（7）单击视图工具栏中的多视图按钮 ，如图 1-36 所示，系统会自动将模型从三个不同方向投影。

（8）单击视图工具栏中视图方向按钮 下方的黑色小箭头，出现如图 1-37 所示的视图方向的下拉图形菜单，再点击不同的视图按钮选择不同的视图会让模型显示不同的方向。如

图 1-38～图 1-42 所示,为不同方向上的视图。

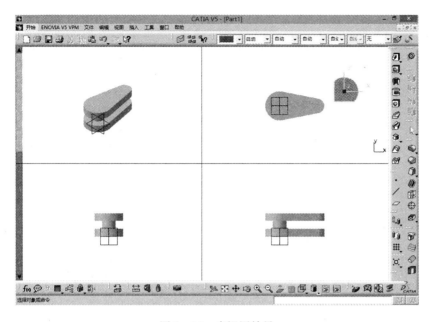

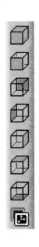

图 1-36 多视图效果

图 1-37 视图方向的下拉菜单

图 1-38 右视图

图 1-39 前视图(主视图)

图 1-40 左视图

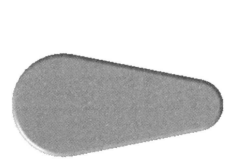

图 1-41 顶视图(俯视图)

图 1-42 等轴测视图

单击视图方向的下拉菜单的最后一个已命名的视图按钮 ,会弹出如图 1-43 所示的已命名的视图对话框。输入新视图名称"Camera 1",单击添加按钮即可以添加当前为新的视图。

(9)单击视图工具栏的渲染样式按钮 下方的黑色小箭头会出现如图 1-44 所示的视图模式图形菜单,在菜单中从上到下依次点击列表中的按钮将出现如图 1-45 所示的模型效果。

图 1-43 "已命名的视图"对话框

图 1-44 视图模式图形菜单

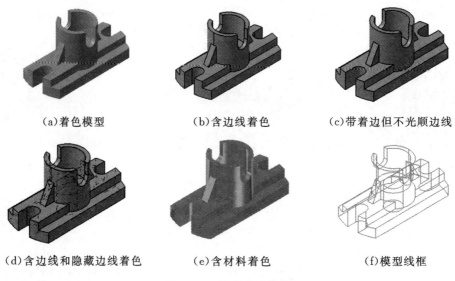

(a)着色模型　　　　　(b)含边线着色　　　　(c)带着边但不光顺边线

(d)含边线和隐藏边线着色　　(e)含材料着色　　　　(f)模型线框

图 1-45 视图模式效果

1.2.5 其它菜单简介

【插入】菜单如图 1-46 所示,该菜单包括插入的几何体和几何特征,标注和约束等命令。具体应用将在后续各章中详细讲述。

【工具】菜单如图 1-47 所示,它包括各种绘图工具和参数工具,也可以进行自定义操作,其中'选项'命令是软件进行多属性设置的命令。

图 1-46 插入菜单

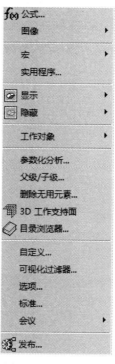

图 1-47 工具菜单

【窗口】和【帮助】菜单如图 1-48 和图 1-49 所示,【窗口】菜单提供不同的窗口放置方式,【帮助】菜单可以帮助使用者更好的学习软件。

图 1-48 窗口菜单

图 1-49 帮助菜单

1.2.6 模型树的基本功能

模型树主要记录了用户对模型进行的各种操作的过程,包括实体特征、曲面特征、复制、分析等等都会在模型树中反映出来,其有助于了解模型的创建过程。在模型树中选取特征,点击鼠标右键,可以对特征删除、修改、重定义等,给模型的修改带来极大的方便,其具体的使用方法将在以后的范例中详细说明。

1.2.7 菜单管理器的基本功能

菜单管理器集中了 CATIA 所有的模型创建命令和模型操作命令,包括实体建模、曲面建模、零件装配、模型修改等等,这些指令将在本书以后的章节详细介绍。

1.2.8　CATIA 的各种基本配制简介

1. 设置单位

选择【工具】中的【选项】菜单按钮,弹出选项对话框,在该对话框内 CATIA 的许多设置都可以按照自己的需要更改,如图 1-50 所示。

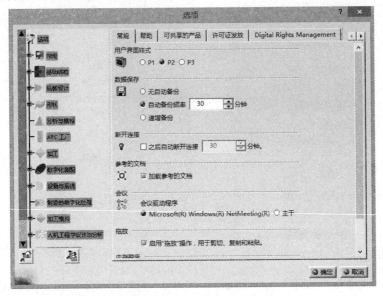

图 1-50　"选项"对话框

在左侧的树里选择【常规】,再点击其下面的选项的【参数和测量】选项界面,即可以切换到如图 1-51 所示对话框。在【单位】选项里,可以分别设置长度、角度、时间、质量、体积和密度的单位,也可以在英制环境下设置英制单位。

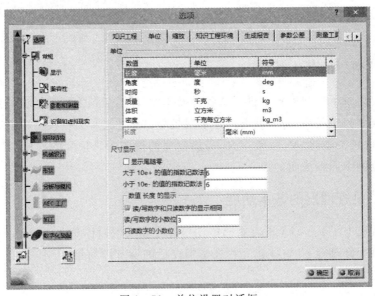

图 1-51　单位设置对话框

2.设置背景

在'常规'选项的'显示'选项界面,可以切换到'可视化'选项卡,如图1-52所示,可以设置可视化效果。系统默认的颜色一般可用于设计过程,可根据需要修改。单击展开'背景'下拉列表,可以选择各种喜欢的背景颜色,在'预览'选项中可以查看效果。

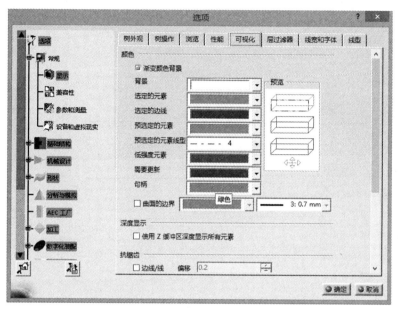

图1-52 可视化选项卡

3.设置线型、线宽和字体

在'常规'选项的'显示'选项界面,可以切换到'线宽和字体'或'线型'选项卡,如图1-53

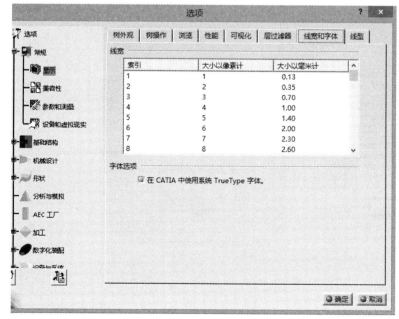

图1-53 线宽和字体

和 1-54 所示,可以设置字体、线宽和线型。

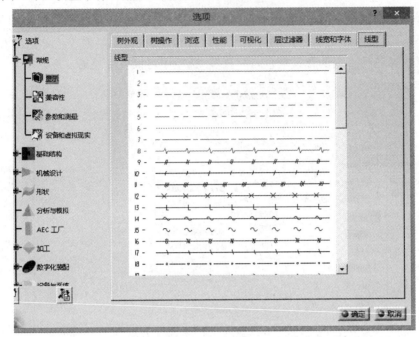

图 1-54　线型

1.2.9　定制菜单

工具菜单的下拉菜单如图 1-55 所示,用户单击其中的'自定义...'按钮后会出现如图 1-56 的自定义对话框,可以根据自己的需要修改菜单

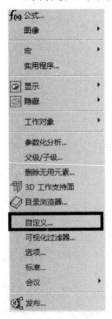

图 1-55　工具下拉菜单

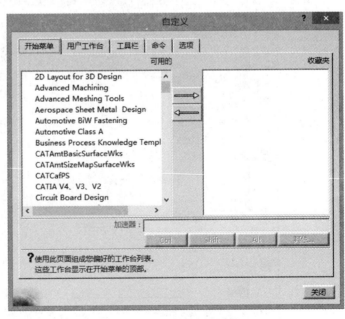

图 1-56　自定义对话框

例如:改变开始菜单,欲将草图编辑器加入到开始菜单中,可以在自定义对话框中修改,如图 1-57 所示。修改后,开始菜单如图 1-58 所示。

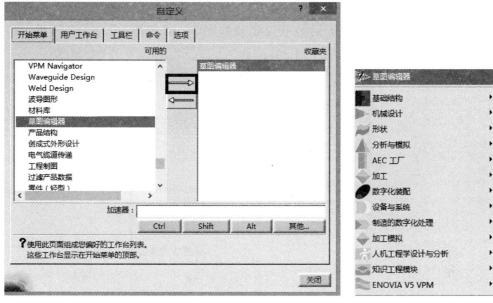

图 1-57 "自定义"对话框

图 1-58 修改后开始菜单

1.2.10 定制工具栏

在自定义对话框中点击工具栏按钮,会出现如图 1-59 所示的工具栏对话框。可以对工具栏进行编辑:新建、添加和删除等。

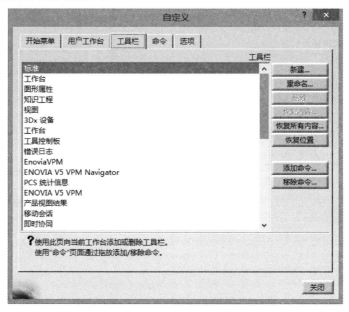

图 1-59 工具栏对话框

若要新建工具栏,可以单击新建按钮,会出现如图 1-60 所示的新工具栏对话框。

若要添加命令可单击'添加命令'按钮,出现如图 1-61 所示的添加命令列表,可以通过选择所需的命令进行添加。

若要删除命令,单击'移除命令'按钮会出现如图 1-62 的删除命令列表,也可以移除命令。

图 1-60　新工具栏对话框

图 1-61　添加命令列表

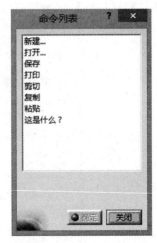

图 1-62　删除命令列表

第 2 章　平面草图的绘制

2.1　草图菜单简介

在后续的学习中,用户可以体会到平面图的绘制对于三维特征的创建是至关重要的,绘制 3D 立体时,首先需要绘制 2D 平面图,以便作为立体的截面图(底面图)。所有的立体特征,都是通过平面图形创建的,所以有必要把平面图作为 CATIA 的基础来掌握。CATIA 的参数化绘制在这里充分显示出来:尺寸自动标注,既不会多也不会少;并且尺寸和图形是关联的,即修改尺寸数值,图形自动修正;拖动图形改变,尺寸自动修正。彻底改变了以往用户标注尺寸的方式,极大地提高了绘图效率。

点击草绘按钮 进入草绘界面,首先选择一个平面作为参考基准面,如图 2-1 所示选择 XY 平面做参考的草绘平面。

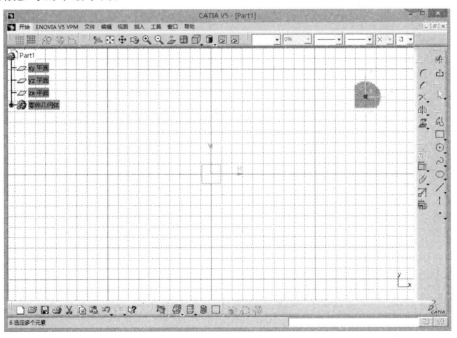

图 2-1　草图绘制的界面

平面图的绘制命令有两种方式供用户选择:一种是在插入环境下进行使用如图 2-2 所示的草图绘制的下拉菜单或如图 2-3 所示的草图绘制的图形菜单绘制。

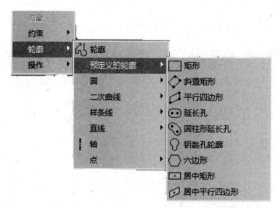

图 2-2　草图绘制（Sketch）的下拉菜单

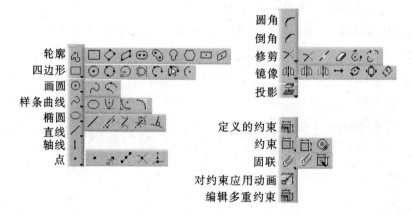

图 2-3　草图绘制（Sketch）的图形菜单

2.2　绘制平面图几何图素的基本命令

在草图绘制环境下，用图形菜单绘制平面草图，主要命令如图 2-3 所示，草图绘制的各项功能讲解如下。

2.2.1　直线

单击直线按钮 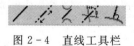 右侧的黑色三角形，展开如图 2-4 所示的直线工具栏。它提供了直线、无限长直线、双切线、角平分线和曲线的法线 5 个绘制直线的工具按钮。

图 2-4　直线工具栏

（1）单击直线按钮 ，在绘制直线时只需要在绘图区任意单击两点就能完成直线的绘制。在绘制完直线后，可以点击约束按钮 对所画直线进行约束（水平、垂直、相切、相交等），如图 2-5 所示。

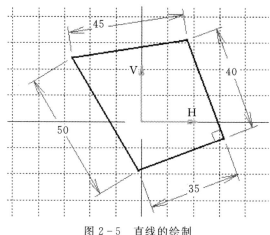

图 2-5　直线的绘制

（2）单击无限长线按钮 ，草图工具工具栏展开，可以选择绘制无限长线的类型：水平线、垂直线和两点斜线，以及其起点、终点坐标值的输入文本框，可以精确绘图，如图 2-6所示。

图 2-6　"草图工具"工具栏

在草图工具工具栏中单击水平线按钮 ，然后在绘图区选择做图位置，完成无限长线水平线的绘制。

（3）单击双切线按钮 ，在绘图区中，绘制相切直线，选择曲线、圆等图形。随后在绘图区再选择另一欲相切图形，完成双切线的绘制。如图 2-7 所示，在两圆之间绘制双切线。

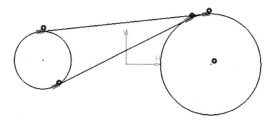

图 2-7　双切线

（4）单击角平分线按钮 ，在绘图区依次选取两条非平行的线段，完成角平分线的绘制，如图 2-8 为两条线段的角平分线。

（5）单击法线按钮 ，在绘图区中，点击圆弧上的一点，会出现如图 2-9 所示的草图工具栏，可以在草图工具栏中设置法线长度及是否对称延长。如图 2-10 所示为所绘制的曲线法线。

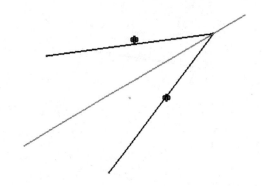

图 2-8　角平分线

图 2-9　"草图工具"工具栏

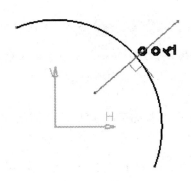

图 2-10　曲线法线

2.2.2　预定义的轮廓

如图 2-11 所示为 CATIA 的预定义轮廓的工具栏,可以通过这个工具栏绘制所需的一般常用图形。

图 2-11　"预定义的轮廓"工具栏

(1)矩形绘制,只需鼠标左键。单击 ,鼠标左键单击矩形两个对角点,单击鼠标中键结束矩形绘制命令,如图 2-12 所示。

(2)单击预定义的轮廓工具栏中的斜置矩形按钮 ,在绘图区点击三个适当位置,绘制矩形的角点,如图 2-13 所示。

(3)单击工具栏中的平行四边形按钮,在绘图区点击适当的三个平行四边形的顶点即可绘

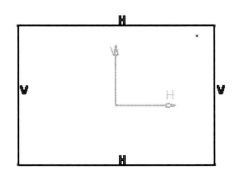

图 2-12　矩形的绘制

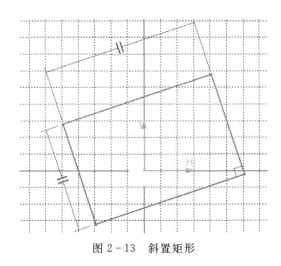

图 2-13　斜置矩形

制如图 2-14 所示的平行四边形。

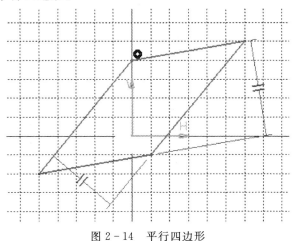

图 2-14　平行四边形

　　(4)单击工具栏中的延长孔按钮,出现如图 2-15 所示的草图工具栏。可以通过在草图工具栏中设置中心点的坐标、半径、两圆心距离等,如图 2-16 为所绘的延长孔。

图 2-15 "草图工具"工具栏

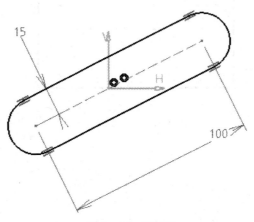

图 2-16 延长孔

(5)单击工具栏中的腰形长孔按钮，出现如图 2-17 所示的草图工具栏，可以在草图工具栏中设置腰形长孔的各种参数，比如半径、角度等。

图 2-17 "草图工具"工具栏

①在绘图区中,任意单击确定孔位置。

②在绘图区中,移动鼠标到合适位置,单击确定第一圆心。

③在绘图区中,移动鼠标到合适位置,单击确定第二圆心。

④在绘图区中,移动鼠标到合适位置,单击确定腰形长孔的半径,如图 2-18 为所绘图形。

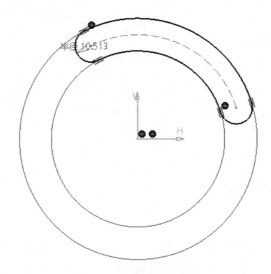

图 2-18 腰形孔图形

（6）单击预定义轮廓工具栏的钥匙孔轮廓按钮，草图工具栏展开如图 2-19 所示的钥匙孔轮廓两圆中心位置参数输入文本框，即第一圆心直角坐标、钥匙孔轮廓两圆中心距离、钥匙孔轮廓两圆中心连线与横轴的夹角。

图 2-19　"草图工具"工具栏

①在绘图区，任意单击确定钥匙孔轮廓的第一个圆心。

②在绘图区，移动鼠标到合适位置，单击确定第二个圆心。

③在绘图区，移动鼠标到合适位置，单击确定钥匙孔轮廓小半径。

④在绘图区，移动鼠标到合适位置，单击确定钥匙孔轮廓大半径，即完成钥匙孔轮廓的绘制，如图 2-20 所示。

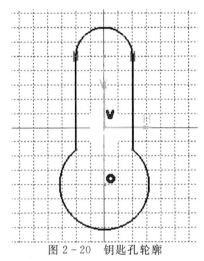

图 2-20　钥匙孔轮廓

（7）单击预定义轮廓工具栏中的正六边形按钮。

①在绘图区，移动鼠标到合适位置，单击确定六边形中心的位置。

②在绘图区中，移动鼠标到合适位置，单击确定六边形边上的中点，即完成六边形的绘制，如图 2-21 所示。

（8）单击预定义轮廓工具栏的居中矩形按钮。

①在绘图区中，移动鼠标到合适位置，单击确定矩形的中心。

②在绘图区中，移动鼠标到合适位置，单击确定矩形的顶点，即完成居中矩形的绘制，如图 2-22 所示。

（9）单击预定义轮廓工具栏的居中平行四边形按钮。

①在绘图区中，绘制两条不平行的直线。

②在绘图区中，选择一条直线。

③在绘图区中，选择另一条直线。

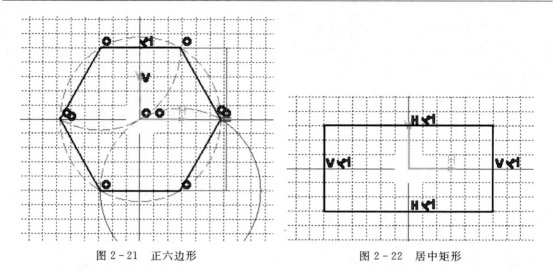

图 2-21　正六边形　　　　　　　　图 2-22　居中矩形

④在绘图区中，移动鼠标到合适位置，单击确定平行四边形的顶点，完成居中平行四边形的绘制，如图 2-23 所示。

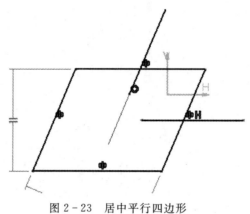

图 2-23　居中平行四边形

2.2.3　圆及圆弧的绘制

在 CATIA 中可以通过如图 2-24 所示的圆工具栏有关操作绘制圆及圆弧。

（1）圆心与圆周上一点（半径）定义圆。单击 ⊙ ，鼠标左键单击圆心，拖动鼠标到适当位置单击左键给定半径，绘制圆。

图 2-24　"圆"工具栏

（2）三点圆。单击 ◯ ，左键在绘图区选一点，然后继续选取圆上第二点，最后点击第三点，即完成三点的绘制。

（3）坐标创建圆。单击 ◯ ，系统会弹出如图 2-25 所示的圆定义对话框，在对话框中输入圆的参数后点击确定即可完成圆的绘制。

（4）三切线圆。单击 ◯ ，在第一个参考的弧、圆或直线上选取起始位置，再选取第二参考、第三个参考即可绘出三切线圆，如图 2-25 所示。

（5）三点弧。单击 ◠ ，左键单出圆弧的起点，适当位置单击鼠标左键定出圆弧终点，移动

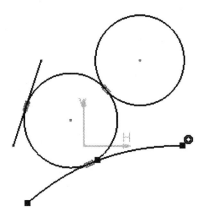

图 2-25 三切线圆

鼠标到合适位置点出圆弧第三点定出半径,绘制出三点圆弧,如图 2-26 所示。

(6)起始受限的三点弧。单击 ⬚,移动鼠标到适当位置单击确定圆弧的起点,移动鼠标到适当位置单击确定终点→移动鼠标到适当位置确定圆弧的第二点,完成圆弧的创建。

(7)绘制弧。单击 ⬚,单击鼠标左键定出圆弧圆心,移动鼠标到适当位置单击左键确定圆弧起点,移动鼠标到适当位置单击左键定出圆弧终点,完成圆弧的绘制,图 2-27 所示 。

图 2-26 圆弧的绘制

图 2-27 已知中心点绘制的圆弧

2.2.4 样条线

单击轮廓工具栏中的样条线按钮右侧的黑色三角形,展开如图 2-28 所示的样条线工具栏。

(1)绘制样条线。单击 ⬚→移动鼠标在绘图区连续单击样条线的控制点,按下 ESC 或双击鼠标左键完成样条线的绘制,如图 2-29 所示。

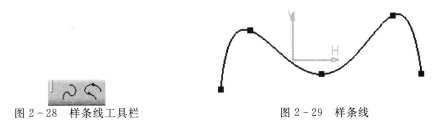

图 2-28 样条线工具栏

图 2-29 样条线

(2)绘制连接样条曲线。单击 ⬚,草图工具栏展开如图 2-30 所示的样条线控制选择按钮,在绘图区中选择连接样条线的第一条曲线,选择绘图区的连接样条线的第二条曲线上的点,完成连接样条线的绘制,如图 2-31 所示。在草图工具栏中有以下几种连接方式。

图 2-30 "草图工具"工具栏

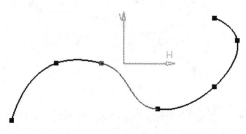

图 2-31 连接样条线

①用弧连接:点击草图工具栏中的用弧连接按钮 ，以圆弧的形式进行连接。

②用样条线连接:点击草图工具栏中的用样条线连接按钮 ，以样条线的形式进行连接。

③与参照物进行连接:点连接 、相切连接或曲率连接。

2.2.5 绘制二次曲线

单击轮廓工具栏的椭圆按钮 右侧的黑色三角形,展开如图 2-32 所示的二次曲线工具栏。

图 2-32 二次曲线工具栏

(1)椭圆的绘制。单击 ，在绘图区单击确定椭圆中心,在绘图区移动鼠标到合适位置单击确定长轴半径,在绘图区移动鼠标到合适位置单击确定短轴半径,如图 2-33 为所绘椭圆。

(2)抛物线的绘制。单击 ，在绘图区单击确定焦点,在绘图区中移动鼠标到合适位置单击确定顶点,在绘图区中移动鼠标到合适位置单击确定起点,在绘图区中移动鼠标到合适位置单击确定终点,如图 2-34 为所绘抛物线。

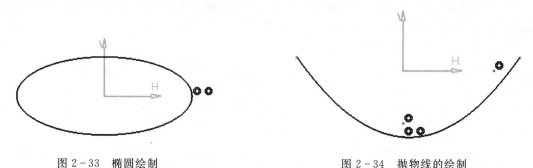

图 2-33 椭圆绘制　　　　　　　　图 2-34 抛物线的绘制

(3)双曲线的绘制。单击 ，在绘图区中任意单击一点确定双曲线的焦点,在绘图区中移动鼠标到合适位置单击确定双曲线顶点,在绘图区中移动鼠标到合适位置确定双曲线起点,在绘图区中移动鼠标到合适位置确定双曲线终点,如图 2-35 即为所绘双曲线。

（4）圆锥曲线的绘制。在绘图区中移动鼠标到合适位置单击确定起点,在绘图区中移动鼠标到合适位置单击确定终点,在绘图区中移动鼠标到合适位置单击确定切线相交点,在绘图区中移动鼠标到合适位置单击确定穿越点,如图 2-36 所示为所绘圆锥曲线。

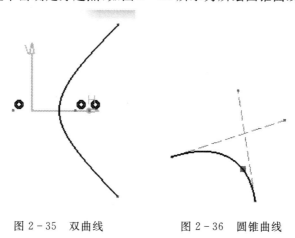

图 2-35　双曲线　　　　　　图 2-36　圆锥曲线

2.2.6　绘制圆角

单击操作工具栏中的圆角按钮 ，草图工具栏展开如图 2-37 所示的设置倒圆角方式的按钮。

图 2-37　草图工具栏

（1）修剪所有元素倒圆角的绘制。单击 ，鼠标左键点击欲圆角的两图线如图 2-38 所示,绘制出的圆角如图 2-39 所示,将二条多余线段剪掉。

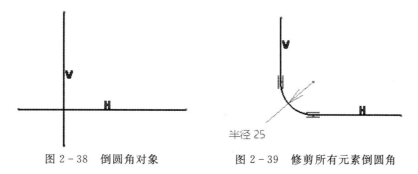

图 2-38　倒圆角对象　　　　　图 2-39　修剪所有元素倒圆角

（2）修剪第一元素倒圆角的绘制。单击 ，鼠标左键点击欲圆角的两图线如图 2-40 所示,绘制出的圆角如图 2-41 所示。

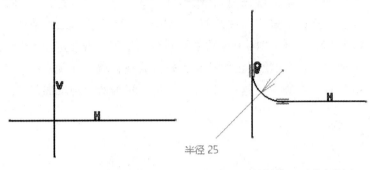

图 2-40　倒圆角对象　　　　图 2-41　修剪第一元素倒圆角

注意:因为单击了快捷键按钮▦,关闭了网格显示开关,所以该图中没有网格。

(3)不修剪倒圆角的绘制。单击⌒,鼠标左键点击欲圆角的两图线如图 2-42 所示,绘制出的圆角如图 2-43 所示,保留原有线段。

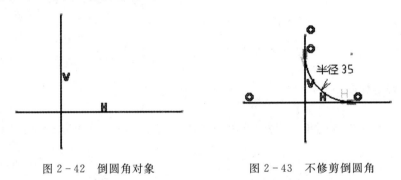

图 2-42　倒圆角对象　　　　　图 2-43　不修剪倒圆角

(4)标准线修剪倒圆角的绘制。单击⌒,鼠标左键点击欲圆角的两图线如图 2-44 所示,绘制出的圆角如图 2-45 所示。

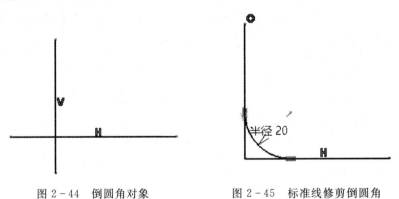

图 2-44　倒圆角对象　　　　　图 2-45　标准线修剪倒圆角

2.2.7　绘制倒角

单击操作工具栏中的倒角按钮⌒,草图工具栏展开如图 2-46 所示的设置倒圆角方式的按钮。

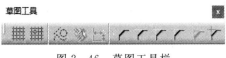

图2-46　草图工具栏

（1）修剪所有元素倒角的绘制。单击 ⌒→鼠标左键点击欲倒角的两图线如图2-47所示，绘制出的倒角如图2-48所示。

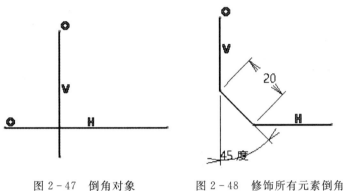

图2-47　倒角对象　　　　图2-48　修饰所有元素倒角

（2）修剪第一元素倒角的绘制。单击 ⌒，鼠标左键点击欲倒角的两图线如图2-49所示，绘制出的倒角如图2-50所示。

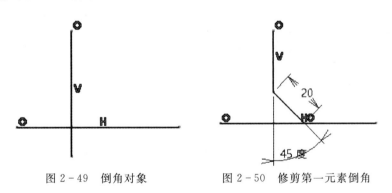

图2-49　倒角对象　　　　图2-50　修剪第一元素倒角

（3）不修剪倒角的绘制。单击 ⌒，鼠标左键点击欲倒角的两图线如图2-51所示，绘制出的倒角如图2-52所示。

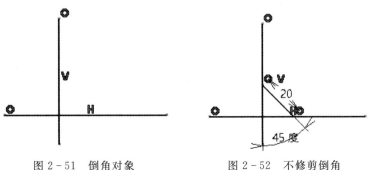

图2-51　倒角对象　　　　图2-52　不修剪倒角

（4）标准线修剪倒角的绘制。单击█，鼠标左键点击欲倒角的两图线如图 2-53 所示，绘制出的倒角如图 2-54 所示。

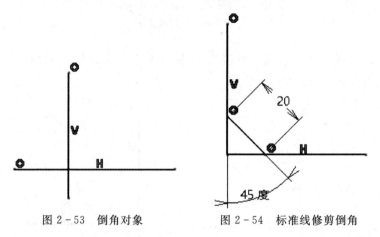

图 2-53　倒角对象　　　　图 2-54　标准线修剪倒角

2.2.8　图形修剪

单击操作工具栏中的修剪按钮█右侧的黑色三角形，展开如图 2-55 所示的重新限定工具栏。

1. 修剪图形的操作方法

（1）单击重新限定工具栏中的修剪按钮█，草图工具工具栏展开如图 2-55 所示的定义修剪方式的选项。

（2）按下草图工具工具栏中的修剪所有元素的按钮█。

（3）在绘图区中，选择如图 2-56 所示的样条线。

图 2-55　"重新限定"工具栏

（4）在绘图区中，选择直线，完成样条线的修剪，如图 2-57 所示。

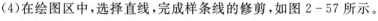

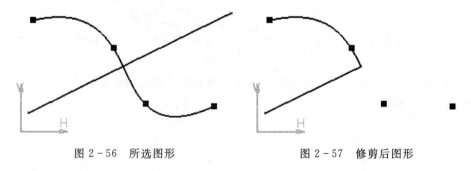

图 2-56　所选图形　　　　图 2-57　修剪后图形

2. 打断图形的操作方法

（1）单击重新限定工具栏中的打断按钮█。

（2）在绘图区中，选择需要打断的单元，这里打断圆为例。

（3）在圆上移动鼠标到所要断开的位置，单击确定断开点，完成图形的断开，如图 2-58 所示。

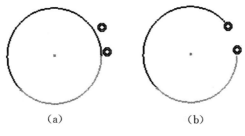

（a）　　　　　　　　　　（b）

图 2-58　断开的图形

3.快速修剪的操作方法

（1）单击重新限定工具栏中的快速修剪按钮 。

（2）在绘图区中,选择如图 2-59 所示的圆内的直线段,完成图形的修剪,如图 2-60 所示。

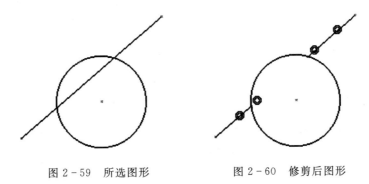

图 2-59　所选图形　　　　　　　　图 2-60　修剪后图形

4.封闭弧的操作方法

（1）单击重新限定工具栏的封闭按钮 。

（2）在绘图区中,选择如图 2-61 的样条线,完成样条线的封闭,如图 2-62 所示。

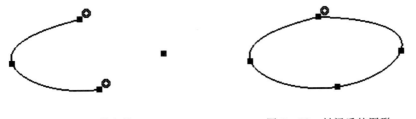

图 2-61　样条线　　　　　　　　图 2-62　封闭后的图形

5.补充图形的操作方法

（1）单击重新限定工具栏中的补充按钮 。

（2）在绘图区中,选择如图 2-63 所示的圆弧,完成对圆弧的修补,如图 2-64 所示。

图 2-63 圆弧   图 2-64 修补后的圆弧

2.2.9 创建图形变换

单击操作工具栏中的镜像按钮 右侧的黑色三角形,展开如图 2-65 所示的变换工具栏。

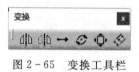

图 2-65 变换工具栏

1. 镜像的操作方法

(1)单击变换工具栏中的镜像按钮 。

(2)在绘图区中,选择如图 2-66 所示的直线。

(3)在绘图区中,选择如图 2-66 所示的轴线,完成镜像操作,如图 2-67 所示。

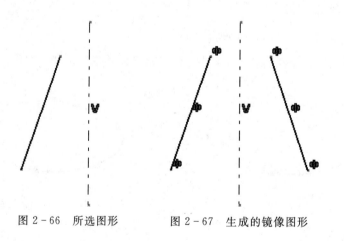

图 2-66 所选图形   图 2-67 生成的镜像图形

2. 对称的操作方法(镜像删除原来图形)

(1)单击变换工具栏中的对称按钮 。

(2)在绘图区中,选择如图 2-68 所示的直线。

(3)在绘图区中,选择如图 2-68 中的轴线,完成对称的操作,如图 2-69 所示。

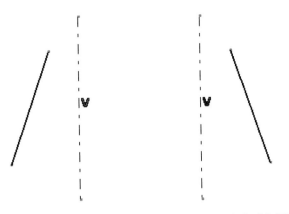

图 2-68　所选图形　　　　　图 2-69　生成的对称图形

3.平移的操作方法(复制)

(1)单击变换工具栏平移按钮➡,系统弹出如图 2-70 所示的平移对话框。

(2)在平移对话框的【复制】选项中设置是否复制和复制的参数。

(3)在绘图区中,选择如图 2-71 所示的图形。

图 2-70　"平移定义"对话框　　　　图 2-71　所选图形

(4)在绘图区中,移动鼠标到合适位置确定平移起点,完成平移操作,如图 2-72 所示。

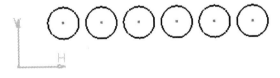

图 2-72　平移后的图形

4.旋转的操作方法

(1)单击变换工具栏中的旋转按钮🔄,系统弹出如图 2-73 所示的旋转定义对话框。

(2)在绘图区中,选择如图 2-74 所示的椭圆。

(3)在绘图区中,单击确定旋转中心。

(4)在旋转定义对话框的【角度】选项中的【值】微调框中输入旋转角度,单击【确定】按钮,完成旋转操作,如图 2-75 所示。

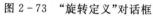

图 2-73 "旋转定义"对话框

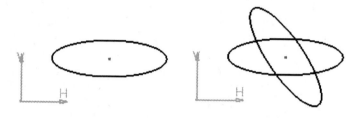

图 2-74 所选图形　　　　　图 2-75 旋转后的图形

5.缩放的操作方法

(1)单击变换工具栏中的缩放按钮，系统弹出如图 2-76 所示的缩放定义对话框。

(2)在绘图区中,选择如图 2-77 所示的矩形。

(3)在绘图区中,移动鼠标到合适位置确定缩放的起点。

(4)在绘图区中,移动鼠标到合适位置确定缩放比例的大小,完成缩放操作,如图 2-78 所示。

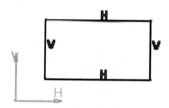
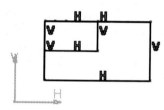

图 2-76 "缩放定义"对话框　　图 2-77 所选图形　　　图 2-78 缩放后的图形

6.偏移(等距线)的操作方法

(1)单击变换工具栏中的偏移按钮，草图工具工具栏展开如图 2-79 所示。

草图工具工具栏中各按钮的作用:

①无拓展按钮，只对选中的图形进行偏移。

②相切拓展按钮，对选中的图形及相切图形一起偏移。

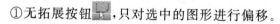

图 2-79 "草图工具"工具栏

③点拓展按钮，对选中的图形及与其点相连的图形一起进行偏移。

④双侧偏移按钮，将选中图形两侧进行偏移。

(2)点击相切拓展按钮,在绘图区中,选择如图 2-80 所示的图形。

(3)在绘图区中,移动鼠标到合适位置确定偏移距离,同时在草图工具栏中确定偏移个数,完成偏移操作,如图 2-81 所示。

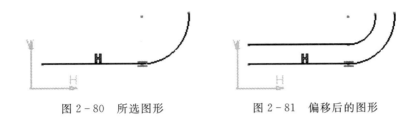

图 2-80　所选图形　　　　　　　图 2-81　偏移后的图形

2.3　草图约束

草图约束是指一个几何元素和其它几何元素之间,产生一种相互限制的关系。利用草图约束可以使绘制的几何线段之间有一定的相互关系,生成所需的几何图形。草图的约束分为几何约束和尺寸约束两大类,几何约束是对图形的位置约束,例如,使用几何约束要求两直线平行。尺寸约束是确定几何对象值的约束,例如,控制直线的长度或两点之间的距离等。

2.3.1　创建一般约束

单击约束工具栏中的约束按钮 右侧下方的黑色三角形,展开如图 2-82 所示的约束创建工具栏。该工具栏提供了约束和接触约束两个约束工具。

图 2-82　约束创建工具栏

一般约束的创建方法如下:

(1) 单击约束按钮 ▢,在绘图区选择一条直线,生成尺寸约束如图 2-83 所示。

(2)单击鼠标右键,弹出如图 2-84 所示的快捷菜单。根据选择元素的不同,快捷菜单中的命令也不相同,选择快捷菜单中的竖直测量方向命令,移动鼠标到合适位置,单击放置标注尺寸,如图 2-85 所示。

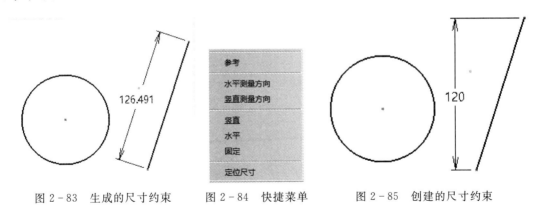

图 2-83　生成的尺寸约束　　　图 2-84　快捷菜单　　　图 2-85　创建的尺寸约束

(3)双击所标注的尺寸,系统弹出如图 2-86 所示的约束定义对话框,在约束定义对话框的【值】微调框中输入要改变的值【150】,单击约束定义对话框中的【确定】按钮,完成尺寸的修改,如图 2-87 所示。

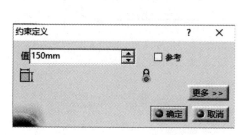

图 2-86 "约束定义"对话框

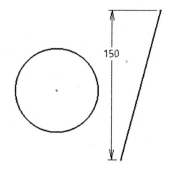

图 2-87 创建的尺寸约束

（4）单击约束创建工具栏中的约束按钮 ▢，在绘图区中，选择直线和圆，生成两元素之间的尺寸约束，如图 2-88 所示。

（5）单击鼠标右键，弹出如图 2-89 所示的快捷菜单，选择快捷菜单中的【相切】命令，完成直线和圆相切几何约束的创建。

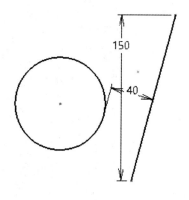

图 2-88 生成的尺寸约束

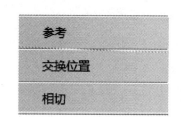

图 2-89 快捷菜单

2.3.2 接触约束的创建方法

单击约束创建工具栏中的接触约束按钮 ⇨ 在绘图区中，依次选择直线和曲线，完成接触约束的创建，如图 2-90 所示。

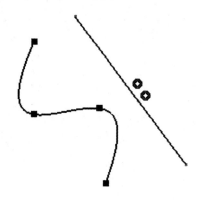

图 2-90 创建的接触约束

2.3.3　创建自动受约束

单击约束工具栏中的固连按钮右侧的黑色三角形,展开如图 2-91 所示的受约束工具栏。

1.固连约束的创建方法

固连约束是指约束之后,该组元素被视为刚性组,并且只需拖动它的元素之一就可以很容易的整体移动。

图 2-91　"受约束"工具栏

(1)单击受约束工具栏中的固联按钮,系统弹出如图 2-92 所示的固联定义对话框。

(2)在绘图区,选取固联元素。

(3)单击固联对话框中的【确定】按钮,完成固联约束的创建。

2.自动约束的创建方法

(1)单击受约束工具栏中的自动约束按钮,系统弹出如图 2-93 所示的自动约束对话框。

图 2-92　"固联定义"对话框

图 2-93　"自动约束"对话框

(2)单击自动约束对话框中的【要约束的元素】文本框,从绘图区中选择创建约束的元素,如选择延伸孔。

(3)单击自动约束对话框中的【参考元素】文本框,从绘图区中选择创建约束的参照元素,这里选择 H,V 轴。

(4)在自动约束对话框中的【约束模式】列表框中选择模式;链式、堆叠式两种,这里选择链式。

(5)单击自动约束对话框中的【确定】按钮,完成自动约束的创建,如图 2-94 所示。

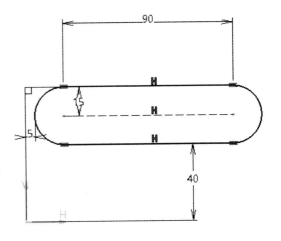

图 2-94　创建自动约束

2.3.4 通过对话框创建约束

通过对话框创建约束,系统会根据所选轮
廓线进行分析,决定可以创建的约束类型。单个元素的约束有
长度、固定、水平、垂直、半径/直径、半长轴和半短轴;两个元素
之间的约束有距离、角度、相合、平行或垂直、同心、相切和中
点;三个元素之间的约束有对称、等分点,进行创建对称约束
时,选择的最后元素为对称轴。

(1)用 Ctrl 键选择约束对象,单击约束工具栏中的对话框
中定义的约束按钮,系统弹出如图 2-95 所示的约束定义对
话框。

(2)在约束定义对话框中选择适当约束,单击确定。

图 2-95 "约束定义"对话框

2.4 草图绘制实例

2.4.1 底板的草图

目的:绘制如图 2-96 所示底板草图,学习绘制中心线、线、圆、圆弧及标注尺寸、修改尺寸、修剪图形、镜像图形、关键点约束等命令的使用。

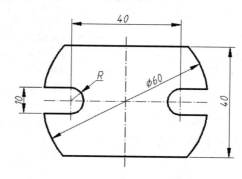

图 2-96 底板平面草图

1.新建文件

新建文件,在对话框中选取 Part,并起名"diban"(底板)后,点确定按钮。

2.绘制中心线

用鼠标左键选取绘制中心线命令,在绘图区点画出一条水平线及三条垂直中心线,如图
2-97所示。结束时,点击鼠标中键。

3.绘制圆

用鼠标左键选取中心线交点作为圆心,在绘图区内画圆的草图,如图 2-98 所示。

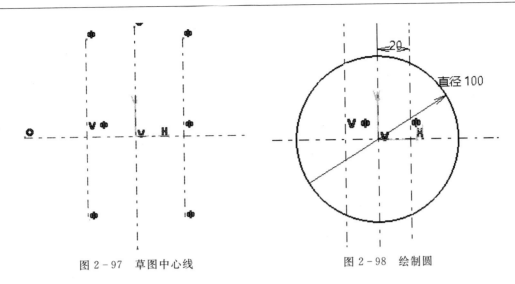

图 2-97　草图中心线　　　　　　图 2-98　绘制圆

4.绘制线 ／

用鼠标选取圆上点绘制二条水平线,如图 2-99 所示。

5.镜像线

按住 Ctrl 键,用鼠标选取二条水平线,点取镜像命令,再点取对称的水平中心线,再点取镜像二条水平线,如图 2-100 所示。

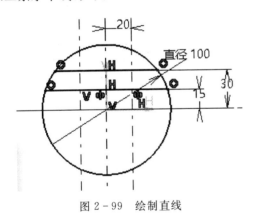

图 2-99　绘制直线

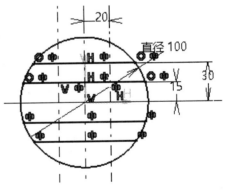

图 2-100　镜像直线

6.绘制圆弧

用鼠标左键点取两水平线与中心线的交点作为圆弧的两个端点,注意让圆弧中心落在两条中心线交点上,点出第三点绘制圆弧,图 2-101 所示。

7.标注及修改尺寸

按基准标注尺寸,用鼠标左键点取两线,修改不合理尺寸,双击所有尺寸数字显示对话框,如图 2-102 所示。修改相关的数值,以完成对图形的

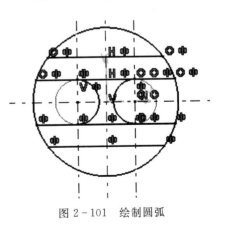

图 2-101　绘制圆弧

修改。

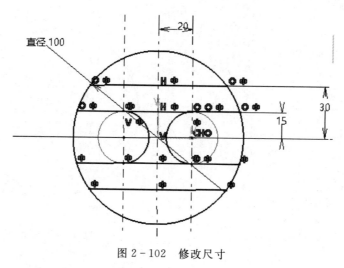

图 2-102　修改尺寸

8.快速剪除线段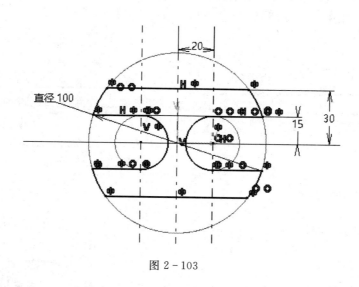

用鼠标点取外圆不要的线段,逐段删除,完成草图任务,如图 2-103 所示。修改尺寸,完成图 2-96。

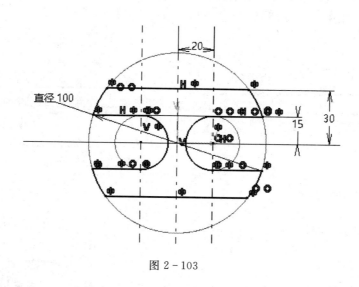

图 2-103

2.4.2　底座的草图

目标:绘制如图 2-104 所示底座草图,复习使用绘制中心线、圆、镜像及标注尺寸、修改尺寸、修剪图形等,学习绘制同心圆、矩形、圆角等命令。

1.新建文件

新建文件,在对话框中选取 Part 类文件,并起名"dizuo(底座)",单击确定按钮。

2.绘制中心线

用鼠标左键选取绘制中心线命令,在绘图区点画出两条水平中心线及两条垂直中心线,如

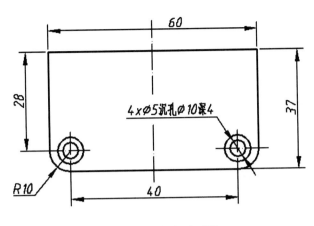

图 2 - 104　底座平面图

图 2 - 105 所示。

3. 绘制矩形

用鼠标选取水平线上点绘制矩形，如图 2 - 106 所示。

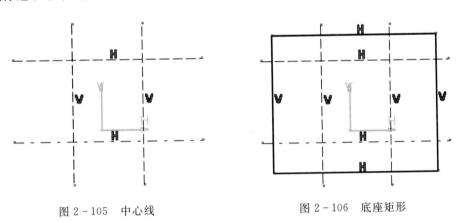

图 2 - 105　中心线

图 2 - 106　底座矩形

4. 绘制圆

不必考虑尺寸，用鼠标左键选取中心线交点即圆心，在绘图区绘制草绘圆，如图 2 - 107 所示。

5. 绘制同心圆

不必考虑尺寸，用鼠标左键选取图 2 - 106 中所作圆的圆心，绘制出同心圆，如图 2 - 108 所示。

6. 标注及修改尺寸

按基准标注尺寸，用鼠标左键点取两线，修改不合理尺寸，双击所有尺寸数字显示对话框，修改相关的数值，以完成对图形的修改，如图 2 - 109 所示。

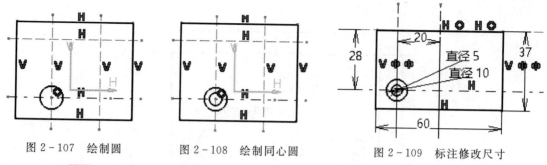

图 2-107 绘制圆　　　图 2-108 绘制同心圆　　　图 2-109 标注修改尺寸

7. 镜像

按住 Ctrl 键,用鼠标选取二个圆,点取镜像命令,再选取对称的垂直中心线,镜像二个圆,如图 2-110 所示。

8. 绘制圆角

点取圆角图标,再用鼠标左键点取两线进行圆角,如图 2-111 所示。

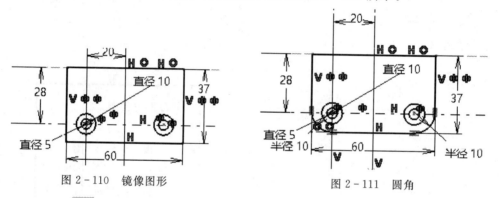

图 2-110 镜像图形　　　　　　　　　图 2-111 圆角

9. 修改约束

按住 Ctrl 键,用鼠标选择圆心及圆弧圆心,单击对话框中定义的约束按钮,弹出如图 2-112 的对话框,选择【相合】选框,将圆弧的圆心与小圆同心,效果如图 2-113 所示。

图 2-112 "约束定义"对话框

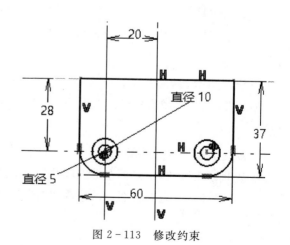

图 2-113 修改约束

2.4.3 腰形的草图

绘制如图 2-114 所示腰形图形。

分析该图形可以看出该图形由四块相同图形组成,所以只需要绘制该图的四分之一即可。

1.创建新文件

文件→新建→选择 Part,输入名字:Yaoxing→确定。

2.绘制中心线

单击 ❗,在绘图区绘制两条中心线,单击 ▤ 修改尺寸,如图 2-115 所示。

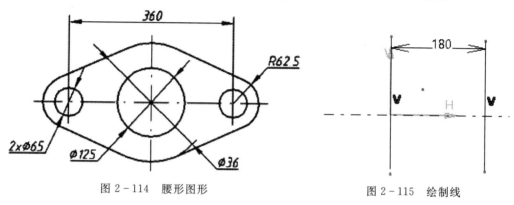

图 2-114 腰形图形   图 2-115 绘制线

3.绘制基本图形

单击 ⌒ 分别绘制四条圆弧,如图 2-116 所示。

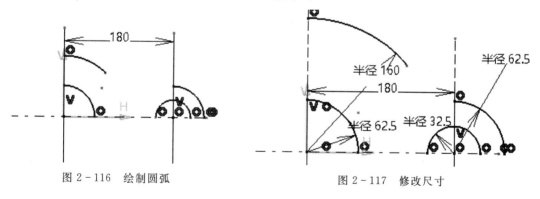

图 2-116 绘制圆弧   图 2-117 修改尺寸

单击 ▤ 添加一个半径尺寸,双击数字修改尺寸,如图 2-117 所示。

单击 ✎ 绘制相切于两圆弧的直线,再用快速修剪 ✐ 去除多余部分,如图 2-118 所示。

4.图形镜像

鼠标选取(可窗选)所有实线图形,单击 ◫,单击水平中心线,再选中所有实线图形,单击 ◫,单击铅垂中心线完成第二次图形镜像,如图 2-119 所示。

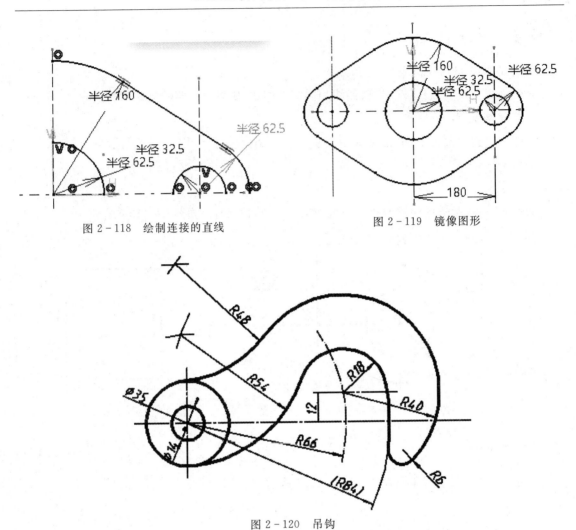

图 2-118　绘制连接的直线

图 2-119　镜像图形

图 2-120　吊钩

2.4.4　吊钩的草图

目的:绘制如图 2-120 所示吊钩的草图,学习使用绘制中心线、同心圆、同心圆弧相切圆弧及标注尺寸、相切约束等命令的使用。

1.新建文件

新建文件,选取 Part 类文件,并起名"diaogou"(吊钩)后,点确定按钮。

2.绘制中心线

用鼠标左键选取绘制中心线命令,在绘图区点画出三条中心线,如 2-121 所示。

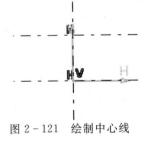

图 2-121　绘制中心线

3.绘制圆

用鼠标左键选取中心线交点作为圆心,在绘图区内画圆的草图,如图 2-122 所示。

4.绘制圆弧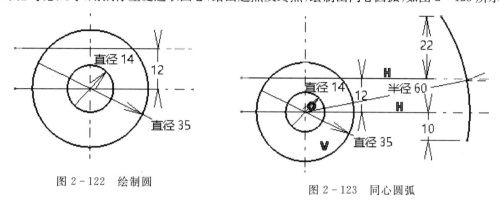

不必考虑尺寸,用鼠标左键选取圆心,给出起点及终点,绘制出同心圆弧,如图 2 - 123 所示。

图 2 - 122　绘制圆

图 2 - 123　同心圆弧

5.绘制圆

用鼠标左键选取中心线交点作为圆心,绘制出圆,如图 2 - 124 所示。

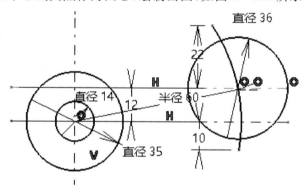

图 2 - 124　绘制圆

6.绘制同心圆

不必考虑尺寸,用鼠标左键选取小圆圆心,绘制出同心圆,如图 2 - 125 所示。

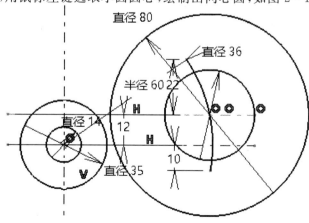

图 2 - 125　绘制同心圆

7. 绘制圆弧

重复命令,分别绘制两圆弧。用鼠标左键点取两圆作为圆弧的两个端点,注意让绘制的圆弧与圆相切,如图 2-126 所示。

8. 绘制同心圆弧

用鼠标左键选取圆,给出起点及终点,绘制出同心相切圆弧,如图 2-127 所示。

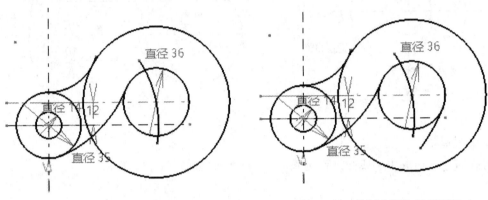

图 2-126　绘制与圆相切圆弧　　　　图 2-127　绘制出同心相切圆弧

9. 绘制圆弧

用鼠标左键点取圆及圆弧端点作为圆弧的两个端点,注意让绘制的圆弧与圆相切,如图 2-128所示。

10. 快速剪除线段

用鼠标点取所有不要的线段,逐段删除,如图 2-129 所示。

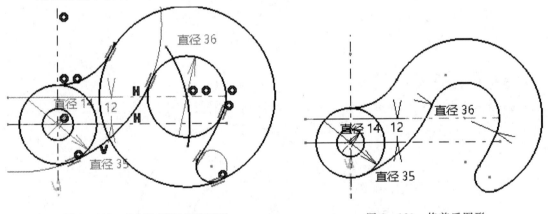

图 2-128　绘制与圆相切的圆弧　　　　图 2-129　修剪后图形

11. 标注及修改尺寸

按基准标注尺寸,用鼠标左键点取两线,修改不合理尺寸,双击所有尺寸数字显示对话框,如图 2-130 所示。修改相关的数值,以完成对图形的修改。

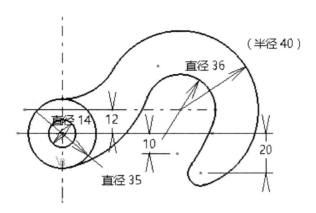

图 2－130　标注修改后图形

2.4.5　凸轮的草图

目的:绘制如图 2－131 所示凸轮的草图,学习使用角度绘制中心线、同心圆弧、相切圆弧及圆角、相切约束等命令的使用。

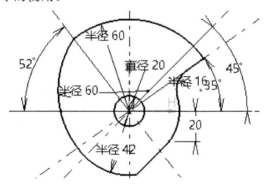

图 2－131　凸轮

1.新建文件

新建文件,选取 Part 类文件,并起名"tulun"(凸轮)后,点确定按钮。

2.绘制中心线

用鼠标左键选取绘制中心线命令,在绘图区点
画出五条中心线,如图 2－132 所示。

3.修改尺寸

双击所有角度尺寸数字,显示对话框如图 2－133
所示。修改尺寸以修改图形。

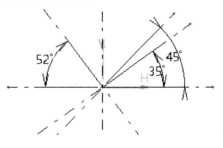

图 2－132　绘制中心线

图 2-133　修改对话框

4. 绘制圆 ⊙

用鼠标左键选取中心线交点作为圆心,在绘图区内画圆的草图,如图 2-134 所示。

5. 绘制圆弧 ⌒

用鼠标左键选取上一步所绘圆的圆心,在点划线上给出起点及终点,绘制出同心圆弧,如图 2-135 所示。

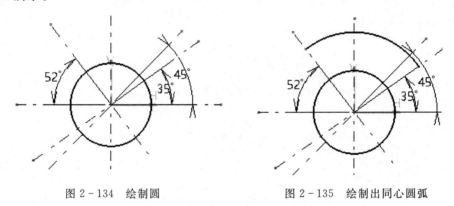

图 2-134　绘制圆　　　　　　　　图 2-135　绘制出同心圆弧

6. 绘制线 ／

用鼠标沿 35°点划线,在圆弧终点给出起点及终点绘制 35°直线,如图 2-136 所示。

7. 绘制圆弧 ⌒

用鼠标左键选取圆心,以点划线上直线的终点为起点,绘制出同心圆弧,如图 2-137 所示。

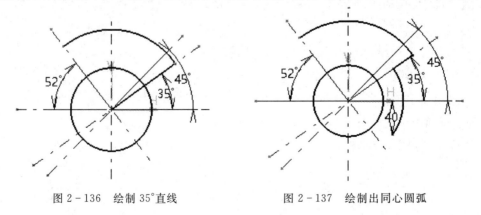

图 2-136　绘制 35°直线　　　　　图 2-137　绘制出同心圆弧

8. 绘制线 /

用鼠标在圆弧终点给出起点绘制 45°直线，显示约束，45°线与点划线平行，与如图 2-138 所示。

9. 绘制圆弧 (·

用鼠标左键选取圆心，以 45°直线的终点为起点，绘制出同心圆弧，如图 2-139 所示。

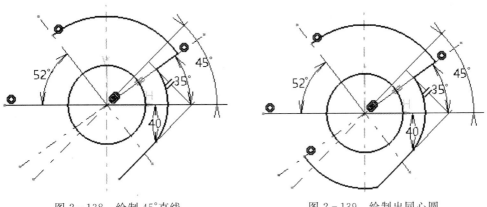

图 2-138 绘制 45°直线   图 2-139 绘制出同心圆

10. 绘制起始受限圆弧

用鼠标左键点取两圆弧端点作为圆弧的两个端点，注意不让绘制的圆弧与圆弧相切，如图 2-140 所示。

11. 绘制圆角 ⌐

用鼠标左键点取两线圆角，如图 2-141 所示。

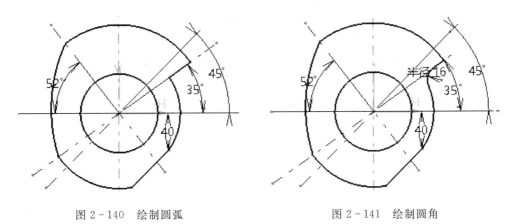

图 2-140 绘制圆弧   图 2-141 绘制圆角

12. 标注及修改尺寸

按基准标注尺寸，用鼠标左键点取两线，修改不合理尺寸，双击所有尺寸数字显示对话框，如图 2-142 所示。修改相关的数值，以完成对图形的修改。

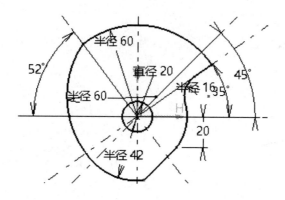

图 2-142　修改尺寸

2.4.6　铣刀断面的草图

目标:绘制如图 2-143 所示铣刀断面的草图,学习复杂平面图形,同时为后面制作混成的铣刀模型,做好准备工作。

1.新建文件

在新建文件对话框的类型选择中,选取 Part,并起名"mknife"(铣刀)后,点确定按钮,选中任意平面点击 进入草绘界面(模式)绘制平面图。

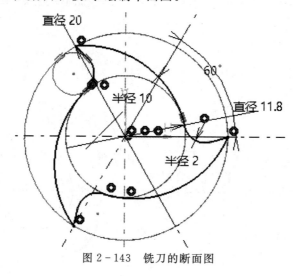

图 2-143　铣刀的断面图

2.绘制中心线

用鼠标左键选取绘制中心线命令,在绘图区点画出一条水平线及一条垂直中心线。

3.绘制圆

用鼠标左键选取中心线交点作为圆心,在绘图区内击鼠标左键画圆的草图。

4. 绘制同心圆 ⊙

不必考虑尺寸,用鼠标左键选取上一步所绘圆的圆心,再击鼠标左键绘制出同心圆,如图 2 - 144 所示。

5. 绘制中心线 ▮

用鼠标左键选取绘制中心线命令,画出两条 60°中心线。

6. 标注及修改尺寸 ▦

按基准标注尺寸,用鼠标左键点取两线,修改不合理尺寸,双击所有尺寸数字显示对话框,如图 2 - 145 所示。修改相关的数值,以完成对图形的修改。

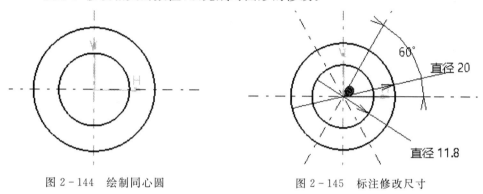

图 2 - 144　绘制同心圆　　　　　　　图 2 - 145　标注修改尺寸

7. 绘制线 ╱

用鼠标在圆的交点左键绘制两条直线。

8. 绘制圆弧 ⌒

用鼠标左键点取线的端点及小圆作为圆弧的两个端点绘制弧,注意让圆弧与直线及圆相切,如图 2 - 146 所示。

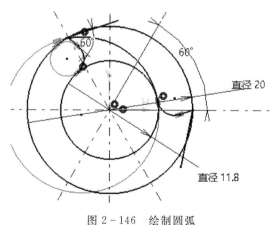

图 2 - 146　绘制圆弧

9. 修改尺寸

双击尺寸数值弹出对话框后,修改相关的圆弧的半径数值 10、2 夹角尺寸 60°。

10.修改约束

选取约束命令,在对话框中点击相切约束,用鼠标左键点取线与圆弧的,强制两线相切。图中显示相切标记||,如图 2-147 所示。

用同样的方法绘制出三段线。

11.快速修剪

用鼠标点取外圆不要的线段,逐段删除,完成草图,如图 2-148 所示。

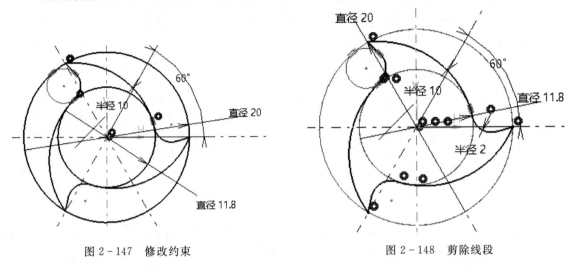

图 2-147　修改约束　　　　　　　　图 2-148　剪除线段

12.移动尺寸

确认选取按钮处于被选中状态,用鼠标左键点取要移动的尺寸标注,移动到合适位置。关闭尺寸如图 2-149 所示。

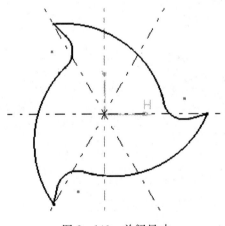

图 2-149　关闭尺寸

第3章 创建参考基准元素

三维模型在创建过程中常常需要使用到一些参考基准。如同我们在绘制机械二维工程图时所使用的参考基准一样，CATIA 中这些参考也是必不可少的。比如建立模型需要的基准面。参考元素不一定是实体或曲面，但是在 CATIA 也视它为一种特征，主要用于为三维模型的创建提供合适的参考数据。最常用的参考基准有水平面（XY 面）、正平面（XZ 面）、侧平面（YZ 面）以及 X 轴、Y 轴、Z 轴。CATIA 可以方便的制作和这些常用平面、轴线平行或者任意相对位置的参考面或者轴线。本章详细介绍其制作方法。

3.1 参考元素概述

在如图3-1所示的参考元素图形菜单中，显示了 CATIA 中基准参考的类型为：参考平面、参考线、参考点等。

1.参考平面

参考平面可以作为平面图绘制的参考面，可以决定视图方向、作为尺寸标注的基准、作为装配零件的参考基准面以及作为产生剖视图的平面等。

图 3-1 参考元素图形菜单

2.参考线

参考线可以作为尺寸标注的基准、作为旋转特征的回转轴，还可以作为装配零件的参考基准线等。

3.参考点

参考点可以作为创建 3D 曲线的基点、作为尺寸标注的参考，还可以作为有限元分析的施力点等。

在任一个模块中均可创建参考。基准的参考时机，主要有两种：一种是创建实体或曲面特征前使用各种命令进行创建，这种特征将由始至终的存在于模型创建过程，这种参考过多会使界面过于凌乱而影响建模；另外一种是在实体或曲面特征创建过程中需要用到参考时临时创建（临时参考），这种参考在该实体或曲面特征创建完成后即消失，不会影响后续建模。建议用户尽可能地使用临时参考创建。

由于上述两种创建方式在基准创建流程上基本相同，所以为了较为系统的介绍基准的创建，本章主要介绍的前一种方式下各种参考的创建，至于参考的用途，用户在后续各章建模过程中体会应用。

3.2 参考面的创建

参考面应该可以理解成一个无限大的平面，而不是仅仅局限于显示上的大小。

参考面创建可以通过点击参考元素工具栏创建按钮，进行选择创建，具体创建过程如下：

点击 ，显示如图 3-2 所示的平面定义对话框，在欲创建的平面类型里可以选择各种参考面的创建方式；偏移平面、平行通过点、与平面成一定角度或垂直、通过三个点、通过两条直线、通过点和直线、通过平面曲线、曲线的法线、曲线的切线、方程式和平均通过点 11 种平面创建方法。

根据需要选择可行条件进行基准面的创建。

只要进入 CATIA 中任何三维模块，都会显示如图 3-3 所示 XY 平面、YZ 平面、ZX 平面三个默认的参考坐标面（注意：每个面均可看成无限大的平面）。通常创建一个基准面需要通过两个创建条件的约束才能完成，一般 CATIA 会根据所选平面自动选择创建类型。下面在如图 3-4 所示的基础模型上对这些创建条件简单予以介绍。

图 3-2　平面定义对话框

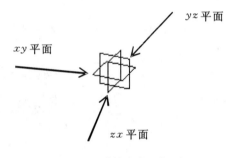

图 3-3　默认参考坐标面

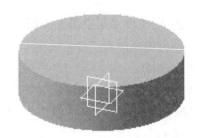

图 3-4　基础模型

1.创建偏置平面的方法

在平面类型下拉列表中选择【偏移平面】，单击【参考】文本框，选择参考面，选择此实体的上表面，在【偏移】框中输入偏移距离 80，单击确定按钮，完成与所选择平面平行的新参考平面的创建，如图 3-5 所示。

2.创建平面通过点平面的方法

在平面类型下拉列表框中选择【平行通过点】，平面定义对话框变为如图 3-6 所示。单击【参考】选择一个参考面，单击【点】选择参考点，单击【确定】按钮，完成过一点建立与所选参考面平行的、过所选点的新面的创建，如图 3-7 所示。

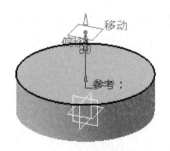

图 3-5　偏移的平行参考平面

图 3-6　"平面定义"对话框

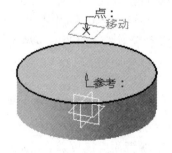

图 3-7　过点建平行参考平面

3.通过与平面成一定角度创建平面的方法

在平面类型下拉列表中选择【与平面成一定角度或垂直】，平面定义对话框变成如图 3-8 所示。单击【旋转轴】，点击右键在如图 3-9 所示的对话框中选择 X 轴为旋转轴，单击【参考】，选择实体的上表面为参考面，单击【角度】输入 60，选中【把旋转轴投影到参考平面上】，点击【确定】，完成具有相对角度的参考平面的创建，如图 3-10 所示。

图 3-8　"平面定义"对话框

图 3-9　旋转轴选择

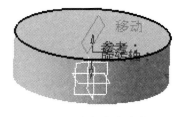
图 3-10　具有角度发参考平面

4.通过三个点创建平面的方法

在平面类型下拉列表框中选择【通过三个点】，平面定义对话框变成如图 3-11 所示，在绘图区中分别选取三个点对应【点 1】、【点 2】、【点 3】，点击【确定】按钮，完成过三个点的参考平面的创建，如图 3-12 所示。

图 3-11　"平面定义"对话框

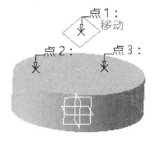
图 3-12　所建参考平面

5.通过两条直线创建平面的方法

在平面类型下拉列表框中选择【通过两条直线】，平面定义变成对话框如图 3-13 所示，在绘图区中选择两条直线分别对应【直线 1】、【直线 2】，点击【确定】按钮，完成过二条直线的参考平面的创建，如图 3-14 所示。

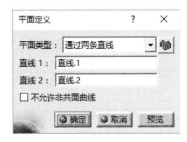
图 3-13　平面定义对话框

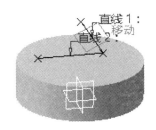
图 3-14　所建参考平面

6.通过点和直线创建平面的操作方法

在平面类型下拉列表框中选择【通过点和直线】,平面定义对话框变成如图 3-15 所示,在绘图区中选择点与直线分别对应【点】和【直线】,点击【确定】按钮,完成过一点和一条直线的参考平面的创建,如图 3-16 所示。

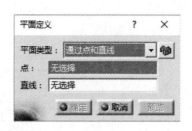
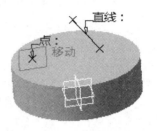

图 3-15 "平面定义"对话框   图 3-16 所建参考平面

7.通过平面曲线创建平面的方法

在平面类型下拉列表框中选择【通过平面曲线】,平面定义变成对话框如图 3-17 所示,在绘图区中选取所绘曲线,单击【确定】按钮,完成过曲线参考平面的创建,如图 3-18 所示。

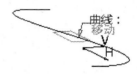

图 3-17 平面定义对话框   图 3-18 所建参考平面

8.通过曲线的法线创建平面的操作方法

在平面类型下拉列表框中选择【曲线的法线】,平面定义变成对话框如图 3-19 所示,在绘图区中选择所绘曲线,点击【确定】按钮,完成过曲线法线的参考平面的创建,如图 3-20 所示。

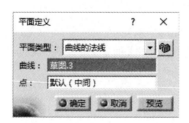
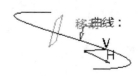

图 3-19 平面定义对话框   图 3-20 所建参考平面

9.通过曲面的切线创建平面的方法

在平面类型下拉列表框中【选择曲面的切线】,平面定义对话框变成如图 3-21 所示,在绘图区中选择所绘曲面和创建点,点击【确定】按钮,完成鱼曲面相切的参考平面的创建,如图 3-22 所示。

　　图 3-21　平面定义对话框　　　　　　　　图 3-22　所建参考平面

10.创建方程式平面的方法

　　在平面类型下拉列表框中选择【方程式】,平面定义对话框变成如图 3-23 所示,在 A、B、C 和 D 的文本框中依次输入 1、-1、1 和 20 或者在绘图区中选中一点作为定位,点击【确定】按钮,完成参考平面的创建,如图 3-24 所示。

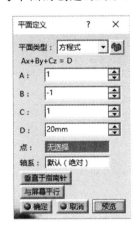

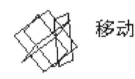

　　图 3-23　平面定义对话框　　　　　　　　图 3-24　所建新的参考平面

11.平均通过点创建平面的方法

　　在平面类型下拉列表框中选择【平均通过点】,平面定义对话框变成如图 3-25 所示,在绘图区中选择所建 5 个点,点击【确定】按钮,完成过多点参考平面的创建,如图 3-26 所示。

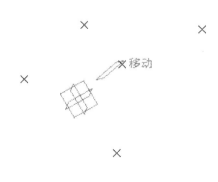

　　图 3-25　"平面定义"对话框　　　　　　　图 3-26　过多点建的参考平面

3.3　参考线的创建

参考线的创建可以通过参考元素工具栏中的直线按钮 ✏，显示如图 3-27 所示的直线定义对话框。在线型下拉列表框中有如图 3-28 所示的【点-点】、【点-方向】、【曲线的角度/法线】、【曲线的切线】、【曲面的法线】、【角平分线】7 种类型。

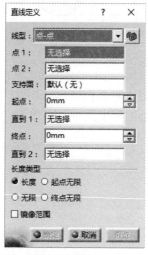

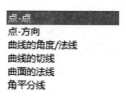

图 3-27　"直线定义"对话框　　　　图 3-28　线型下拉列表

1.过两点创建参考线的方法

在线型下拉列表框中选择【点-点】选项，直线定义对话框变成如图 3-29 所示，在绘图区中选择两点分别作为【点 1】、【点 2】，在绘图区中选中曲面做为支持面，在【起点】和【终点】对话框中输入 0，点击【确定】，完成参考直线的创建，如图 3-30 所示。

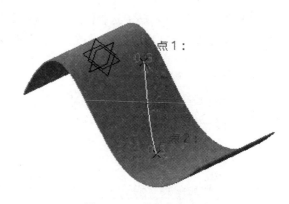

图 3-29　"直线定义"对话框　　　　图 3-30　所建参考直线

2.通过指定点和方向创建参考线的方法

在线型下拉列表框中选择【点-方向】，直线定义对话框如图 3-31 所示，在绘图区中选择一点做为直线段的起点,点击【方向】对话框,在绘图区中选择参考方向或者点击右键,弹出如图 3 - 32 所示的对话框,选择方向,单击【支持面】对话框,从绘图区中选择曲面作为支持面,在【起点】对话框中输入 0,在【终点】对话框中输入 80,点击【确定】按钮,完成参考直线的创建,如图 3 - 33 所示。

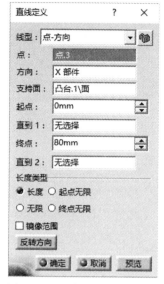

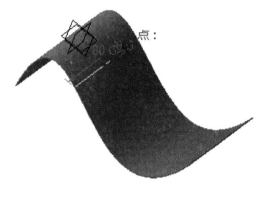

图 3 - 31　"直线定义"对话框　　　图 3 - 32　方向对话框　　　　图 3 - 33　点与方向确定的参考线

3. 创建与曲线成角度或法线的参考线的方法

在线型下拉列表框中选择【曲线的角度/法线】,直线定义对话框变成如图 3 - 34 所示,在绘图区中选择所绘曲线作为参考曲线,点击【支持面】,在绘图区中选择适合的支持面,点击【点】,在曲线中选择一点作为直线段与曲线的交点,或者单击右键在快捷菜单中的创建或选择点,在【角度】中输入 30,在【终点】中输入 80,单击【确定】按钮,完成参考直线的创建,如图 3 - 35 所示。

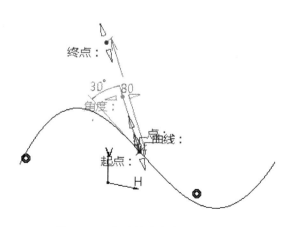

图 3 - 34　"直线定义"对话框　　　　　　图 3 - 35　与法线成角度的参考线

4.创建曲线的切线为参考线的方法

在线型下拉列表框中选择【曲线的切线】,直线定义对话框如图 3 - 36 所示,单击曲线,在绘图区中选择所绘曲线,单击【元素 2】选择切点位置,在【终点】中输入 60,单击确定按钮,完成参考切线的创建,如图 3 - 37 所示。

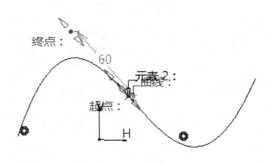

图 3 - 36 "直线定义"对话框   图 3 - 37   曲线的切线参考线

5.创建曲面的法线为参考线的方法

在线型下拉列表框中选择【曲面的法线】,直线定义对话框变成如图 3 - 38 所示,在绘图区中选择所建曲面作为参考,在绘图区中选择合适的点作为法线的通过点,在终点文中输入 -80,单击【确定】按钮,完成法线参考直线的创建,如图 3 - 39 所示。

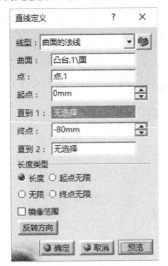

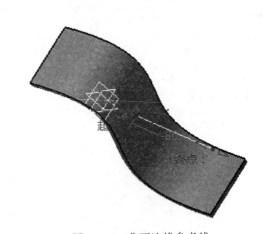

图 3 - 38 "直线定义"对话框   图 3 - 39   曲面法线参考线

6.创建角平分线的方法

在线型下拉列表框中选择【角平分线】,直线定义对话框变成如图 3-40 所示,在绘图区中选择两条直线作为参考,在【终点】中输入 100,单击【确定】按钮,完成角平分线参考线的创建,如图3-41所示。

图 3-40　"直线定义"对话框

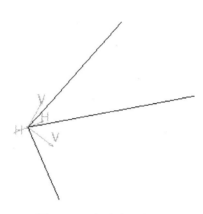

图 3-41　角平分线参考线

3.4　参考点的创建

参考点的创建可以通过参考元素工具栏中的点按钮 ,显示如图 3-42 所示的点定义对话框,在点类型下拉列表框中有如图 3-43 所示 7 种创建参考点方法类型:【坐标】、【曲线上】、【平面上】、【曲面上】、【圆/球面/椭圆中心】、【曲线上的切线】、【之间】。

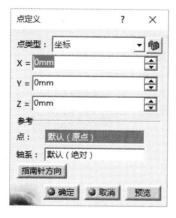

图 3-42　"点定义"对话框

图 3-43　点类型下拉列表

1. 通过坐标创建参考点的方法

在点类型下拉列表中选择【坐标】在 X、Y 和 Z 文本框中输入坐标
0、10 和 0，点击确定按钮，完成参考点的创建，如图 3-44 所示。

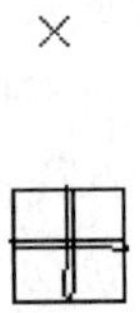

2. 在曲线上创建参考点的方法

在点定义对话框的点类型下拉列表框中选择【曲线上】，点定义对
话框变成如图 3-45 所示，在绘图区中选择所绘曲线，在【与参考点的
距离】选项中选择曲线上点的距离，在【长度】文本框中输入 50，【参考】
选项中默认端点为参照，点击【确定】按钮，完成参考点的创建，如图 3-46 所示。

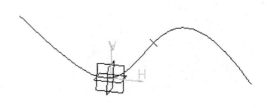

图 3-44　所建参考点

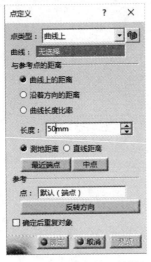

图 3-45　"点定义"对话框

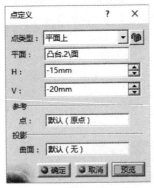

图 3-46　曲线上建参考点

3. 平面上创建的参考点的方法

在点定义下拉列表框中选择【平面上】，点定义对话框变成如图 3-47 所示，在绘图区中选择一
平面作为参考平面，移动鼠标到合适位置，单击【确定】按钮，完成参考点的创建，如图 3-48 所示。

图 3-47　"点定义"对话框

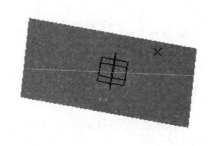

图 3-48　所建参考点

4. 曲面上创建的参考点的方法

在点定义对话框中的点类型下拉列表中选择【曲面上】，点定义对话框变成如图 3-49 所
示，在绘图区中选择一曲面作为参考曲面，移动鼠标到合适位置确定参考点，单击【确定】按钮，

完成曲面上参考点的创建,如图 3-50 所示。

图 3-49　"点定义"对话框

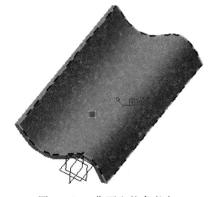

图 3-50　曲面上的参考点

5.在圆/球面/椭圆中心点创建参考点的方法

在点类型下拉列表中选择【圆/球面/椭圆中心点】,点定义对话框变成如图 3-51 所示,在绘图区中选择圆、球面或椭圆,点击【确定】按钮,完成圆心为参考点的创建,如图 3-52 所示。

6.创建曲线上的切线的方法

在点类型下拉列表框中选择【曲线上的切线】,点定义对话框变成如图 3-53 所示,在绘图区中选择所绘曲线,点击【方向】,选择合适的方向,单击【确定】按钮,系统弹出如图 3-54 所示的多重结果管理对话框,选中【保留所有元素】,单击【确定】按钮,完成参考点的创建,如图 3-55 所示。

图 3-51　"点定义"对话框

图 3-52　在圆心建参考点

图 3-53　"点定义"对话框

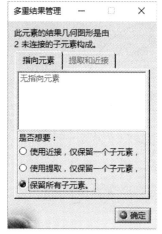

图 3-54　"多重结果管理"对话框

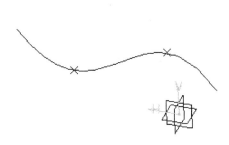

图 3-55　切线上的参考点

7.创建两点之间的参考点的方法

在点类型下拉列表中选择【之间】,点定义对话框变成如图 3-56 所示,在绘图区中选择曲线的两端点作为【点 1】和【点 2】,在【比率】文本框中输入 0.5(即曲线的中点),单击确定按钮,完成参考点的创建,如图 3-57 所示。

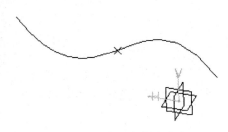

图 3-56 "点定义"对话框　　　　图 3-57 两点之间的参考点

3.5 基准应用创建实例——叉架零件

绘制叉架零件,如图 3-58 所示,目的是通过在制作连接板、肋板、键槽、斜面孔台等结构的的过程中,掌握各种参考面的制作。

零件的几何形体分析:根据叉架零件的特征,分为半圆环、圆柱体、连接板和肋板及凸台五个主要部分,因圆孔与圆柱、键槽等高,故一次完成较方便。

1.新建文件

在绘制类型的选项中,选择默认的"Part 类文件",输入零件名称"Chajia"。单击"确定"后直接进入绘制零件图的界面。

2.绘制平面图

选择 XY 平面为草绘平面,在草绘界面中,点取水平及垂直基准线,绘制半圆弧、同心半圆弧及绘制直线,封闭图形,并修改尺寸 R20、R30,如图 3-59 所示,单击"⬆"返回工作面。

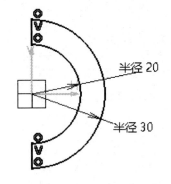

图 3-58 叉架　　　　图 3-59 半圆环平面图

3.半圆环特征的生成

选择拉伸按钮，在长度文本框中输入高度 15,选中"镜像",单击确定按钮,生成半圆环板,如图 3-60 所示。

4.绘制平面图

再次 XY 草绘平面,在草绘界面中,点击投影按钮![投影]将半圆柱外圆轮廓线投到 XY 平面,绘制中心线、绘制圆及相切直线,利用约束保证相切,剪去不要部分圆弧,绘制封闭图形,并修改尺寸圆心距离 80、小圆半径 R15,如图 3-61 所示,单击"![返回]"返回工作面。

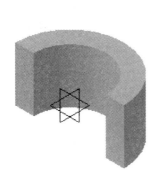

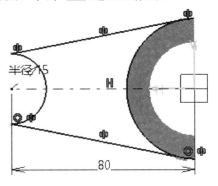

图 3-60　半圆环板　　　　　　　　图 3-61　连接板平面图

5.连接平板的生成

选择拉伸按钮![拉伸],在长度中输入高度 8,选中"镜像",单击确定按钮,生成连接板,如图 3-62 所示。

6.建立参考面

因圆柱面与其它面不平齐,所以要建立参考面,其步骤如下:

点击建立参考面图标![图标],点击 XY 平面作为基准面,如图 3-63 所示。在偏移值中输入偏置数值-10,然后单击"确定",即可生成参考面,如图 3-64 所示。

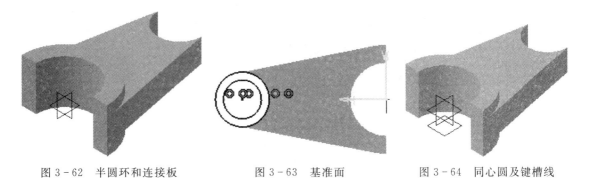

图 3-62　半圆环和连接板　　　　图 3-63　基准面　　　　图 3-64　同心圆及键槽线

7.绘制平面图

将上步所建平面作为草绘平面,在草绘界面中,点小圆弧为基准线、绘制圆、绘制同心小圆直径 Φ15,键槽直线,剪去不要部分圆弧,完成封闭图形,如图 3-65 所示,单击"![退出]"退出草绘。

8.圆柱的生成

选择凸台按钮 ![icon]，输入高度35，单击"确定"，一次生成圆柱体、内孔和键槽，如图 3 - 66 所示。

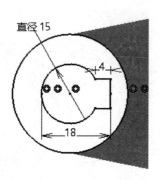
图 3 - 65　生成基准面

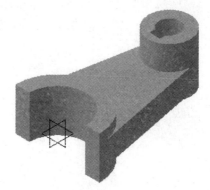
图 3 - 66　叉架主体

9.绘制肋板

进入 ZX 草绘平面，左键点取圆柱的转向轮廓竖线、中心线以及连接平板的上面作为绘制肋板的基准线，，绘制两条线作为肋板轮廓线，如图 3 - 67 所示，单击"![icon]"退出草绘界面。

10.肋板的生成

单击肋按钮 ![icon] 注意箭头方向，在数字框中输入厚度8，单击"确定"生成肋板，完成叉架肋板，如图 3 - 68 所示。

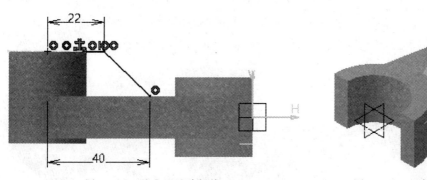
图 3 - 67　基准面及肋板线　　　　　　　　图 3 - 68　叉架主体和肋板

11.建立旋转参考面

因凸台与其它面方向不一致且不平齐，所以要建立斜参考面，其步骤如下：

点击建立参考面图标 ![icon]，点击 ZX 平面作为参考基准面，在菜单管理器中选取(穿过)轴线，选取圆柱轴线，在消息框中输入偏置数值使新建平面与 ZX 面成一45°角，如图 3 - 69 所示。再单击"√"，然后单击"确定"，即可生成参考面 Dim2，如图 3 - 70 所示。

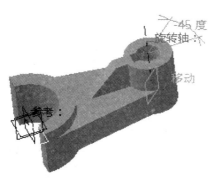

图 3-69　旋转基准面的方向

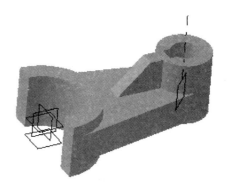

图 3-70　旋转基准面

12.建立平行参考面

点击建立参考面图标 ▱ ,点击上步中所建平面作为基准面,在菜单管理器中选取(输入数值),输入偏置数值18,注意方向(如方向相反则输入-18)。再单击"确定",即可生成平行的参考面,如图 3-71 所示。

图 3-71　平行基准面

13.绘制平面图

以上步中所建平面为草绘平面。点圆柱轴线、底板上边为基准线,绘制圆直径 Φ13,如图 3-72 所示,单击"凸"退出草绘界面。

14.凸台的生成

选择拉伸凸台按钮 ⤵ ,注意箭头方向如图 3-73 所示,类型选择:直到曲面,选取大圆柱表面,单击"确定",生成凸台,如图 3-73 所示。

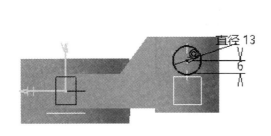

图 3-72　圆凸台平面图

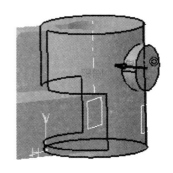

图 3-73　圆凸台生长方向

15.圆孔的生成

单击孔按钮 ⊙ 选中凸台平面,弹出如图 3-74 所示的定义孔对话框,输入孔直径为 8mm、深度 15mm,选择竖孔内表面为参考。最后单击"确定"生成圆孔,如图 3-75 所示。

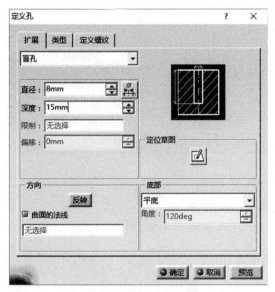

图 3-74 "定义孔"对话框

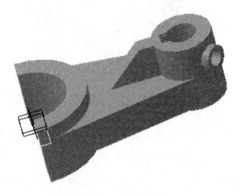

图 3-75 凸台内孔

16. 制作圆角

修饰特征,圆角(或直接点击），选中连接板上表面,在提示栏中输入圆角的半径 2mm,选择需要倒圆角的边线,在消息对话框中单击"确定",完成圆角操作,完成叉架模型图 3-76 所示。

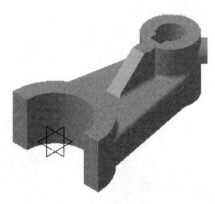

图 3-76 制作圆角

第4章 简单零件的造型

4.1 零件造型菜单简介

制作3D立体零件时,首先在主菜单文件的下拉菜单中选择新建,显示如图4-1所示的新建对话框。在新建对话框的绘制类型的选项中,选择"Part"类文件,起名后确定,直接进入绘制零件图的界面,在零件3D模型创建过程中,也需要进入平面图绘制状态,绘制的方法与草图绘制的方法相同。绘制零件的各种命令如图4-2所示,依次调用插入中的各种命令,即可构造各种实体。

图4-1 "新建"对话框　　　　　图4-2 绘制零件的各种命令

零件设计是CATIA里面命令最多的模块之一。在实际的设计项目中,大多数模型是通过零件设计完成的,所以零件设计是CATIA里面最基本的建模方法,因此,掌握实体建模的各个命令非常重要。首先在如图4-2所示的菜单栏选取实体建模命令,主要包括孔、壳、肋、拔模、倒圆角、倒角、拉伸、旋转、扫描、混合、加强肋等成型特征命令。

4.2 基础特征常用的造型方法简介

本节简单地介绍实体建模过程中常用的命令。

4.2.1 凸台和凹槽

凸台是将一个封闭的底面或剖面图形,沿垂直方向拉伸成柱体。因此,在使用凸台命令之前,必须准备一个封闭的草绘截面图形,一定是封闭图形,不能交叉图形,当截面有内环时,特征将拉伸成孔。在菜单管理器中拉伸特征的基本创建步骤如下：

(1)插入→基于草图的特征→凸台，弹出如图 4-3 所示的定义凸台对话框。

图 4-3 "定义凸台"对话框

(2)在定义凸台对话框的第一限制中的类型列表框的下拉列表中选择尺寸，然后在长度文本框中输入 35。

【类型】下拉列表框有以下选项：

①尺寸

②直到下一个

③直到最后

④直到平面

⑤直到曲面

(3)单击轮廓/曲面框中的【选择】文本框右侧的草图按钮 [图] 进入草绘界面，在草绘平面中，绘制任意形状的平面图形，例如图 4-4 所示的截面，并且修改圆的直径为 100，单击工作台中的退出工作台按钮 [图]，返回定义凸台对话框。

(4)单击【确定】按钮完成创建，如图 4-5 所示。

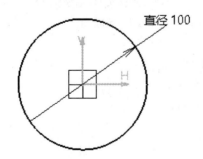

图 4-4 平面截面图形

图 4-5 凸台模型

凹槽是将一个封闭的底面或剖面图形，沿垂直方向拉伸成柱体，同时将此柱体从原实体中挖出。因此,在使用凹槽命令之前,必须准备一个封闭的草绘截面图形,一定是封闭图形。在菜单管理器中拉伸特征的基本创建步骤如下:

(1)插入→基于草图的特征→凹槽,弹出如图 4-6 所示的定义凹槽对话框。

图 4-6　"定义凹槽"对话框

(2)在定义凹槽对话框的第一限制中的【类型】列表框的下拉列表中选择【尺寸】,然后在【长度】文本框中输入 20,定义凹槽对话框中的【类型】下拉列表中同样有 5 种类型。

(3)单击轮廓/曲面框中的【选择】文本框右侧的草图按钮 进入草绘界面,在草绘平面中,绘制任意形状的平面图形,例如图 4-7 所示的截面,并且修改圆的直径为 50,单击工作台中的退出工作台按钮 ,返回定义凹槽对话框。

(4)单击【确定】,完成凹槽的创建,如图 4-8 所示,即挖出圆孔。

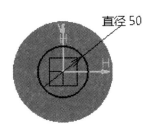

图 4-7　平面图形　　　　图 4-8　所建凹槽

4.2.2　旋转(回转体)

旋转特征具有"轴对称"特性,旋转体是由一个封闭的断(截)面图形,绕与其平行的轴回转而成的。因此,在使用旋转体命令之前,必须准备一个断面图形及回转轴。简而言之,旋转特征创建原则是:截面外形绕中心轴旋转特定角度产生。

旋转特征的创建步骤前面 4 步与凸台特征的方法及菜单一样,不再重复,旋转特征的创建步骤如下:

(1)插入→基于草图的特征→旋转;

（2）指定绘图面。本例选择 ZX 平面作为绘图平面；

（3）首先在草图面板里绘制如图 4-9 所示截面和中心线，单击 ⬆ 退出工作面；

（4）在【第一角度】文本框中输入 135，完成旋转特征如图 4-10 所示。

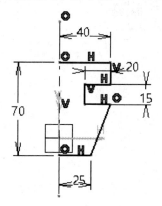

图 4-9　平面截面图形　　　　图 4-10　旋转特征

创建旋转特征时，在截面草绘阶段应注意的事情。

在如图 4-11 所示的旋转定义对话框中若选中【厚轮廓】，定义旋转体对话框会展开如图 4-12 所示【薄旋转体】，在展开对话框中的【薄旋转体】中可以设置厚度，生成薄旋转体。

图 4-11　定义旋转体对话框　　　　图 4-12　展开对话框

4.2.3　孔

孔特征的创建步骤如下：

插入→基于草图的特征→孔，显示"定义孔"对话框如图 4-13 所示。

（1）在左上角的文本框内选择孔类型【盲孔】；直径后输入欲钻孔径；深度后输入孔深度值；

（2）定位草图：指定打孔的位置；

（3）方向：即打孔的方向；

（4）底部：即孔的底部形状有平底和 V 型底两种；

（5）类型：孔的类型有简单、锥形孔、沉头孔、埋头孔和倒钻孔五种；

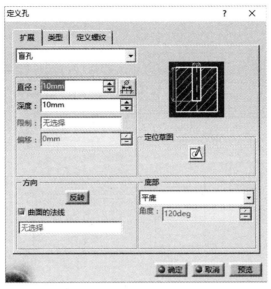

图 4-13　"定义孔"对话框

(6)定义螺纹：若打的孔带有螺纹可以在定义螺纹选项组中设置螺纹参数。

4.2.4　其它特征简介

倒圆角及倒角是对实体的边进行圆角或倒角处理。

加强肋是为实体特征增加各种筋(肋板)。

抽壳是将实体特征抽空成为薄壳体。这些特征将在后续实例中详细介绍。

4.3　零件特征修改方法简介

CATIA的参数化功能使得实体零件模型的修改非常简便容易。

在模型树中点选取任意特征,双击鼠标左键,会弹出定义特征的对话框,在对话框中可修改所有参数重新定义、修改模型。

4.4　零件绘制实例

4.4.1　V形座

绘制如图 4-14 所示 V 形座零件模型,目的是掌握常用的凸台、凹槽造型方法。同时学习平面立体的造型方法。

1.文件→新建

在主菜单的文件的菜单管理器中选择新建,在绘制类型的选项中,选择的"Part"类文件,输入零件名称"Vxz",单击"确定"后直接进入绘制零件图的界面。

2.建立特征

选取绘制草绘特征的参照绘图面。插入→基于草图的特征→凸台。

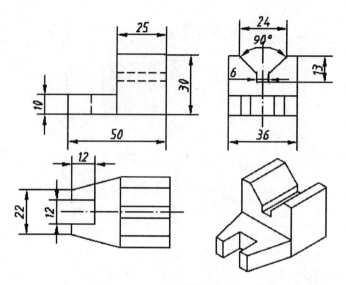

图 4-14　V 形座零件平面及立体图

3. 绘制草图

在草图绘制环境中，如第 2 章草绘方法使用中心线、线及标注尺寸、修改尺寸、修剪图形等命令，绘制如图 4-15 所示底面特征图。

4. 完成主体

单击"🔼"，在厚度框中输入拉伸的板厚 30，再然后点击"确定"，即可生成 V 形座模型的主体如图 4-16 所示。

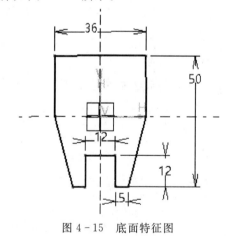

图 4-15　底面特征图

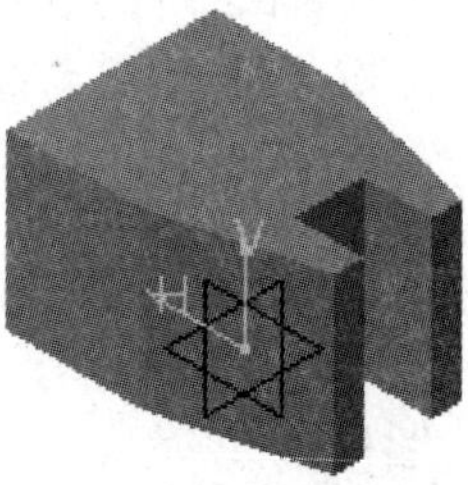

图 4-16　V 形座模型的主体

5. 观看模型

拖动鼠标中键和右键，即可转动观看立体。

6. 挖切实体

要选取绘制欲挖切部分草绘的参照绘图面，其选取步骤如下：

插入→基于草图的特征→凹槽→于模型主体上表面建立挖切草绘图。

7. 绘制挖切草绘图

绘制矩形,如图 4 - 17 所示。

8. 完成主体

单击"凸"→沿实体所在方向→挖切深度设为 20→单击"确定",即可生成去除前部的 V 形座模型的主体,如图 4 - 18 所示。

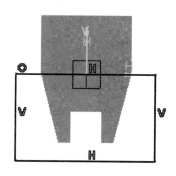
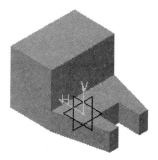

图 4 - 17　绘制模型切口线　　　图 4 - 18　挖切后的模型

9. 挖切 V 形槽

要选取绘制欲挖切 V 形槽的参考面,其选取步骤如下:

插入→基于草图的特征→凹槽→选取 ZX 面为基准面→进入草绘界面。

10. 绘制线 ∕

选取绘制命令,在绘图区点画出 V 形槽的图形。

11. 标注并修改尺寸 ▥

点击标注命令,鼠标点击所有需要标注的尺寸,双击所有尺寸数字。修改相关的数值,完成对图形的修改,如图 4 - 19 所示。

12. 镜像线 ◫

按住 Ctrl 键,用鼠标选取线,点取镜像命令,再点对称的水平中心线,镜像出图形,如图 4 - 20 所示。

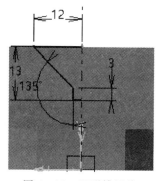
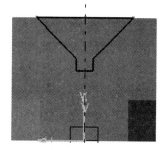

图 4 - 19　V 形槽图线　　　　图 4 - 20　V 形槽对称图线

13. 完成立体

单击"凸"→类型【直到最后】→单击"确定",即可生成 V 形座模型如图 4 - 14 所示。

4.4.2 阀杆

绘制如图 4-21 所示阀杆零件,目的是掌握常用的旋转、凹槽、钻孔等特征的基本建模造型方法。

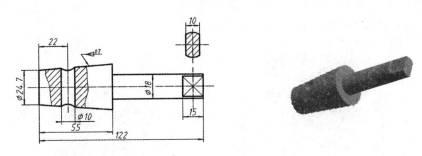

图 4-21 阀杆的平面及立体图

1. 文件→新建

在主菜单的文件的下拉菜单中选择新建,在绘制类型的选项中,选择"Part"类文件,输入零件名称"Fagan",单击"确定"后直接进入绘制零件图的界面。

2. 建立特征

选取绘制草绘特征的参照绘图面,其选取步骤如下:

插入→基于草图的特征→旋转→选取 ZX 平面为草绘平面。

3. 绘制草图

在草图绘制环境中,使用中心线绘制轴线,使用画线及标注尺寸、修改尺寸、修剪图形等命令,绘制如图 4-22 所示封闭的断面特征图。

4. 完成立体

单击" ",旋转角度为 360(旋转一周),单击旋转体对话框中的确定按钮,即可生成回转体模型的如图 4-23 所示。

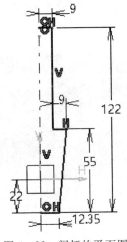

图 4-22 阀杆的平面图

图 4-23 阀杆的主体

5. 钻孔

要选取草绘的参照绘图面,如图 4 - 24 所示。

钻孔,其选取步骤如下:

插入→基于草图的特征→孔,出现如图 4 - 25 所示的定义孔对话框,单击定位草图,用鼠标选取 ZX 平面为钻孔面→确定钻孔位置,单击"⤴"返回孔对话框,选择"直到最后",在其中给定钻孔直径为 10,单击"确定"结束,钻孔如图 4 - 26 所示。

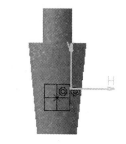

图 4 - 24　钻孔位置的平面图

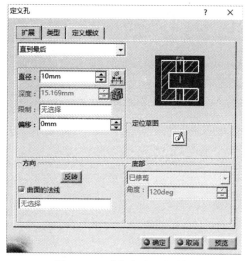

图 4 - 25　"定义孔"对话框

图 4 - 26　带孔的阀杆主体

6. 建立参考面

建立参考面,点击建立参考面图标🔲,点击阀杆顶面,以顶面作为基准面,在偏距中输入数值 15,单击确定,即可生成参考面如图 4 - 27 所示。

7. 切平面

以阀杆顶面作为基准面参照绘图面,切割阀杆顶端两侧的平面,其选取步骤如下:

插入→基于草图的特征→凹槽,选择阀杆顶面作为草绘平面,进入草绘界面,如图 4 - 28 所示。

图 4 - 27　新建基准面

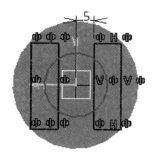

图 4 - 28　新基准面绘图

8. 绘制线

用左键选取绘制线命令,在绘图区点画出一条矩形线然后镜像得到对称的两条矩形线,如图 4-28 所示。注意如欲切除两部分,必须每部分封闭图形。

9. 完成主体

单击"⬆️",再点击【类型】,然后选择信息框中的【直到平面】,选择先前建立的参考平面作为基准,如图 4-29 所示。点击"确定",即可生成有平面的阀杆主体,图 4-21 所示。

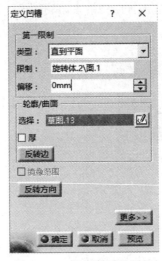

图 4-29　设置凹槽的属性

4.4.3　端盖

绘制如图 4-30 所示端盖零件,目的是掌握常用的旋转、加强肋、复制、镜像、阵列、钻孔、倒角、圆角等特征的基本建模造型方法。

图 4-30　端盖

1. 文件→新建

在主菜单的文件的下拉菜单中选择新建,在绘制类型的选项中,选择"Part"类文件 ,输入零件名称"Duangai",单击"确定"后直接进入绘制零件图的界面。

2. 进入绘制参考面

选取绘制草绘特征的参考绘图面,其选取步骤如下:

插入→基于草图的特征→旋转→选取 YZ 平面作为基准面,进入草图绘制环境。

3. 绘制草图

在草图绘制环境中,使用中心线绘制轴线,使用画线及标注尺寸、修改尺寸等命令,绘制如图 4-31 所示封闭的断面特征图。

4. 完成立体

单击"⬆️"→旋转角度设置 360（旋转一周）→确定,单击对话框中的确定,即可生成回转体模型,如图 4-32 所示。

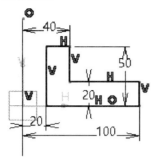

图 4-31　端盖部分平面图

图 4-32　端盖主体

5. 绘制加强肋(肋板)

单击加强肋按钮 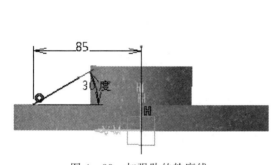→选取 ZX 平面为参考面→草绘,进入草图绘制环境。

6. 绘制线

用鼠标选取圆柱的侧面竖轮廓线及底板上面绘制肋轮廓线斜线,并修改尺寸,如图 4-33 所示。

图 4-33　加强肋的轮廓线

图 4-34　定义加强肋

7. 完成肋板

删除圆柱的侧面竖轮廓线及底板上面水平线,单击" ",注意肋生成方向如图 4-34 所示。在如图 4-34 所示的定义加强肋的提示框中输入肋的板厚 10,单击"确定",生成加强肋,如图 4-35 所示。

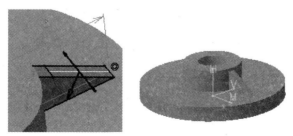

图 4-35　加强肋生成的方向加强肋

8. 阵列肋

选中肋特征,插入→变换特征→圆形阵列,在如图 4-36 所示的圆形阵列对话框中→实例数为 4→阵列成员间夹角为 90→选取参考方向→选取 Z 轴作为旋转轴→单击确定,阵列肋如图 4-37 所示。

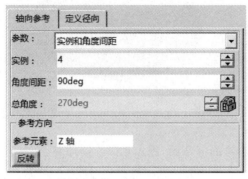

图 4-36 圆形阵列对话框   图 4-37 阵列肋

9. 绘制孔

插入→基于草图的特征→孔,进入绘制孔的对话框。

所有参数如图 4-38 所示,点击【定位草图】,以上表面为参考面绘图,定位草图如图 4-39 所示。注意选取径向、轴线和角度,否则后面无法阵列孔。单击"确定",完成孔,如图 4-40 所示。

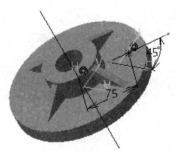

图 4-38 钻孔的控制面板   图 4-39 定位草图

10. 阵列孔

选中孔特征,插入→变换特征→圆形阵列,实例数为 4→阵列成员间夹角为 90→选取参考方向→选取 Z 轴作为旋转轴→单击确定,阵列后如图 4-41 所示。

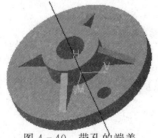

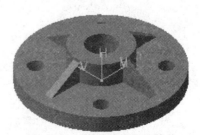

图 4-40 带孔的端盖   图 4-41 阵列后的孔的端盖

11. 绘制倒角

插入→修饰特征→倒角，弹出如图 4-42 所示的定义倒角对话框，在对话框中输入倒角的距离 2，用鼠标选取需要倒角的内孔边、大圆柱的上下边，单击"确定"完成倒角，如图 4-43 所示。

图 4-42 "定义倒角"对话框　　　　图 4-43 倒角的端盖

12. 绘制圆角

插入→修饰特征→倒圆角→输入圆角的半径 2，在倒圆角定义对话框中输入倒圆角的半径 2，用鼠标选取所有要圆角的肋的各边→单击"确定"完成倒圆角。完成端盖，如图 4-30 所示。

注意不可一次选太多的边，有时无法完成圆角，可多次重复操作，对所有的角进行倒圆角处理。

4.4.4 轴承座

绘制如图 4-44 所示轴承座零件，目的是掌握常用的挖切、肋、倒角、圆角等特征的综合建模造型方法。学习并掌握标注尺寸、修改尺寸、修剪图形等操作。

1. 新建

在主菜单的文件的下拉菜单中选择新建，在绘制类型的选项中，选择默认的"Part"类文件，输入零件名称"zhijia"，单击"确定"后直接进入绘制零件图的界面。

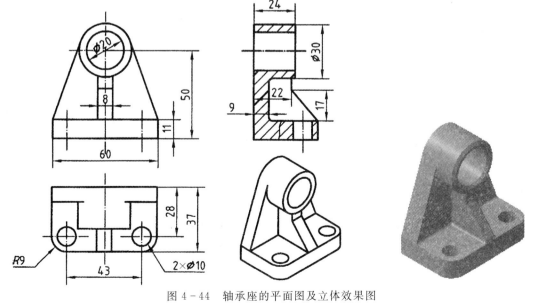

图 4-44 轴承座的平面图及立体效果图

2.拉伸底座

选取绘制草绘型特征时的参照绘图面,其选取步骤如下:

插入→基于草图的特征→凸台→选取 XY 平面为草绘平面。

3.绘制平面图形

在草图绘制环境中,使用中心线绘制轴线,使用画线及标注尺寸、修改尺寸等命令,绘制如图 4-45 所示封闭的底板特征图。

4.完成底板立体

单击"凸",在拉伸控制面板中输入拉伸的距离 11,再单击"确定",即可生成有孔的底板。

5.察看模型

拖动鼠标中键和右键,即可转动观看立体如图 4-46 所示。接下来就要进入立体部分的绘制。

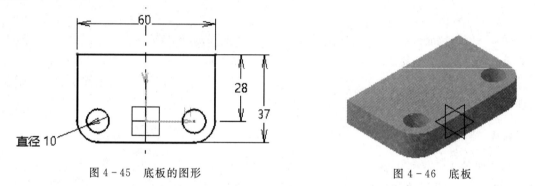

图 4-45　底板的图形　　　　　　　图 4-46　底板

6.拉伸立板

首先要选取绘制草绘型特征的参照绘图面、参考面,其选取步骤如下:

插入→基于草图的特征→凸台→选取底座背面作为草绘面;

7.基准线

用 ▤ 点取底板的上面,这样就产生了一条投影线,作为绘制草图的基准线,如图 4-47 所示。

8.绘制中心线

用左键选取绘制中心线命令,在绘图区点画出一条水平线及一条垂直中心线,如图 4-48 所示。

图 4-47　基准线　　　　　　　图 4-48　中心线

9.绘制圆

不用考虑尺寸,用鼠标左键选取中心线交点即圆心,在绘图区点画出圆。

10.绘制线

用鼠标选取底板上的交点及圆上的切点绘制斜线,如图 4-49 所示。

11.镜像线

先用鼠标选取斜线,再单击镜像命令,最后单击垂直中心线,完成后如图 4-50 所示。

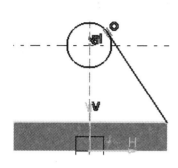
图 4-49　圆及切线

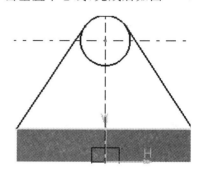
图 4-50　镜像切线

12.标注尺寸

用鼠标左键点取两水平线,标注两水平线之间的尺寸,如图 4-51 所示。

13.修改尺寸

双击所有尺寸,数字显示对话框如图 4-52 所示。修改相应数值以完成对图形的修改。

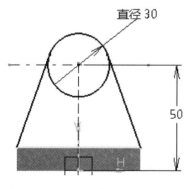
图 4-51　标注尺寸

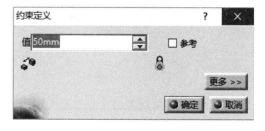
图 4-52　修改尺寸

14.快速修剪线段

用鼠标点取多余的线段,逐段删除,完成如图 4-53 所示的立板轮廓草图。

15.完成立板

单击"⬆",在拉伸控制面板中输入板厚 11 后单击"确定",生成立板,如图 4-54 所示。

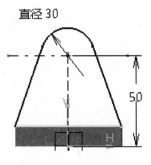

直径 30

50

图 4-53　立板轮廓线

图 4-54　立板

16. 绘制圆柱

插入→基于草图的特征→凸台→选取立板前面为参照面，重复第 9 至第 11 步绘制直径相同的圆，点击"凸"，在提示栏中输入拉伸的板厚 13 点击"确定"，生成圆拄，如图 4-55 所示。

17. 绘制圆孔

选取绘制草绘型特征的参照绘图面。

插入→基于草图的特征→凹槽→选取立板的前面及底线作为基准→进入草绘界面。

重复第 9 至第 11 步绘制圆，修改尺寸后，单击"凸"，在对话框中→类型→直到最后，生成圆孔，如图 4-56 所示。

图 4-55　大圆柱

图 4-56　圆柱孔

18. 进入绘制加强肋基准

选取绘制草绘型特征的参照绘图面。

插入→基于草图的特征→加强肋→选取 YZ 平面为草绘平面。

19. 选取基准线

用 ⟳ 投影圆柱的上表面轮廓线，作为绘制筋图的基准线，如图 4-57 所示。

20. 绘制线 凸

用鼠标任意绘制加强肋轮廓线斜线，然后用 Ⅱ 标注和修改尺寸，如图 4-58 所示。

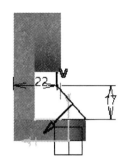

图 4－57　加强肋的基准线　　　　图 4－58　加强肋的轮廓线

21.绘制加强肋

单击"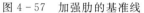",在对话框中输入肋的板厚 8,单击"确定",生成肋,如图 4－59 所示,注意箭头方向向内。

22.绘制倒角

绘制倒角时,依次按照下面的菜单命令进行操作:

插入→修饰特征→倒角 ,在对话框中输入倒角的距离 1.5,用鼠标选取需要倒角的内外孔边,在对话框中点击"确定",如图 4－60 所示。

图 4－59　肋　　　　　　　　图 4－60　倒角

23.绘制圆角

插入→修饰特征→倒圆角→输入圆角的半径 1.5 ,在倒圆角定义对话框中输入倒圆角的半径 1.5,用鼠标选取所有要圆角的各边→单击"确定"完成倒圆角。此时得到轴承座模型图4－44所示。

4.4.5　底座零件

目的:绘制如图 4－61 所示的底座零件,掌握绘制中心线、圆、镜像及标注尺寸、修改尺寸、修剪图形等操作。

1.新建文件

在主菜单的文件的下拉菜单中选择新建,在绘制类型的选项中,选择"Part"类文件,输入零件名称"Dizuo"。单击"确定"后直接进入绘制零件图的界面。

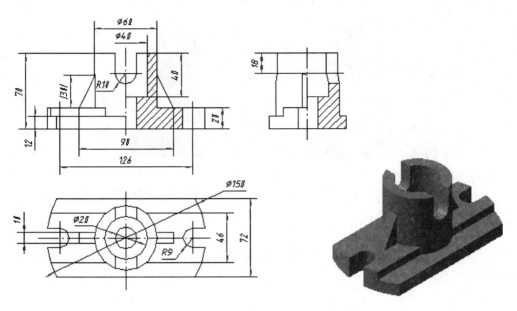

图 4-61 底座的平面图及立体效果图

2. 绘制底板草图

绘制图 4-62 所示的草图方法同上例。

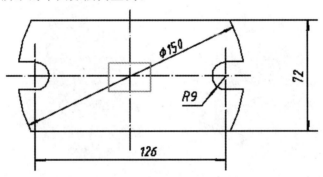

图 4-62 底座零件草图

3. 修改草图尺寸

选取草图中的尺寸,根据零件实际尺寸进行修改相应的数值。修改完成后,重新生成图 4-63 所示的新的草图。

4. 完成草图

继续当前截面的操作。单击草绘工具命令条中的"⬆",在消息提示框输入板厚的数值 20。单击"确定"。完

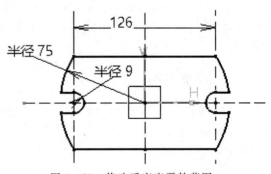

图 4-63 修改后底座零件草图

成实体特征的生成,生成的实体如图 4-64 所示。

5.绘制切台阶图形

插入→基于草图的特征→凹槽→选取底板的上面为草绘平面。

6.绘制矩形

用左键选取矩形按钮,在绘图区画出两个对称的矩形,修改尺寸,如图 4-65 所示。

7.完成切台阶

单击"凸",在对话框中输入深度 8,点击"确定",完成台阶的创建,如图 4-66 所示。

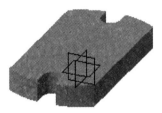

图 4-64　底座立体

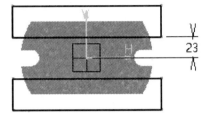

图 4-65　台阶矩形草图

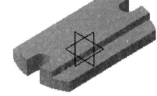

图 4-66　完成台阶模型

8.绘制圆柱参照面

选取绘制草绘型特征的参照绘图面、参考面。

插入→基于草图的特征→凸台→选取底板的底面作为草绘平面。

9.绘制圆

用鼠标左键选取中心点为圆心,在绘图区点画圆,直径为 60 点击"凸"。

10.绘制圆柱

在提示消息栏中输入拉伸的板厚 70 点击"确定",生成圆柱体。

11.建立参考面

建立参考面,点击建立参考面图标 ▱,在菜单管理器中选取参照,点击圆柱顶面,以顶面作为基准面,在菜单管理器 平移消息框中输入偏置数值-40,再单击"确定",即可生成参考面如图 4-67 所示。

12.绘制圆孔

插入→基于草图的特征→凹槽→选取圆柱的上面作为基准。

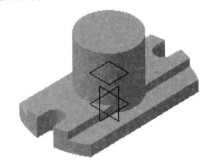

图 4-67　圆柱特征及基准的生成

绘制圆,修改尺寸直径为 20,单击"凸",点击"确定",类型→直到最后,在对话框中单击"确定",生成圆孔,如图 4-68 所示。

13.绘制沉孔

选取绘制草绘型特征的参照绘图面。

插入→基于草图的特征→凹槽→选取圆柱的上面作为基准。

绘制圆,修改尺寸直径为 40,单击"![icon]",点击,选项→到选定的,选取新建的基准面,在对话框中点,生成沉孔,如图 4-69 所示。

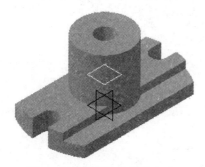

图 4-68 圆柱孔特征的生成

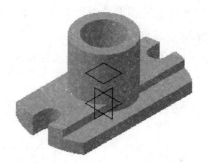

图 4-69 圆柱沉孔

14. 绘制肋板

插入→基于草图的特征→加强肋→选取 ZX 平面为草绘平面。

15. 绘制线 ![icon]

用鼠标选取底板与圆柱的侧竖线,绘制筋轮廓线斜线,并修改尺寸,如图 4-70 所示。

16. 生成肋板

单击"![icon]",选择肋生成方向,在线宽中输入厚度 10 点击"确定",生成肋板。

17. 镜像肋

选择肋特征→插入→变换特征→镜像→参照→选取 YZ 平面作为镜像平面,点击"确定",生成对称肋,如图 4-71 所示。

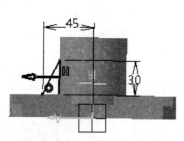

图 4-70 肋外形的绘制

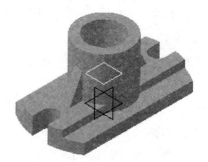

图 4-71 肋的生成

18. 建立半圆水平孔的参考面

选取绘制草绘型特征的参照绘图面。

插入→基于草图的特征→凹槽→选取 ZX 平面作为草绘面。

19. 绘制线及绘制圆

绘制半圆槽线,并修改尺寸,槽特征平面如图 4-72 所示,单击"![icon]"。

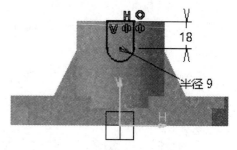

图 4-72 槽特征平面的绘制

20.槽特征的生成

点击类型→直到最后,选中"镜像",在对话框中
点"确定",生成半圆槽孔,得到如图 4-61 所示的底座零件。

4.4.6 支座零件

绘制如图 4-73 所示的支座零件,目的是掌握绘制肋、
凸台、沉孔等复杂组合立体的制作。

1.新建文件

在绘制类型的选项中,选择"Part 类文件",输入零件名
称"Zhizuo"。单击"确定"后直接进入绘制零件图的界面。

2.进入圆柱的参考面

插入→基于草图的特征→凸台→选取 XY 平面为基准
面,进入草绘界面。

图 4-73 支座

3.绘制平面图

在草绘界面中,绘制中心线、绘制圆及同心圆,并修改

尺寸圆心距离 60、35,大圆直径为 Φ50、小圆直径为 Φ30,如图 4-74 所示,单击" ",结束。

4.圆柱的生成

在数字框中输入高度 50,单击"确定",一次生成圆柱及内孔,如图 4-75 所示。

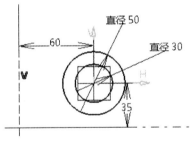

图 4-74 圆柱的基准线及平面图

图 4-75 生成的圆柱

5.进入底板的草绘面

插入→基于草图的特征→凸台→选取 XY 平面为基准面,进入草绘界面。

6.绘制平面图

在草绘界面中,选取水平线、铅垂线及大圆为投影线,绘制中心线、绘制圆,利用约束保证
相切,剪去不要部分圆弧,封闭图形,并修改尺寸,距离 47、90、10,小圆直径为 Φ20,如图 4-76
所示,单击" ",结束。

7.底板的生成

选择与圆柱同侧的拉伸方向,在数字框中输入高度 10,单击"确定",生成底板,如图 4-77
所示。

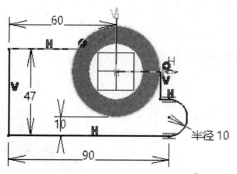

图 4-76　底板的基准线及平面　　　　　图 4-77　生成的底板图

8. 建立参考面

因水平半圆柱面与其它面不平齐,所以要建立参考面,其步骤如下:

点击建立参考面图标 ▱ ,在菜单管理器中选取参照,点击底板前面作为基准面,在菜单管理器平移对话框中输入偏置数值 10,注意方向,再单击确定,即可生成参考面,如图 4-78 所示。

9. 进入半圆柱的参考面

插入→基于草图的特征→凸台→选取所建为基准面,进入草绘界面。

10. 平面图

在草绘界面中,以水平线、铅垂线、圆柱轴线作为基准线,绘制半圆、绘制底边直线,封闭图形,并修改尺寸,圆半径为 20,如图 4-79 所示,单击"凸",结束。

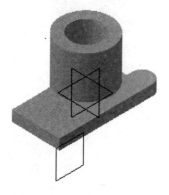

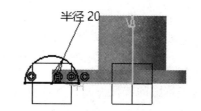

图 4-78　生成的基准面　　　　　图 4-79　半圆柱的基准线及平面图

11. 半圆柱的生成

沿如图 4-80 所示箭头方向生成实体,在数字框中输入拉伸厚度 60,单击"确定",生成半圆柱,如图 4-81 所示。

12. 进入半圆孔的参考面

插入→基于草图的特征→凹槽→选取所建平面为基准面,进入草绘界面。

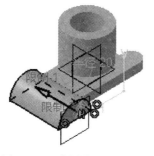

图 4 - 80　半圆柱的生成方向

图 4 - 81　生成的半圆柱

13. 绘制平面图

在草绘界面中,绘制同心半圆,并修改尺寸,圆半径为 R10,如图 4 - 82 所示,单击"⬆",结束。

14. 半圆孔的生成

在类型→选取"直到最后",注意切除方向,在对话框中单击"确定",生成半圆孔,如图 4 - 83 所示。

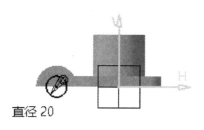

图 4 - 82　半圆孔的平面图

图 4 - 83　生成的半圆孔

15. 进入耳板的参考面

插入→基于草图的特征→凸台→选取 *ZX* 平面为基准面,进入草绘界面。

16. 绘制平面图

在草绘界面中,取水平线、铅垂线及半圆的边线为基准线,绘制中心线、绘制圆,剪去不要部分圆弧,并修改尺寸,距离 10,小圆半径为 10,如图 4 - 84 所示,单击"⬆",结束。

17. 耳板的生成

选择与拉伸方向,在数字框中输入高度 10,单击"确定",耳板生成,如图 4 - 85 所示。

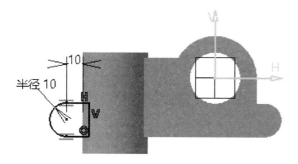

图 4 - 84　耳板的草绘平面

图 4 - 85　生成的耳板

18. 绘制肋

插入→基于草图的特征→加强肋→选取 *ZX* 平面为参考面,进入草绘界面。

19. 绘制平面图

用投影方法选取大圆柱的侧转向轮廓竖线、中心线以及圆弧作为绘制肋的基准线.,绘制一条与圆弧相切的切线作为肋轮廓线,如图 4-86 所示。

20. 肋的生成

沿如图 4-87 所示箭头方向生成筋,在数字框中输入厚度 8,单击"确定",生成肋,如图 4-88 所示。

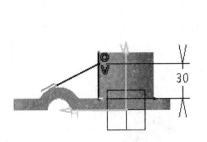
图 4-86 绘制筋平面图

图 4-87 肋的生成方向

图 4-88 生成肋

21. 进入凸台的参考面

插入→基于草图的特征→凸台→选取底板的前面为基准面,进入草绘界面。

22. 绘制平面图

在草绘界面中,以底板上边水平线及圆的轴线为基准线(利用投影法获得),绘制中心线、绘制圆,利用约束保证铅垂线,剪去不要部分圆弧,并修改尺寸,距离 18,小圆半径为 R10,如图 4-89 所示,单击"凸",结束。

23. 凸台的生成

选项→到直到曲面→选中圆柱面,单击"确定",生成凸台,如图 4-90 所示。

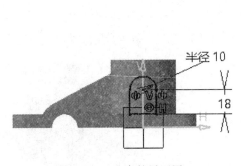
图 4-89 凸台的平面图

图 4-90 生成的凸台

24. 进入水平圆孔的参考面

插入→基于草图的特征→凹槽→选取底板的前面作为基准。

25. 绘制平面图

点取凸台圆柱的上顶线作为基准线,绘制同心圆,并修改尺寸,如图 4-91 所示。单击"⬆"。

26. 圆孔的生成

类型→直到下一个,单击"确定",生成圆孔,如图 4-92 所示。

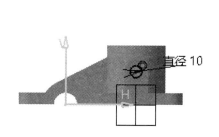

图 4-91　孔的平面图　　　　　　　图 4-92　生成的圆孔

27. 进入垂直圆孔的参考面

插入→基于草图的特征→凹槽→选取底板的上面作为基准。

28. 绘制两孔平面图

两个耳台圆作为基准,如图 4-93 所示绘制同心圆,并修改尺寸,单击"⬆"结束。

29. 两圆孔的生成

类型→直到最后,注意切除方向,在信息框中点"确定",生成两个圆孔,如图 4-94 所示。

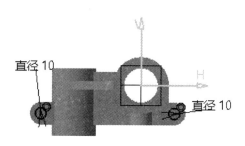

图 4-93　两孔的平面图　　　　　　图 4-94　两孔的生成

30. 钻孔

进入钻孔的对话框。

插入→基于草图的特征→孔,进入钻孔的控制面板如图 4-95 所示。

输入钻孔直径 38,钻孔深度 10。定位草图→选取大圆柱的圆心,单击"确定"结束,得到大圆柱的沉孔。如图 4-96 所示。

进入钻孔的控制面板。

重复上步命令,用同样的方法,分别选取两侧的小孔轴线和小孔上表面,制作小孔的沉孔,沉孔直径 30,孔深 3,如图 4-97 所示。

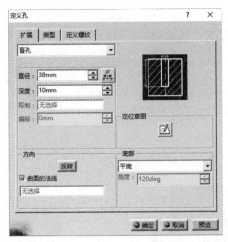

图 4 - 95　钻孔控制面板

图 4 - 96　圆柱沉孔

图 4 - 97　小圆柱的沉孔

31. 绘制圆角

插入→倒圆角→在控制面板中输入圆角的半径 1，用鼠标选取要圆角的边→完成，在消息对话框中单击"确定"，完成圆角操作。得到如图 4 - 98 所示模型。

注意不要一次选太多的边，可能不能圆角。可多次重复圆角操作完成。

图 4 - 98　所有圆角

4.4.7　减速器上箱盖体

本实例作为综合实例,巧妙地运用前面章节中学习的建模方法实现齿轮减速器上箱盖体的建模,其效果图如图 4-99 所示。

1. 新建文件

新建一个文件,单击文件→新建,选择"Part"类文件,在名称栏中命名为"shangxianggai"。

2. 创建箱体底板特征 1

图 4-99　减速器上箱盖体模型

(1)单击工具栏中的 ⬚,在绘图区选择 *XY* 平面作为绘图面,进入绘图截面。

(2)单击绘图工具栏中的居中矩形按钮 ⬚,创建如图 4-100 所示的草绘截面,按图中尺寸进行标注,然后单击"⬚",退出草绘模式。

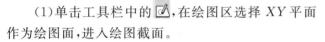

图 4-100　矩形草图 1

(3)单击工具栏中凸台按钮 ⬚,对草绘截面进行拉伸,厚度设置为 7,生成如图 4-101 所示的底板拉伸特征。

(4)单击工具栏中的圆角按钮 ⬚,对图 4-101 中的边角倒圆角,半径设置为 23,得到如图 4-102 所示的四个圆角。

(5)单击凸台按钮 ⬚,在左下方的操作板中选择草绘的平面为现有模型的上边面,绘制如图 4-102 所示的草图。拉伸的厚度设定为 21。

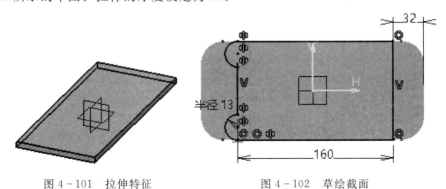

图 4-101　拉伸特征　　　　　　图 4-102　草绘截面

(6)对拉伸所得的特征的两个直角倒圆角,半径均为 13。

3.创建箱体特征 2

（1）创建基准平面，在如图 4-103 的平面定义对话框中，以上步骤所得特征的实体表面作为参照，生成在实体之外偏距为 2 的基准平面，如图 4-104 所示。

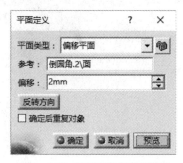

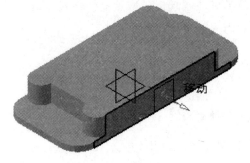

图 4-103 "平面定义"对话框 图 4-104 创建基准平面

（2）单击工具栏中的草绘按钮，选择为新建平面为绘制平面，进入草绘界面。绘制如图 4-105 所示的草图。

（3）单击拉伸工具按钮，对图 4-105 所得的截面进行拉伸，深度设置为 104，生成如图 4-106 所示的拉伸特征。

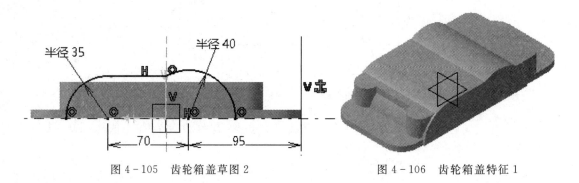

图 4-105 齿轮箱盖草图 2 图 4-106 齿轮箱盖特征 1

4.创建箱体上部特征 3

（1）单击工具栏的草绘按钮，选择 ZX 平面作为绘图平面，进入草绘界面。

（2）绘制如图 4-107 所示的草绘截面，按照图中标注尺寸（圆的尺寸均为直径），然后单击"⟱"，退出草绘模式。

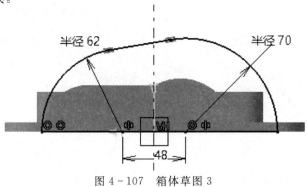

图 4-107 箱体草图 3

(3)单击工具栏中的凸台按钮 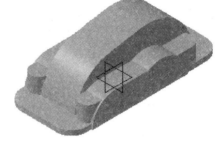，打开如图 4 - 108 所示的凸台对话框,深度设定为 26,再选中'镜像范围',创建如图 4 - 109 所示的箱体上部双向拉伸特征。

图 4 - 108 "凸台"对话框

图 4 - 109 拉伸特征

(4)单击草绘按钮 ，在绘图区中选择 *ZX* 平面为草绘平面,进入草绘模式。绘制如图 4 - 110 所示的草图,按照图中尺寸进行标注,单击" "，退出草绘界面。

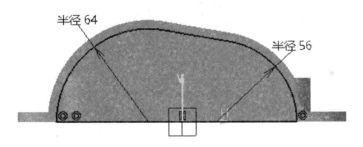

图 4 - 110 截面草图

(5)挖切实体内部,单击工具栏中的凹槽按钮 ，深度为 20,选中'镜像范围',创建的凹槽特征如图 4 - 111 所示,将齿轮箱内部挖空成壳体。

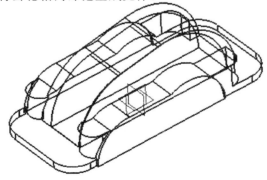

图 4 - 111 凹槽特征

5. 创建箱体特征 4

（1）单击工具栏中的按钮 ，在绘图区中选择箱体的实体表面作为草绘平面，其余按照系统默认设定，进入草绘模式。绘制如图 4-112 所示的草图之后，退出草绘界面。

（2）单击工具栏中的凹槽按钮 ，将拉伸深度设定为 104，创建的凹槽特征如图 4-113 所示。

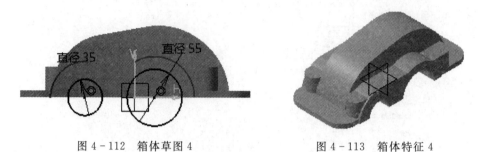

图 4-112　箱体草图 4　　　　　　　　　　图 4-113　箱体特征 4

6. 创建窥视孔特征 5

（1）以之前箱盖顶部平整的平面作为绘图平面，单击 绘制图 4-114 中的草图。

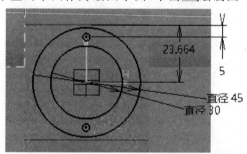

图 4-114　窥视孔草图

（2）单击工具栏中的凸台按钮 ，打开如图 4-115 的凸台对话框将厚度设为 2，完成凸台后单击凹槽按钮 ，选中大孔和小孔为凹槽轮廓，在类型中选择直到最后。创建如图 4-116 所示的特征。

图 4-115　"定义凸台"对话框　　　　图 4-116　窥视孔特征

7. 创建肋板特征 1

(1)单击工具栏 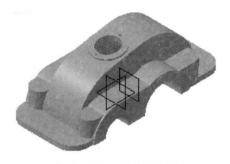，以 YZ 平面作为参照面，将偏移距离设为 20，得到新基准平面 2 如图 4 - 117 所示。

(2)单击草绘工具按钮 ，以新基准面作为绘图平面，绘制图 4 - 118 所示的草图。

図 4 - 117　新基准平面　　　　　　　　图 4 - 118　肋板草图截面

(3)单击工具栏中的加强肋板按钮 ，在绘图区选择上步的草图截面，将肋板的厚度设定为 6，创建的肋板特征如图 4 - 119 所示。

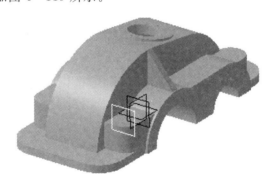

图 4 - 119　肋板特征

8. 创建肋板特征 2

单击工具栏 ，以平面 2 作为参照面，将偏移距离设为 70，得到参考基准平面平面 3 如图 4 - 120 所示，然后建立肋板如图 4 - 121 所示。

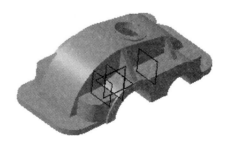

图 4 - 120　基准平面 3　　　　　　　　图 4 - 121　肋板 2 特征

9. 镜像肋板

选择前面得到的二个肋板,以 *ZX* 平面作为镜像平面,得到的镜像肋板结果如图 4 - 122 所示。

10. 创建孔特征

(1)单击定义孔按钮 ⊙,在绘图区选择需要打孔的柱面,创建图 4 - 123 所示的定位草图。

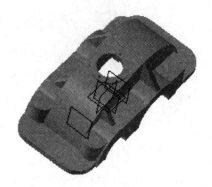

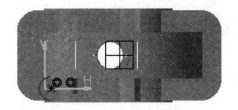

图 4 - 122   肋板镜像结果   图 4 - 123   定位草图

(2)重复上述操作,以之前创建的草图为参照,绘制相同四个同心圆孔,直径为 10,如图 4 - 99 所示最终的齿轮减速器上箱盖体。

11. 绘制圆角

插入 ▸倒圆角→在控制面板中输入圆角的半径 1~2,用鼠标选取要圆角的边→完成,在消息对话框中单击"确定",完成圆角操作。

注意:一次选太多的边,可能不能圆角,但可多次重复圆角操作完成。

第5章 复杂实体建模

在 CATIA 中,建模除了包括上章介绍的拉伸凸台等命令以外,还有扫掠成体、扫掠开槽、拔模、抽壳等命令以及一些高级的特征创建方式。一些复杂的零件造型只通过基本特征制作是无法完成的,因此 CATIA 引入了高级特征,常见的高级特征如图 5-1 所示.本章内容主要介绍扫掠成体、扫掠成槽、多截面实体、已移除的多截面实体、抽壳、拔模等创建方式。

扫掠成体、扫掠开槽　　　　　多截面实体、已移除的多截面实体

抽壳、拔模斜度

图 5-1　常见的高级特征图形菜单

5.1　常用的高级复杂特征造型命令简介

本节简单地介绍实体建模过程中常用的复杂及高级命令。

5.1.1　扫掠成体

扫掠成体特征的创建原则是:建立一条扫掠轨迹路径,而垂直于轨迹的草绘截面沿此轨迹路径拉伸形成实体。其选取步骤如下。

(1)单击插入→基于草图的特征→扫掠成体→出现 5-2 所示的定义肋对话框。

首先要求确定轮廓和中心曲线(即轨迹路线),其方式有两种:

• 草绘轨迹:选择绘图参照面,绘制轮廓形状(即二维曲线)。当轮廓形状绘制完成后,再选择绘制中心曲线,进行扫掠轨迹的绘制。

• 选取轮廓:选择已存在的轮廓图形,再选择曲线或实体上的边作为轨迹路径,该曲线可为空间的三维曲线,但必须是斜率连续的,轮廓则只能是平面线。

(2)在定义肋对话框中选取→轮廓→以 zx 平面为草绘平

图 5-2　"定义肋"对话框

面→单击![icon]→进入草图绘制,选取基准后绘制轮廓如图 5-3 所示→单击"![icon]",选择绘制中心曲线,在两正交线处绘制封闭截面如图 5-4 所示(注意不能太大)→单击"![icon]"。

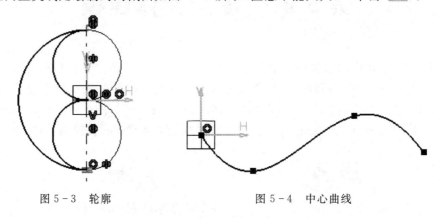

图 5-3 轮廓   图 5-4 中心曲线

(3)在参数已定的对话框中,单击的确定,即可生成扫描的模型,如图 5-5 所示。

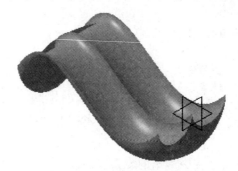

图 5-5 扫掠模型

5.1.2 扫掠开槽

图 5-6 "定义开槽"对话框

扫掠成体特征的创建原则是首先有一个实体,然后在实体上开槽:建立一条扫掠轨迹路径,而垂直于轨迹的草绘截面沿此轨迹路径移动形成一道凹槽。其选取步骤如下:

单击插入→基于草图的特征→扫掠开槽→出现5-6 所示的定义开槽对话框。

扫掠开槽和扫掠成体的绘制过程相似,不再赘述,只是扫掠开槽是从实体上控减材料而扫掠成体是增加材料。如图 5-7 所示为开槽轮廓,图 5-8 为轨迹路线,最后得到的凹槽如图 5-9 所示。

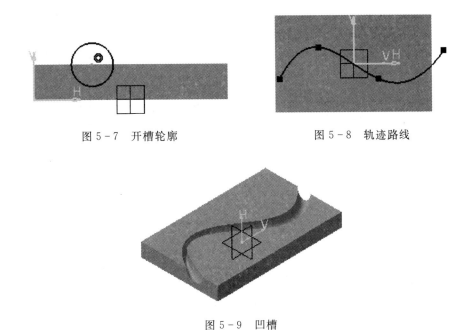

图 5-7　开槽轮廓　　　　　　　图 5-8　轨迹路线

图 5-9　凹槽

5.1.3　多截面实体

多截面实体是利用两个或者多个截面来创建特征,用脊线连接起来形成一个完整的实体特征。其创建步骤如下:

(1)单击插入→基于草图的特征→多截面实体→出现如图 5-10 所示的多截面实体对话框。

(2)依次选择图 5-11 所示的三条截面线,点击预览,生成的实体如图 5-12 所示,选择四条边线作为引导线,引导线必须与每个轮廓线相交,实体如图 5-13 所示。

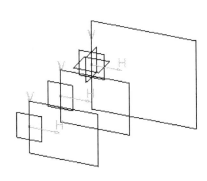

图 5-10　"多截面实体定义"对话框　　　　图 5-11　三条截面线

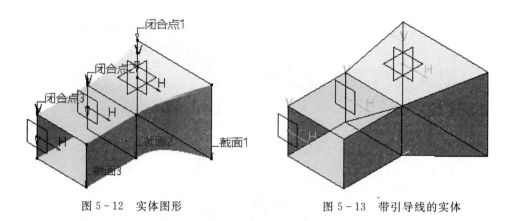

图 5-12　实体图形　　　　　　　图 5-13　带引导线的实体

5.1.4　已移除的多截面实体

已移除的多截面实体是利用两个或者多个截面来创建特征,用脊线连接起来形成一个图形同时用该图形从实体上切除相应部分。其创建步骤如下:

(1)单击插入→基于草图的特征→已移除的多截面实体,出现如图 5-14 所示的已移除的多截面实体对话框。

图 5-14　"已移除的多截面实体定义"对话框

(2)依次选择图 5-15 所示的两条截面线,选择一条边线作为引导线,引导线必须与每个轮廓线相交,实体如图 5-16 所示。

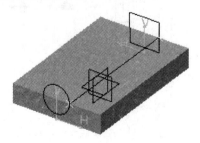
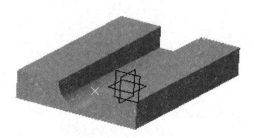

图 5-15　两条截面线　　　　　　图 5-16　挖切后图形

5.1.5　抽壳

抽壳就是将一个立体去掉某一个或几个面，抽成薄壳体，类似于注塑或铸造壳体。

插入下拉菜单→修饰特征→抽壳（或单击 ），出现如图 5-17 定义盒体（抽壳）工具栏 。

已有立体特征如图 5-18 所示。选择去除的面，选择几个，去除几个。如图 5-19 所示，可以按照需要设置壳体的厚度。若要指定其他面与默认厚度不同的面，可以在【其他厚度的面】文本框中设置其他面厚度。

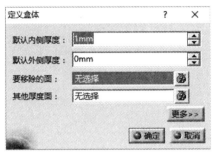

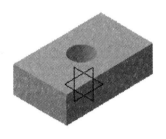

图 5-17　定义盒体（抽壳）工具栏　　　　图 5-18　立体特征

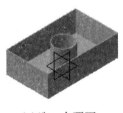

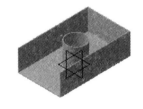

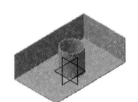

（a）选一个顶面　　　　　（b）选两个面　　　　　（c）选三个面

图 5-19　盒体（抽壳）立体

5.1.6　拔模斜度

拔模斜度是铸造中常有的结构。拔模斜度命令是
指实体沿着特定角度和方向进行延伸和收缩，已有立体特征如图 5-20 所示。

插入下拉菜单→修饰特征→拔模斜度（或单击 ），出现如图 5-21 所示的拔模斜度工具栏→在【角度】文本框中输入 15（角度可以是正值也可以是负值），选择侧面作为要拔模的面，选择顶面作为中性面基准面→单击"确定"，拔模特征如图 5-22 所示。

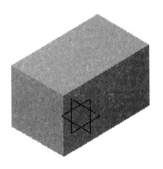

图 5-20　立体特征

图 5-21 "定义拔模"对话框

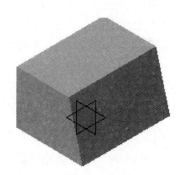

图 5-22 拔模特征

5.2 零件造型实例

5.2.1 壳体

绘制如图 5-23 所示壳体零件模型,掌握常用的抽壳造型方法。

图 5-23 壳体零件模型

1. 文件→新建

新建→"Part"类文件→输入零件名称"Keti"→"确定",进入绘制零件图的界面。

2. 参照

插入→凸台(或单击 ⏁)→控制板选择放置→定义→选取 XY 平面作为基准面→在对话框点击 ⏁ →进入草绘界面。

3. 绘制拉伸平面

绘制的初步平面图如图 5-24 所示,之后再加绘两半径为 20 的圆如图 5-25 所示。

4. 完成主体

单击"⏏",在消息框中输入拉伸的板厚 100,再单击"确定",即可生成模型的主体,如图 5-26 所示。

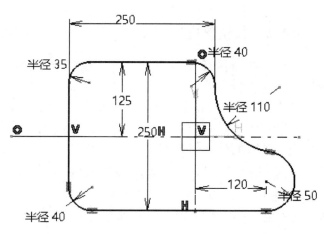

图 5-24 初步草图

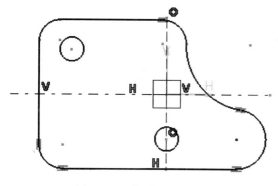

图 5-25　加绘两圆平面图

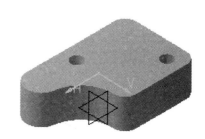

图 5-26　模型的主体

5.抽壳

插入→修饰特征→抽壳工具(或单击 ▨)→选取欲去掉的上面→在提示框中输入壳体壁厚 5→单击"确定",即完成壳体主体,如图 5-27 所示。

6.扫掠成体

插入→基于草图的特征→扫掠成体→在对话框【轮廓】文本框中点击 ▨→进入草图绘制,选取基准后绘制扫描封闭截面如图 5-28 所示→返回对话框在【中心曲线】文本框单击右键,出现如图 5-29 所示的快捷方式栏,选择创建提取→出现如图 5-30 所示的提取对话框,提取壳体上部外周边(作为扫掠的路径)→单击"确定",在扫掠成体对话框中点击"确定",即完成有边缘的壳体,如图 5-31 所示。

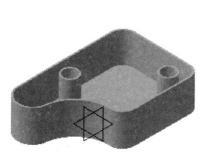

图 5-27　壳体主体

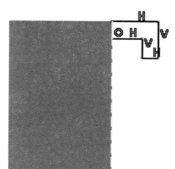

图 5-28　扫掠图形

图 5-29　快捷方式栏

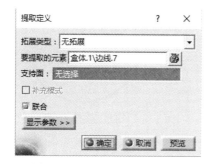

图 5-30　"提取定义"对话框

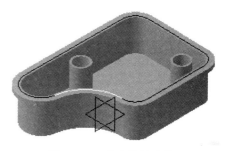

图 5-31　有边缘的壳体

7.切减材料

将壳体部分切除,以观看截面。

插入→基于草图的特征→凹槽,在凹槽对话框中点击 ![icon],选择 *XY* 平面作为基准面,在绘图区绘制一矩形,单击"![icon]",选择直到最后模式,单击对话框中的"确定",即可生成去除前部的模型的主体,如图 5 - 32 所示。

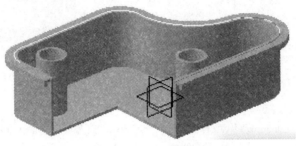

图 5 - 32　切断的壳体

说明:以下各例,对用户已经熟练的步骤,只简略提示,不再详细赘述。

5.2.2　果盘制作

绘制图 5 - 33 所示果盘,帮助用户进一步介绍地掌握多截面实体、抽壳、倒圆角命令的使用。

1.建立新文件

在新建对话框中,新建一个"Part"类文件,输入文件名为 guopan,确定。

2.进入草绘模式

选中 *XY* 平面,单击 ![icon]。

3.绘制底部圆形形状

进入草绘平面后,点击 ![icon] 绘制如图 5 - 34 所示的圆形,随后退出草绘平面。

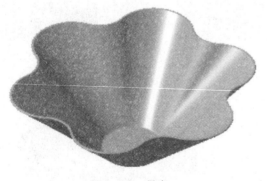

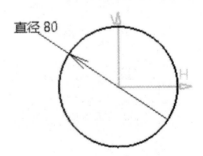

图 5 - 33　果盘　　　　　　　　　　图 5 - 34　圆形底座

4.建立参考平面

在如图 5 - 35 所示的平面定义对话框中选择 *XY* 面作为参考面,偏移框中输入 100→确认偏移的距离,点击"确定"按钮,生成新的绘制平面图形的参考基准平面如图 5 - 36 所示。

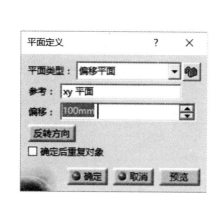

图 5 - 35　"平面定义"对话框

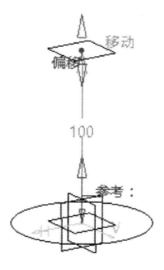

图 5 - 36　新的基准平面

5.绘制果盘顶部

点击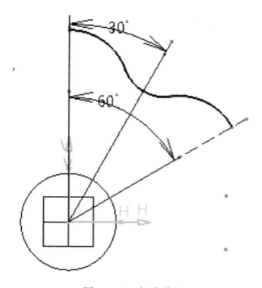进入新建平面→利用按钮⊙绘制圆和按钮⊗绘制起始受限的三点圆,如图 5 - 37 所示的部分草图,并进行约束→点击旋转复制按钮出现如图 5 - 38 所示的旋转定义对话框,在实例文本框中输入 5,在角度文本框中输入 60,得到如图 5 - 39 所示的完整草图。

图 5 - 37　部分草图

图 5 - 38　"旋转定义"对话框

6.绘制主体

点击多截面实体按钮→选中所绘草图作为轮廓线,在耦合文本框中选择【比率】→点击"确定",生成如图 5-40 的实体特征。

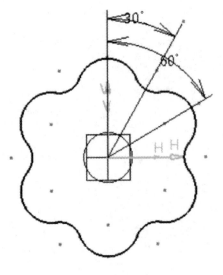

图 5-39　完整草图

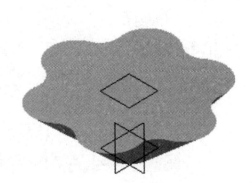

图 5-40　实体特征

7. 抽壳

点击定义盒体(抽壳)按钮![](），出现如图 5-41 所示的定义盒体对话框,将要移除的面选择为上表面→点击"确定",形成如图 5-42 所示的果盘特征。

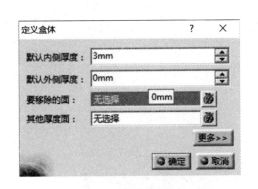

图 5-41　"定义盒体"(抽壳)对话框

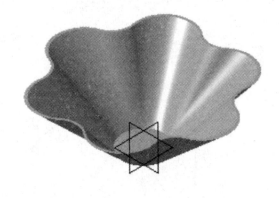

图 5-42　果盘特征

8. 圆角修饰

点击倒圆角按钮![](），选择果盘上边界,在【半径】文本框中输入 1,点击"确定",点击倒圆角按钮,选择底部圆,输入半径 5,点击"确定",生成如图 5-43 所示的果盘。

图 5 - 43　果盘

5.2.3　简易沙发

绘制图 5 - 44 所示沙发，帮助用户进一步掌握扫掠成体、倒圆角命令的使用。

1.建立新文件

在新建对话框中，新建一个"Part"类文件，输入文件名为 shafa，确定。

2.进入草绘模式

选中 XY 平面，单击 ◢。

3.绘制扫掠轮廓线

使用曲线命令 ◢ 绘制沙发轮廓线，如图 5 - 45 所示。

图 5 - 44　沙发

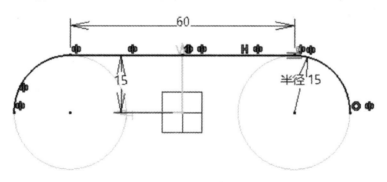

图 5 - 45　沙发轮廓线

4.绘制沙发截面

选中 ZX 平面，点击 ◢，进入草绘平面，绘制如图 5 - 46 所示的沙发截面，完成截面后返回工作台。

5.扫掠形成沙发主体

点击扫掠成体按钮 ◢，出现如图 5 - 47 所示的扫掠成体对话框→选中截面作为轮廓，选中扫掠轮廓线作为中心曲线，点击"确定"，完成沙发主体的创建，如图 5 - 48 所示。

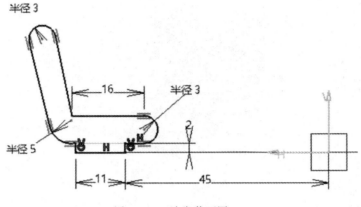

图 5－46 沙发截面图

图 5-47 "定义肋"对话框

图 5-48 沙发主体

6. 倒圆角

点击倒圆角按钮 ，出现如图 5－49 所示的倒圆角定义对话框，选中沙发内边线，输入半径 5cm，点击"确定"，再利用倒圆角按钮，对沙发下面两内边线进行倒圆角，半径为 2cm，得到如图 5－50 所示的沙发主体。

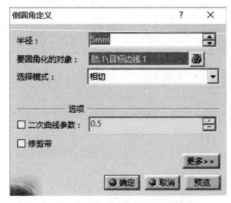

图 5-49 "倒圆角定义"对话框

图 5-50 沙发主体

7. 拔模

点击拔模按钮 →出现如图 5-51 所示的拔模对话框→在角度栏中输入 -10，选中两截面作为拔模面，选中底面为中性面→单击"确定"，完成简易沙发的创建，如图 5-52 所示。

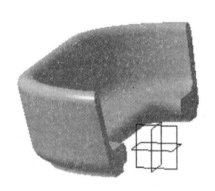

图 5-51　"定义拔模"对话框　　　　　图 5-52　简易沙发

5.2.4　水杯

绘制图 5-53 所示水壶，帮助用户进一步介绍地掌握旋转体、扫掠成体、抽壳命令的使用。

1. 建立新文件

在新建对话框中，新建一个"Part"类文件，输入文件名为 Shuibei，确定。

2. 进入草绘模式

选中 YZ 平面，单击 。

3. 绘制水杯截面

绘制如图 5-54 所示的水杯截面，完成后单击 退出草图界面。

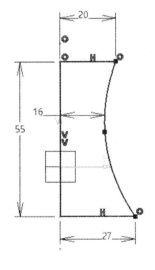

图 5-53　水杯　　　　　图 5-54　水杯截面

4.旋转

单击旋转按钮 ![按钮]→选中所绘截面,以 Z 轴为旋转轴→点击"确定"按钮,形成如图 5-55 所示的旋转实体。

5.抽壳 ![按钮]

点击抽壳按钮,输入厚度 2,移除上表面,点击"确定"按钮,形成如图 5-56 所示的壳体。

6.绘制水杯把

选中 ZY 平面,点击草绘按钮 ![按钮],绘制如图 5-57 所示的扫掠轮廓线,完成后退出草绘界面。

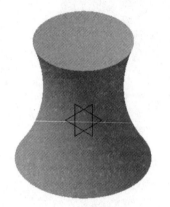 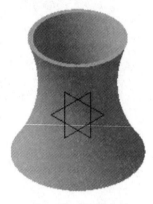 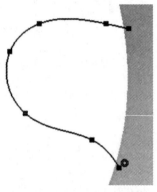

图 5-55 旋转实体   图 5-56 抽壳实体   图 5-57 把手扫掠轮廓线

7.创建参考面

点击创建参考面按钮 ![按钮],以 ZX 平面为参考面,创建如图 5-58 所示的参考面。

图 5-58 创建参考面

8.绘制把手轮廓

选中所建平面,点击草绘按钮 ![按钮],绘制如图 5-59 所示的把手轮廓。

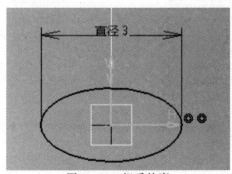

图 5-59 把手轮廓

9. 扫掠成体

点击扫掠成体按钮，出现如图 5-60 所示的对话框，在轮廓中选择椭圆，中心曲线选择扫掠轮廓线，点击"确定"，完成如图 5-61 的把手。

10. 倒圆角

点击倒圆角按钮，选中水杯上边线，输入半径 1cm，点击"确定"，形成如图 5-62 所示的圆角。

图 5-60　"定义肋"对话框

图 5-61　把手

图 5-62　倒圆角

5.2.5　托杯

绘制图 5-63 所示托杯，使用户更好地掌握综合建模方法。

1. 建立新文件

在新建对话框中，新建一个"Part"类文件，输入文件名为 Toubei，点击确定。

2. 绘制锥台

插入→基于草图的特征→旋转体，选择单边，选取 ZX 平面为基准面，进入草绘模式。绘制平面，绘制草图如图 5-64 所示。单击"⊔"，在消息框角度中输入 360，点击"确定"，即可生成回转体模型的如图 5-65 所示。

图 5-63　托杯

3. 抽壳

选择插入→修饰特征→抽壳。在消息框中输入厚度 2，将上表面作为移除面，再单击"确定"，即可生成壳体模型的如图 5-66 所示。

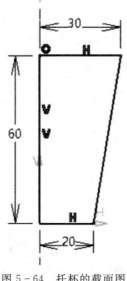

图 5-64 托杯的截面图

图 5-65 托杯回转体

4.凹槽

插入→基于草图的操作→凹槽→双边→切除材料，选取 ZX 平面作为基准面，进入草绘模式。选取绘制曲线命令，在绘图区点画一个封闭曲线，如图 5-67 所示。

图 5-66 壳体

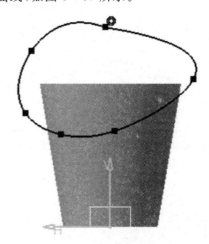

图 5-67 绘制切割曲线

5.完成主体

单击"⬆"，单击类型，选中尺寸，然后再输入 50，选中镜像范围即可生成将上部切除的杯体，如图 5-68 所示。

6.扫描制作杯缘

插入→基于草图的特征→扫掠成体（肋），出现如图 5-69 所示定义肋的对话框，选取轨迹，选取图 5-70 所示上边缘作为中心曲线，单击轮廓文本框中的"✐"，以 XY 平面作为草绘平面。选取绘制圆命令，在绘图区画出直径为 3 的圆形截面图，如图 5-71 所示。

7. 完成主体

单击""，单击信息框中的"确定"，即可生成上部切除的杯体的边缘，如图 5－72 所示。

8. 建立参考平面

点击参考平面按钮 ，以 *XY* 平面为参考面，在距离中输入 21，建立如图 5－73 所示的参考面。

图 5－68　切割后的杯体　　　图 5－69　"定义肋"对话框　　　图 5－70　扫描轨迹

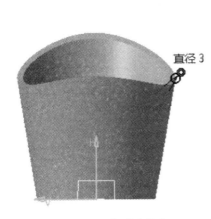

图 5－71　截面图形成　　　　　图 5－72　扫掠边缘　　　　　图 5－73　参考平面

9. 扫描制作杯把

插入→基于草图的特征→扫掠成体，单击轮廓文本框旁的" "，选取新建的参考平面作为基准，选取杯子侧边作为基准线，选取绘制曲线命令，在绘图区画出杯把椭圆截面，如图 5－74 所示。

10. 完成把手

单击" "退出，单击中心曲线文本框旁的" "，在绘图区画出杯把扫掠线，如图 5－75 所示。单击" "，单击信息框中的"确定"，即可生成杯把，完成托杯，如图 5－63 所示。

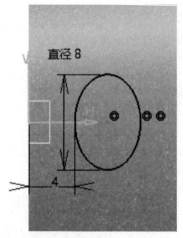

图 5-74 杯把椭圆截面

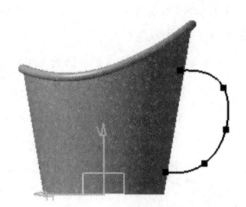

图 5-75 杯把扫掠曲线

5.2.6 铣刀体

利用多截面特征,创建铣刀体特征,如图 5-76 所示。

图 5-76 铣刀特征

1. 建立新文件

在新建对话框中,新建一个"Part"类文件,输入文件名为 Mill,点击确定。

2. 创建参考平面

点击参考平面按钮 ⬜,选择【偏移平面】,以 XY 平面为参考面,偏移输入-40。

3. 绘制截面

选取刚刚创建的基准,单击草绘按钮 ✍ →利用绘图工具,绘制如图 5-77 所示的截面图(该截面的绘制方法在第 2 章中已说明,如果保存,可以直接插入)。

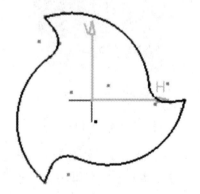

4. 绘制第二个截面

点击 ⬆ 返回工作台,再选中 XY 平面,点击草绘,利

图 5-77 截面图

用投影按钮 ⬚ 将截面图投影到 XY 平面,选中截面图,点击旋转按钮 ⟳,弹出如图 5-78 所示的旋转对话框,输入角度 300,点击"确定",旋转草图如图 5-79 所示,删除原投影图形。

图 5-78　旋转对话框

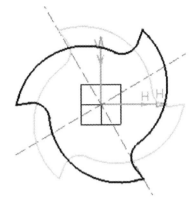

图 5-79　旋转草图

5.创建第二个参考面

点击参考平面按钮 ⬭，选择【偏移平面】，以 XY 平面为参考面，偏移输入 40。

6.绘制第三个截面

重复第 4 步，输入角度 300，绘制第三个截面，三个截面如图 5-80 所示。

7.形成多截面实体

单击多截面实体按钮 ⬰→出现如图 5-81 所示的多截面实体对话框，依次从上到下选取三个截面，点击【耦合】，然后选择信息框中的比率，单击"确定"，即可生成立体模型的如图 5-76 所示。

图 5-80　三个截面

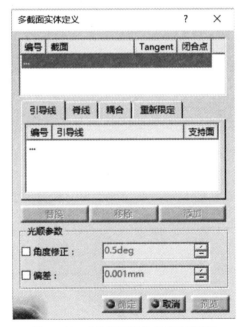

图 5-81　"多截面实体定义"对话框

5.2.7　天圆地方接头

绘制如图 5-82 所示天圆地方接头模型，目的是掌握常用的复制、镜像、阵列、圆角、扫掠成体的造型方法。

1. 新建文件

在新建对话框中,新建一个"Part"类文件,输入零件名称"yufang",单击"确定"后直接进入绘制零件图的界面。

2. 参照

选取 XY 平面作为绘制草绘特征的参照绘图面→点击草绘按钮,进入草绘制的界面。

3. 绘制正方体

绘制正方形,如图 5-83 所示,然后点击 ⤴,退出草绘模式。点击凸台按钮 ⨕,出现凸台定义对话框,在消息框中输入长度 150,再单击"确定",即可生成正方体,如图 5-84 所示。

图 5-82 天圆地方接头模型

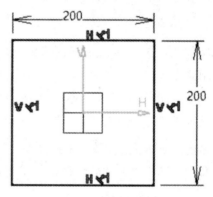

图 5-83 底面特征图

4. 生成一个斜台模型

以 ZX 平面作为草绘面,在绘图区点画出一条直线组成截面,如图 5-85 所示。单击凹槽按钮,【深度】输入 150,选中【镜像范围】箭头方向如图 5-86 所示,点击"确定",即挖切生成模型如图 5-87 所示。

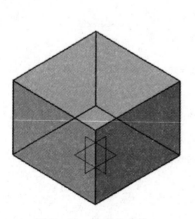

图 5-84 模型的主体

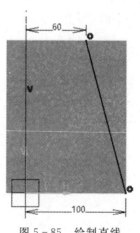

图 5-85 绘制直线

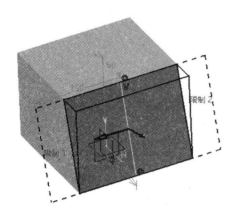

图 5-86　挖切箭头方向

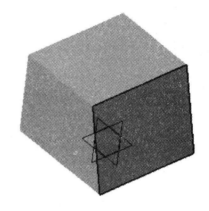

图 5-87　生成挖切一个斜面的模型

5. 旋转阵列切除特征

选择上一步的切除特征,单击旋转阵列按钮,出现如图 5-88 所示定义圆形阵列的对话框。

在实例后输入 4,角度间距中输入 90,选取 Z 轴作为旋转轴→单击"确定",阵列切除特征如图 5-89 所示,形成四棱锥台。

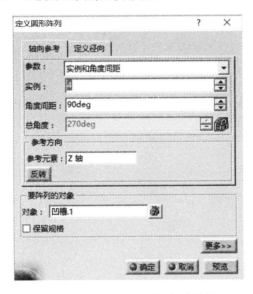

图 5-88　"定义圆形阵列"对话框

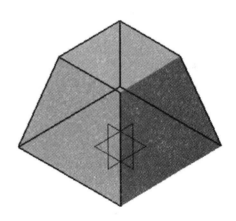

图 5-89　旋转阵列切除特征

6. 绘制可变圆角

单击插入→修饰特征→可变圆角按钮,出现如图 5-90 的对话框,按住 Ctrl 键选择四条边,双击图中的半径数据,弹出如图 5-91 所示的参数定义对话框,输入圆角半径 60,重复操作,双击图中的半径数据,将底面半径设置为 0,点击"预览"按钮出现如图 5-92 所示的预览图形,再点击"确定"即可得到如图 5-93 所示的天圆地方模型。

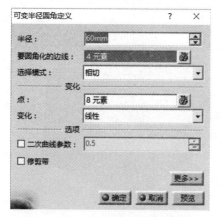

图 5-90 "可变半径圆角"对话框

图 5-91 "参数定义"对话框

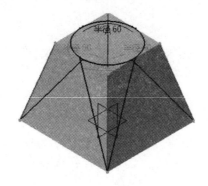

图 5-92 预览圆角

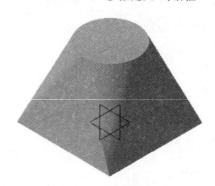

图 5-93 天圆地方模型

7. 改变模型色

为图示清楚,改变模型色。选中物体,在如图 5-94 所示的图形属性对话框,点击颜色,在延伸框中选取所需颜色,完成设置。改变曲面颜色如图 5-95 所示。

图 5-94 "图形属性"对话框

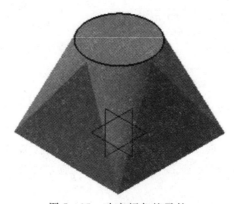

图 5-95 改变颜色的零件

8. 抽壳

插入→修饰特征→抽壳→选取欲去掉的上面和下面→在提示框中输入内侧厚度 3,在信息框中点击"确定",即完成壳体主体,如图 5－96 所示。

9. 生成圆柱

选取上顶面为基准面,在草绘界面中,点取同心两圆为基准线,利用投影绘制两同心圆,如图 5－97 所示,单击" "退出草绘界面,点击凸台按钮在数字框中输入高度 80,单击"确定",生成圆管,如图 5－98 所示。

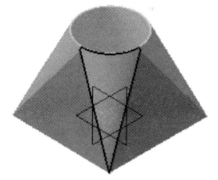

图 5－96　抽壳的零件

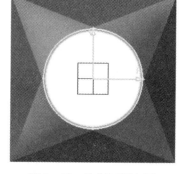

图 5－97　绘制两同心圆

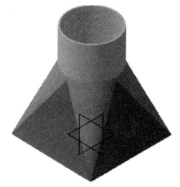

图 5－98　生成圆管

重复凸台命令,在草绘界面中,利用投影绘制两正方形,拉伸生成方管,如图 5－99 所示。

10. 扫掠成体

插入→基于草图的特征→扫掠成体→【轮廓】在上顶面绘制两同心圆→【中心曲线】在 ZX 平面上绘制如图 5－100 所示的圆弧轨迹,在信息框中点击"确定",即生成扫描的圆管,完成如图 5－82 所示天圆地方接头模型。

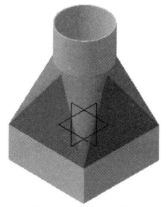

图 5－99　生成方管

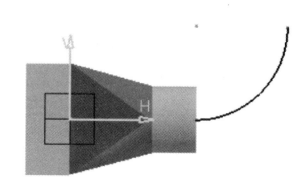

图 5－100　绘制扫描轨迹圆弧

第6章 曲面建模

曲面建模是用曲面构成物体形状的一种建模方法,曲面建模增加了有关边和表面的信息,可以进行面与面之间的相交、合并等方法。与实体建模相比,曲面建模具有控制更加灵活的优点,有些功能是实体建模不能做到的,另外,曲面建模在 3D 打印等所需的逆向工程中发挥着巨大的作用。

曲面特征的建立方式与实体特征的建立方式是基本相同的,不过它具有更弹性化的设计方式,如由点、线来建立曲面。本章中主要介绍简单曲面特征的建立方式,对于通过点、曲线来建立的高级曲面特征,也通过实例,介绍其建模步骤。

6.1 曲面造型简介

曲面特征主要是用来创建复杂零件的,曲面被称之为面就是说它没有厚度。在 CATIA 中首先采用各种方法建立曲面,然后对曲面进行修剪、切削等工作,之后将多个单独的曲面进行合并,得到一个整体的曲面。最后对合并得来的曲面进行实体化,也就是将曲面加厚使之变为实体。

本章以创成式外形设计模块为主,简单地介绍曲面建模过程中常用的命令。

点击开始→形状→创成式外形设计,如图 6-1 所示。进入绘图界面后,在插入下拉菜单下,可以找到绘制曲面的子菜单,如图 6-2 所示。本书的讲解方法以实例为主,其中每个功能在后续各例中详细介绍。

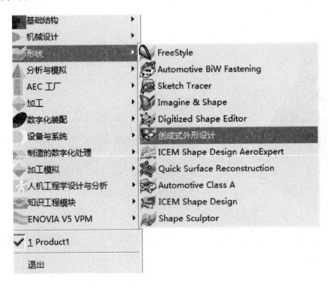

图 6-1 创成式外形设计菜单

图 6-2　曲面下拉子菜单

6.2　曲面基础特征常用的造型方法简介

6.2.1　拉伸

拉伸曲面是指一条直线或者曲线沿着垂直于绘图平面的一个或者两个方向拉伸所生成的曲面。其具体建立步骤如下：

(1)选择 YZ 平面作为草绘平面,单击“　”。

系统自动进入草图绘制,绘制曲线如图 6-3(a)所示。

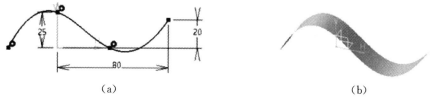

(a)　　　　　　　　　　　　　　　　　　　(b)

图 6-3　拉伸曲面

（2）单击 →插入→曲面→拉伸 ，选择特征生成方式为拉伸，方向选择 X 方向，尺寸输入 20，单击确定，创建曲面如图 6-3(b)所示。

注意：观看方向，从垂直方向看不出曲面。本章所有观看方向由用户自定，不再提示。

6.2.2 旋转

旋转曲面是一条直线或者曲线绕一条中心轴线，旋转一定角度（0～360°）而生成的曲面特征。

（1）绘图平面为 ZY 平面→进入草绘界面→绘制如图 6-4(a)所示的草图与旋转中心线。

（2）单击 →插入→曲面→旋转 →选择旋转角度为 270°→确定，创建曲面如图 6-4(b)所示。

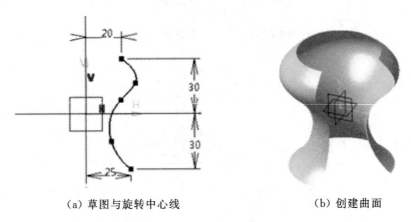

（a）草图与旋转中心线　　　　　　（b）创建曲面

图 6-4　旋转曲面

6.2.3 扫掠

扫掠曲面是指一条直线或者曲线沿着另一条直线或曲线扫描路径扫描所生成的曲面，和实体特征扫掠一样，扫掠曲面的方式比较多，扫掠过程复杂。

（1）绘图平面为 ZX 平面→进入草绘界面→绘制如图 6-5 所示的草图。

（2）单击 →选择 YZ 平面→进入草绘界面→绘制如图 6-6 所示的草图。

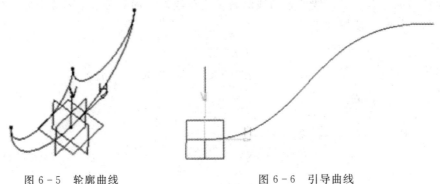

图 6-5　轮廓曲线　　　　　　　　图 6-6　引导曲线

（3）单击 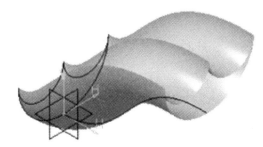，点击插入→曲面→扫掠 ，出现如图 6-7 所示的扫掠曲面定义对话框。

（4）点击【轮廓】文本框选中如图 6-5 所示的轮廓曲线，点击【引导曲线】文本框选中如图 6-6 所示的引导曲线→点击"确定"，形成的曲面如图 6-8 所示。

图 6-7　"扫掠曲面定义"对话框

图 6-8　生成扫掠曲面

在扫掠工具中一共对应四种轮廓类型，每种轮廓类型又对应不同的【子类型】，总结一下扫掠工具中的各种轮廓类型及其子类型如下。

（1）显示 ，有三种子类型：使用参考曲面、使用两条引导曲线、使用拔模方向；

（2）直线 ，有七种子类型：两极限、极限和中间、使用参考曲面、使用参考曲线、使用切面、使用拔模方向、使用双切面；

（3）圆 ，有七种子类型：三条引导线、两个点和半径、中心和两个角度、圆心和半径、两条引导线和切面、一条引导线和切面、限制曲线和切面；

（4）二次曲线 ，有七种子类型：两条引导曲线、三条引导曲线、四条引导曲线、五条引导曲线。

6.2.4　多截面曲面

多截面曲面的绘制方法与多截面实体方式相似，是指由一系列直线或曲线（可以是封闭的）串连所生成的曲面。

（1）绘制截面第一条曲线：选中 YZ 平面→进入草绘界面→绘制如图 6-9 所示圆弧→单击 。

（2）绘制参考平面 ：选 YZ 平面作为参考面→点击 ，偏移 60，绘制如图 6-10 所示的参考面，单击 。

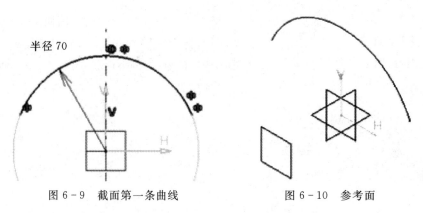

图 6-9　截面第一条曲线　　　　　　　图 6-10　参考面

（3）绘制截面第二条曲线：选中参考面平面，进入草绘界面，绘制如图 6-11 所示的圆弧，单击 ⬆。

（4）绘制参考平面 ▱：选中 YZ 平面作为参考面，偏移 120，绘制如图 6-12 所示的参考面。

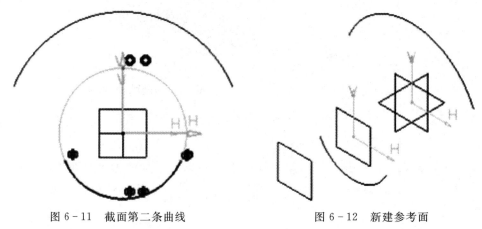

图 6-11　截面第二条曲线　　　　　　　图 6-12　新建参考面

（5）绘制截面第三条曲线：选中新建参考面平面→绘制如图 6-13 所示的圆弧。

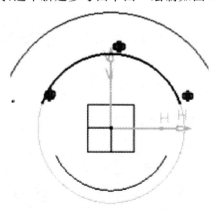

图 6-13　截面第三条曲线

（6）单击插入→曲面→多截面曲面按钮 ，出现如图 6-14 所示的对话框，依次选择所绘的三条曲线，单击"确认"，生成如图 6-15 所示的多截面曲面。

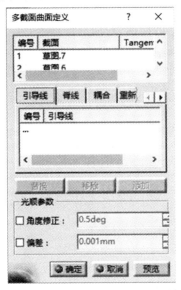

图 6-14 "多截面曲面定义"对话框

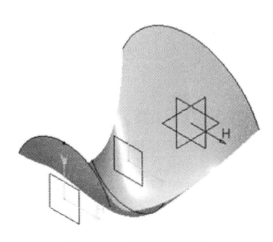

图 6-15 生成多截面曲面

6.2.5 填充

填充是在指定的平面上绘制一个封闭的草图，或者利用已经存在的模型的边线来形成封闭草图的方式来生成曲面。注意，填充的曲线必须是封闭的。

（1）通过"新建"建立一个"Part"类新文件，命名为"pzqumian.prt"。

（2）选中 XY 平面，进入草绘界面→绘制如图 6-16 所示的截面曲线，单击 。

（3）单击插入→曲面→填充按钮 ，出现如图 6-17 所示的对话框，选中绘制的截面曲线，点击"确定"，生成如图 6-18 所示的曲面。

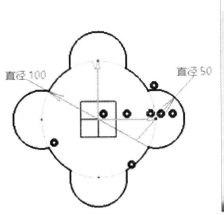

图 6-16 绘制截面

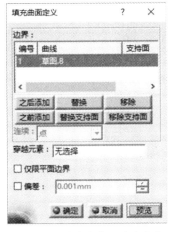

图 6-17 "填充曲面定义"对话框

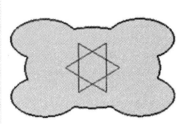

图 6-18 生成的曲面

6.2.6 偏移

偏移曲面是将一个曲面偏移一定的距离,而产生与原曲面类似造型的曲面。

点击插入→曲面→下拉菜单的"偏移"是用来创建偏移的曲面,要激活该选项,需要选取一个曲面。偏移对话框如图 6-19 所示。

CATIA 提供的偏移形式有以下三种:偏移、可变偏移、粗略偏移,如图 6-20 所示。具体此处不予详细介绍。

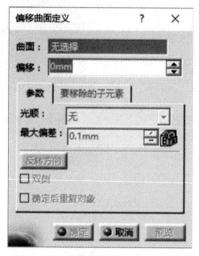

图 6-19 "偏移曲面定义"对话框

图 6-20 偏移类型

(1)利用拉伸的方式来生成一个有圆弧曲面,如图 6-21 所示。

(2)单击偏移按钮→选择要偏移的曲面。

(3)在【偏移】对话框中输入偏移的距离。

(4)单击【反转方向】按钮,单击预览。分别得到的偏移结果如图 6-22,6-23 所示。

(5)选中【双侧】,单击"确定",生成如图 6-24 所示的曲面。

图 6-21 拉伸曲面

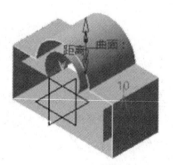

图 6-22 向内偏移

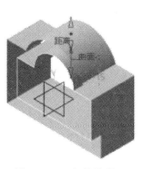
图 6 - 23　向外偏移

图 6 - 24　双侧偏移

6.2.7　桥接曲面

桥接曲面的功能是在独立的曲面或者曲线之间建立一个曲面。

（1）利用拉伸曲面的方法形成如图 6 - 25 所示的两曲面。

（2）点击插入→曲面→桥接曲面按钮，出现如图 6 - 26 所示的对话框，选中两分离曲面的对接线和面。

（3）在连续文本框中都选中相切，点击"确定"，生成如图 6 - 27 所示的曲面。

图 6 - 25　需连接的曲面

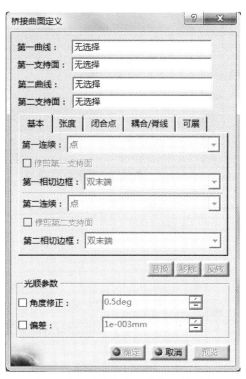
图 6 - 26　"桥接曲面定义"对话框

图 6 - 27　桥接后的曲面

6.2.8　曲面圆角

创成式曲面设计模块提供了多种曲面倒圆角的功能,可以是曲面与曲面之间的倒圆角,也可以是曲面自身边线圆角,半径可以是定值,也可以是变化的。

1.简单圆角

(1)利用拉伸的方式来生成如图 6-28 所示的三片曲面。

(2)点击插入→操作→简单圆角,出现如图 6-29 所示的简单圆角对话框;

(3)在信息区中输入倒圆角的半径尺寸→选中两曲面→单击"确定",曲面圆角如图 6-30 所示。

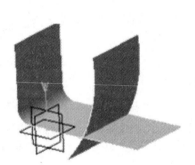

图 6-28　拉伸的曲面　　　　图 6-29　"圆角定义"对话框　　　　图 6-30　曲面圆角

2.倒复杂圆角

(1)利用拉伸的方式来生成如图 6-31 所示的曲面。

(2)点击插入→操作→倒圆角,出现如图 6-32 所示的倒圆角对话框。

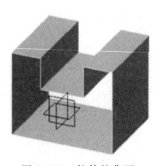
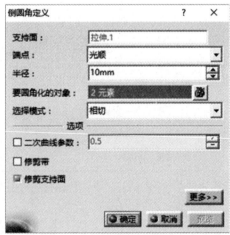

图 6-31　拉伸的曲面　　　　图 6-32　"倒圆角定义"对话框

(3)在信息区中输入倒圆角的半径尺寸→选中三曲面→单击"确定",曲面圆角如图 6-33 所示。

3.可变圆角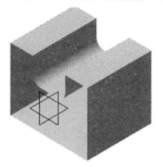

(1)利用拉伸的方式来生成如图 6-34 所示的曲面。

(2)点击插入→操作→可变圆角 ，出现如图 6-35 所示的倒圆角对话框及圆角数值。

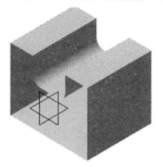
图 6-33　曲面圆角

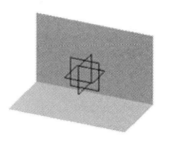
图 6-34　拉伸曲面

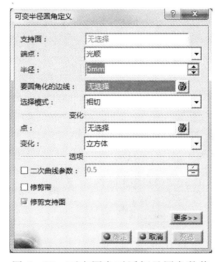
图 6-35　可变圆角对话框及圆角数值

(3)点击要圆角化的边线,选中如图 6-36 所示的边线。

(4)点击倒圆角对话框中半径,修改如图 6-36 所示圆角的半径尺寸→单击"确定",曲面圆角如图 6-37 所示。

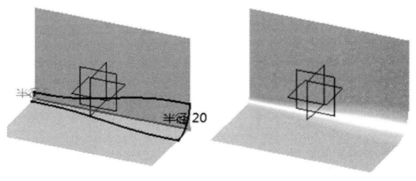

图 6-36　可变圆角预览　　　　　　　　图 6-37　已变圆角曲面

4.面与面的圆角

(1)利用拉伸的方式来生成如图 6-38(a)所示的曲面。

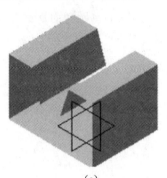

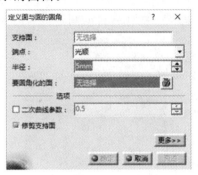

(a)　　图 6-38　"定义面与面圆角"对话框　　(b)

(2)点击插入→操作→面与面的圆角 ,出现如图 6-38(b)所示的面与面圆角对话框。

(3)选中两对应曲面,输入倒圆角的半径尺寸→单击"确定",曲面圆角如图 6-39 所示。

5.三切线内圆角

(1)利用拉伸的方式来生成如图 6-40 所示的曲面。

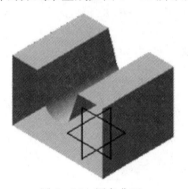

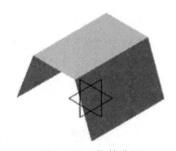

图 6-39　圆角曲面　　　　　　　　图 6-40　拉伸曲面

(2)点击插入→操作→三切线内圆角 ,出现如图 6-41 所示的对话框。

(3)选中两个相对曲面作为要圆角化的面,选择顶面作为要移除的面,输入倒圆角的半径尺寸→单击"确定",曲面圆角如图 6-42 所示。

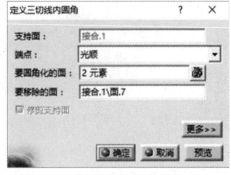

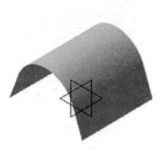

图 6-41　"定义三切线内圆角"对话框　　　　图 6-42　圆角曲面

6.3　曲面应用实例

6.3.1　灯罩

制作如图 6-43 所示的灯罩,练习曲面建模的方法。

1.新建文件

文件→新建一个"Part"类文件,输入文件名:Light-shell,确定。

2.创建曲面

使用"旋转"曲面命令创建曲面。

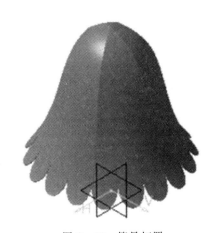

图 6-43　简易灯罩

选取 YZ 平面作为草绘平面,选取基准,绘制如图 6-44 所示的截面曲线和中心线;点击插入→曲面→旋转→输入旋转角度 60→确定,创建旋转曲面如图 6-45 所示。

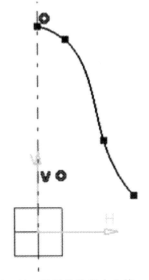

图 6-44　截面曲线和中心线

图 6-45　生成曲面

3.切半圆边

选取 XY 平面为基准面,单击"草绘"进入草绘界面。

点取半圆及两边为投影线,绘制三个等径相切圆弧,如图 6-46 所示,单击"⬒",插入→曲面→拉伸→选取直到元素→单击确定按钮,拉伸图形如图 6-47 所示。注意:曲面相对坐标系位置不同,曲线拉伸后生成的图形有可能不同,但不影响下一步操作。

点击插入→操作→分割按钮⬙,再将拉伸图形隐藏,生成半圆花边,如图 6-48 所示。

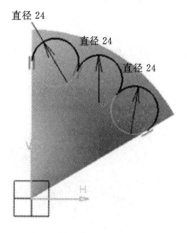

图 6-46 绘制相切圆弧

图 6-47 拉伸图形

图 6-48 半圆花边

4. 曲面变成实体

将曲面变成实体,注意实体生长方向。

选择如图 6-45 所示中生成的曲面→插入→包络体→厚曲面 ,选择生长方向如图 6-49 所示,输入厚度 1,单击"确定",即可生成部分的立体模型如图 6-50 所示。

5. 圆形阵列实体

选择之前三步所生成的特征(旋转、加厚和拉伸)→插入→高级复制工具→圆形阵列 →实例输入 6→角度输入 60,参考方向 Z 轴,点击"确定",生成灯罩,如图 6-51 所示。

图 6-49 生长方向

图 6-50 实体模型

图 6-51 灯罩

6.3.2 渐开线圆柱齿轮——参数化设计

本例将创建一个由用户参数关系式控制的圆柱齿轮,每一步的特征都是由用户参数、关系式进行控制,这样最终的模型就是一个完全有用户参数控制的模型。

(1)新建一个"Part"类文件,命名为 gear。

(2)设置 catia,通过工具>选项将参数显示出来,如图 6-52 所示,以便后续使用。

(3)点击公式按钮 ,添加必要关系式。

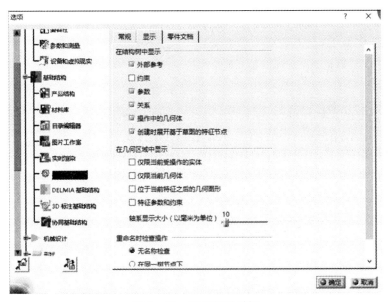

图 6-52　"选项"对话框

输入齿轮的各项参数:直齿圆柱齿轮中有如下参数及参数关系,不涉及法向参数。

齿数　Z

模数　m

压力角　ang

齿顶圆半径　ra ＝ r＋m

分度圆半径　r ＝ m * z/2

基圆半径　　rb ＝ r * cosang

齿根圆半径　rf ＝ r－1.25 * m;齿厚 depth;

m 的值为 2.5;Z 的值为 112;压力角 ang 的值为 20deg;如图 6-53 为公式对话框。

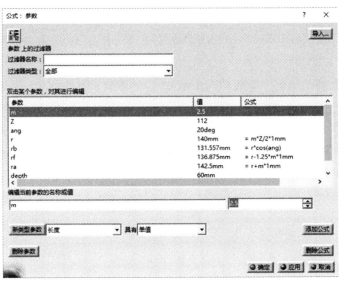

图 6-53　"公式"对话框

具体步骤如下：点击 $f_{(x)}$→先选择参数类型，如长度、角度、实数等，点击新类型参数新建该类型参数，编辑参数的名称和数值，如有必要，点击添加公式，如图 6-54 所示。

（4）点击 fog 按钮 f_{og}，出现对话框，输入法则的曲线名称"y"，点击确定，出现如图 6-55 所示函数的对话框，建立一组 y 关于参数 t 的函数。方程为：

$$y = (rb * \cos(t * PI * 1rad))$$
$$+ ((rb * t * PI) * \sin(t * PI * 1rad))$$

同样的方法建立一组 x 关于参数 t 的函数，方程为：

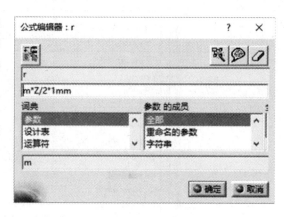

图 6-54　添加公式对话框

$$x = rb * \sin(t * PI * 1rad) - rb * t * PI * \cos(t * PI * 1rad)$$

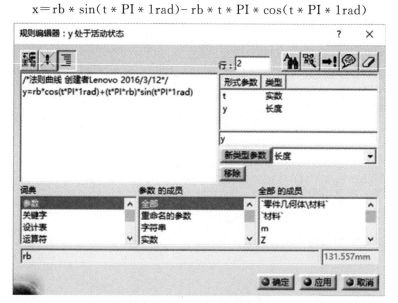

图 6-55　建立函数对话框

这时候，可以看到关系树上新建的两个函数了，如图 6-56 所示。

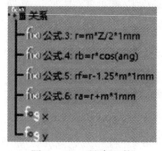

图 6-56　所建函数

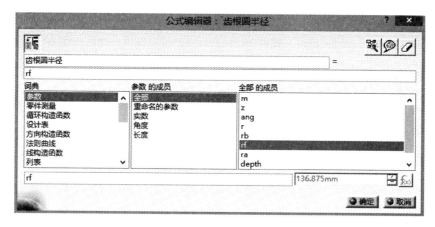

图 6-57   圆定义对话框

(5)画齿轮圆。在 XY 平面以坐标(0,0)为圆心画任意圆,并标注尺寸,右击标注的尺寸,选择半径 2 对象,重命名参数,输入"齿根圆半径",确定。再次选择半径 2 对象,编辑公式,如图 6-57 所示,在 XY 平面上建立齿根圆。

同样的方法建立齿顶圆 ra,如图 6-58 所示。

(6)画齿轮廓。点击插入→线框→点,出现如图 6-59 所示点定义对话框。

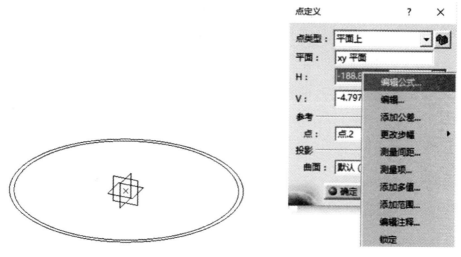

图 6-58   所建圆   图 6-59   "点定义"对话框

在输入框内右键选择编辑公式,按照图 6-60 所示输出 X 的坐标,在 Evaluate 的括号内输入 t 的值(图中取 0),同样的办法输出 Y 的坐标值,点击"确定",完成一个点的创建。然后再建几个点,比如选择 t=0.1,0.2,0.25,0.3 时的几个点,然后用空间曲线连接,如图6-61所示。

(7)建立倒圆角。选择连接曲线和齿根圆,点击插入→操作→倒圆角按钮 ⬡,出现圆角定义对话框,在半径中输入 2 ,点击"确定",创建如图 6-62 所示的圆角。

(8)建立参考平面。点击参考平面按钮 ▱,以 Z 轴为旋转轴,以 ZX 平面为参考平面,在【角度】文本框中输入 $360/(2*Z)$ 的数值,点击"确定"。

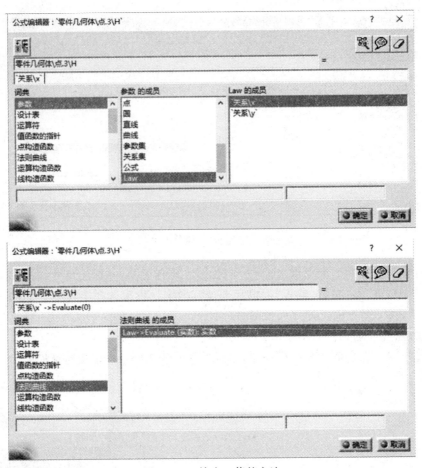

图 6-60 输出 x 值的方法

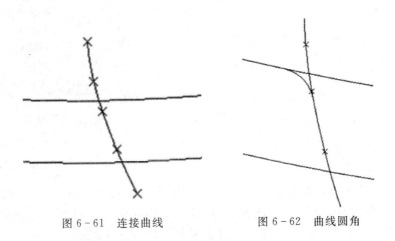

图 6-61 连接曲线 　　　　图 6-62 曲线圆角

(9)镜像及修剪曲线。点击镜像按钮 ![按钮] ,以新建参考面为对称平面,将曲线进行镜像,再利用修剪按钮 ![按钮] ,对曲线进行修剪,修剪后如图 6-63 所示。

(10)包络体拉伸。点击插入→包络体→包络体拉伸,选中齿根圆进行拉伸,然后拉伸齿轮廓,拉伸长度为 depth(之前建立的参数),形成的图形如图 6-64 所示。

(11)圆形阵列。选中拉伸的齿,单击圆形阵列按钮,以 Z 轴为旋转轴,【实例】输入 112,【角度】输入 360/112,单击"确定",生成如图 6-65 所示的直齿轮。

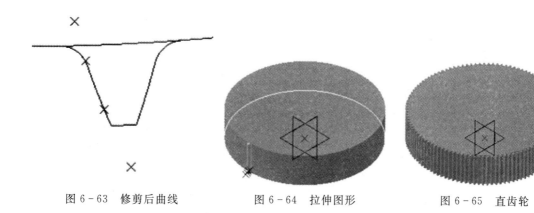

图 6-63　修剪后曲线　　　　图 6-64　拉伸图形　　　　图 6-65　直齿轮

6.3.3　简易风扇叶片

制作如图 6-66 所示的简易叶片,综合练习曲面建模的方法。

1.建立新文件

单击"文件"→"新建"→"Part"类文件,在弹出的新建对话框中输入文件名称"jianyifengshan"。

2.创建轴套

使用旋转按钮来创建轴套,其步骤如下:

选择 YZ 平面→绘制如图 6-67 所示的草绘图形,点击插入→曲面→旋转(或 ),弹出"旋转"对话框,选择草绘图形作为旋转轮廓,选择 Z 轴为旋转轴,输入旋转角度 360°,单击"确定"得到旋转曲面如图 6-68 所示。

图 6-66　简易风扇叶片

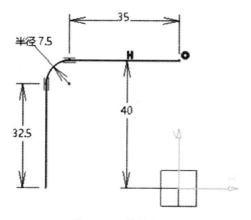

图 6-67　旋转截面　　　　　　　图 6-68　轴套

3. 拉伸同心圆

使用拉伸按钮来创建两个投影圆柱面,其步骤如下:

(1)选中上表面,单击草图按钮,绘制如图 6-69 所示的两同心圆。

(2)返回工作台,选中两同心圆,单击曲面拉伸按钮,向下拉伸 60mm,拉伸曲面如图 6-70所示。

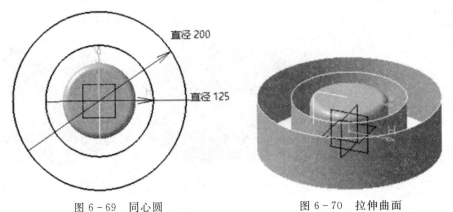

图 6-69　同心圆　　　　　　　　　　　图 6-70　拉伸曲面

4. 创建草绘基准面

新建一个基准平面作为草绘平面,其步骤如下:

单击参考平面按钮▱,出现对话框,在对话框中选取 YZ 平面为参考面,在【偏移】文本框中输入 150,单击"确定",完成草绘平面的创建,如图 6-71 所示。

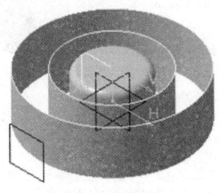

图 6-71　草绘平面

5. 草绘曲线

在草绘平面上,草绘三条曲线,其步骤如下:

(1)选中先前创建的平面,单击草绘按钮▱,进入草绘界面。

(2)分别利用投影 3D 轮廓边线按钮▱和投影 3D 元素按钮▱,选择三个柱面为投影元素,投影出如图 6-72 所示的投影线。

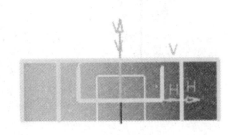

图 6-72　投影线

（3）以投影线为参考线,绘制如图 6-73 所示的三条圆弧曲线。

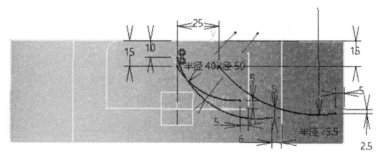

图 6-73　三条圆弧曲线

（4）将投影线全部删除只留下,三条圆弧曲线。

（5）返回工作台,圆弧曲线如图 6-74 所示。

6. 拆解曲线

因为是在同一个草绘平面绘制的圆弧曲线,所以我们应该通过拆解按钮 将圆弧曲线拆成单一曲线。

选中草图点击拆解按钮,出现如图 6-75 所示的对话框,点击左下角的图形,单击确定完成曲线的拆解。

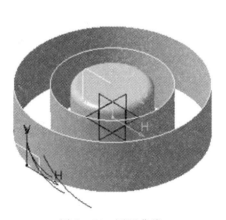

图 6-74　圆弧曲线　　　　　　　图 6-75　拆解对话框

7. 投影曲线

将三条圆弧曲线分别通过投影按钮 投影到三个圆柱曲面上,其步骤如下:

（1）点击插入→线框→投影,选择【投影类型】为沿某一方向,选择最短的曲线 $R45$ 的圆弧曲线作为投影,选中轴套作为支持面,以 X 轴为投影方向,单击确定,生成如图 6-76 所示的投影线 1。

（2）重复命令,将其他两条圆弧曲线也投影到相应的圆柱曲面上,其中 $R50$ 的圆弧曲线投影到中间直径为 125 的圆柱曲面上,$R75.5$ 的圆弧曲线投影到直径为 200 的圆柱曲面上,得到如图 6-77 所示的投影线 2 和投影线 3。

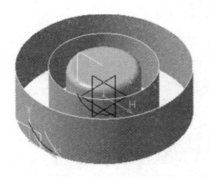
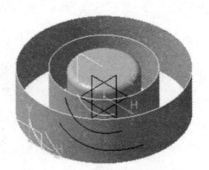

图 6-76　投影线 1　　　　　图 6-77　投影线 2 和投影线 3

8.生成空间边线

使用样条线按钮生成叶片的两条空间曲边线,其步骤如下:

(1)首先将两圆柱曲面进行隐藏,形成如图 6-78 所示的图形。

(2)点击插入→线框→样条线,依次连接投影线的端点创建两条空间曲边界,曲线如图 6-79 所示。

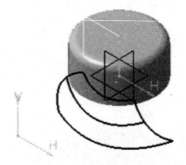

图 6-78　隐藏后的图形　　　　图 6-79　空间曲边界

9.生成叶片曲面

利用多截面曲线按钮  生成叶片曲面,其步骤如下:

(1)单点击插入→曲面→多截面曲面,弹出如图 6-80 所示的多截面曲面对话框。

(2)依次选择三条投影线作为截面,选择两条空间曲边界作为引导线。

(3)单击确定,生成如图 6-81 所示的叶片曲面。

10.裁剪叶片曲面

使用曲面裁剪命令细化叶片曲面,其步骤如下:

(1)单击插入→线框→圆角 ,弹出如图 6-82 所示的圆角定义对话框,选择叶片两边线作为【元素】,以叶片曲面为【支持面】,在【半径】中输入 15,单击"确定",生成如图 6-83 所示的圆角线。

图 6-80　"多截面曲面定义"对话框

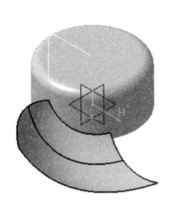

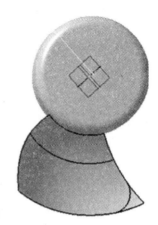

图 6-81　叶片曲面　　　　图 6-82　"圆角定义"对话框　　　　图 6-83　圆角曲线

（2）重复操作，生成两个圆角曲线，点击插入→操作→修剪按钮 ，利用圆角曲线修剪叶片曲面，生成如图 6-84 所示的圆角后的叶片。

11.阵列叶片

使用圆形阵列按钮完成四个叶片，其步骤如下：

（1）选中叶片，单击插入→高级复制工具→圆形阵列按钮 ，在实例文本框中输入 4，在角度文本框中输入 90，以 Z 轴为参考方向，单击"确定"，生成如图 6-85 所示的四个叶片。

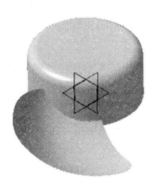

图 6-84　圆角后的曲面　　　　　图 6-85　阵列叶片

12.包络体拉伸

将曲面变为实体，注意实体的生长厚度，不能太大，其步骤如下：

单击插入→包络体→厚曲面 ，分别选择轴套和 4 个叶片，加厚方向向上，厚度为 1，单击"确定"后形成如图 6-86 所示的实体。

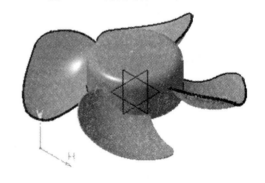

图 6-86　风扇叶片实体

第7章 平面工程图

目前,虽然 3D 建模造型的工程软件在很多方面应用,但平面工程图纸在生产第一线仍旧是最重要的加工、装配和检验、修配的重要依据。我国企业网络化和工程软件应用的程度参差不齐,在许多企业中平面工程图仍然是主要的工程语言,有广泛的应用。所以掌握从三维零件图(3D)到平面工程图(2D)的转换是极其必要的。

CATIA 的工程制图模块用于绘制零件及装配件的详细工程图,在工程制图模块中可以方便地建立各种正交投影视图,包括剖面图和辅助视图等。为了保证工程图能符合中国的国家标准、生产规格、行业习惯等,本章将首先介绍一些必不可少的基础知识以及如何设置参数、设置模板图,以便提高绘图效率。同时,通过实例,主要介绍创建各种视图、剖视及尺寸标注、注释和明细表的方法。

7.1 建立平面工程图

点击文件→新建,打开如图 7-1 所示新建对话框,在类型列表中点选 Drawing(工程图)选项,即表示选择绘制工程图。点击"确定"就会弹出图 7-2 所示的新建工程图对话框,在【标准】下拉列表中点击选中 GB,在【图纸样式】下拉列表点击选取 A3 ISO(国际标准 A3 图幅),再点击"确定"就会进入工程制图界面。

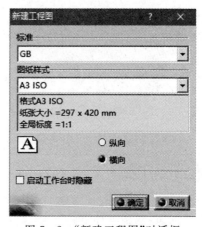

图 7-1 "新建"对话框   图 7-2 "新建工程图"对话框

通过标准栏可以选取各种目前国际上比较权威的制图标准。

例如:

(1)ANSI:美国国家标准化组织的标准。

(2)ASME:美国机械工程师协会的标准。

(3)ISO:国际标准化组织的标准。

(4)JIS:日本工业标准。

(5)GB:中国国家标准。

通过图纸样式列表可以选择各种常见的标准图纸：

(1)A0 ISO:国际标准中的 A0 号图纸,纸张尺寸为 841 * 1189mm。

(2)A1 ISO:国际标准中的 A1 号图纸,纸张尺寸为 594 * 841mm。

(3)A2 ISO:国际标准中的 A2 号图纸,纸张尺寸为 420 * 594mm。

(4)A3 ISO:国际标准中的 A3 号图纸,纸张尺寸为 297 * 420mm。

(5)A4 ISO:国际标准中的 A3 号图纸,纸张尺寸为 210 * 297mm。

(6)A5 ISO:国际标准中的 A4 好图纸,纸张尺寸为 210 * 354mm。

7.2 创建默认视图

默认产生第三角的投影三视图。

点击开始→机械设计,在下拉列表中单击工程制图,系统弹出如图 7-3 所示的创建新工程图对话框。在对话框中的【自动布局】选项点选标准的三视图类型,如果对话框下方的图纸类型不符合,可以单击【修改】按钮,弹出新建工程制图对话框,这里在标准列表中选择 GB,在图纸样式列表中选择 A4 ISO,单击"确定",弹出图 7-4 所示的工程图界面,显示自动建立指定模型的三视图。因为默认的视图有许多方面不符合我国国标,因此不再做详细介绍。

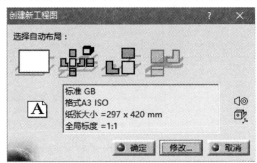

图 7-3 "创建新工程图"对话框

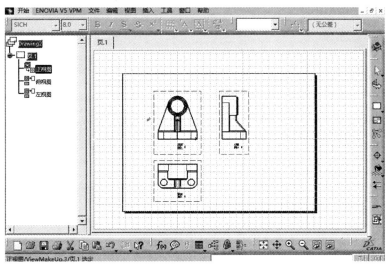

图 7-4 自动建立三视图的工程图界面

7.2.1　创建标准 GB 图纸

CATIA 中为了使绘制的工程图格式符合统一标准,需要建立各种标准的格式文件,在CATIA 中建立标准格式文件较为复杂,可以用一种简单的方法做出同样满足要求的标准工程图。

1. 进入图纸背景界面

在主菜单中选"文件"→"新建",在新建列表中选择 Drawing,点击"确定"按钮,在"新建工程图对话框"中创建 GB、A4 ISO 图纸格式文件,单击"确定",进入工程图界面。在工程图界面中点击"编辑"出现如图 7-5 所示的下拉列表,在下拉列表中点击图纸背景按钮,图纸界面变暗,此时进入到了图纸背景界面,如图 7-6 所示。

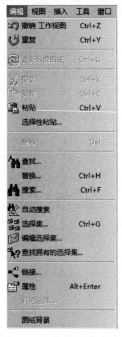

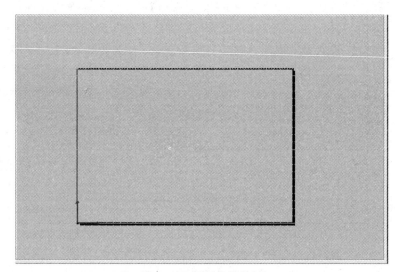

图 7-5　编辑下拉列表　　　　　　　　　　图 7-6　图纸背景界面

2. 绘制图框样式

进入工程图的图纸背景界面后,利用点按钮 ▪ 和直线 ╱ 命令创建内图框及标题栏。

创建方式:

点击 ▪,出现如图 7-7 所示的工具控制板,在 H 中输入 25mm,在 V 中修改为 5mm→然后用同样的方法依次创建(25,205)、(292,5)和(292,205)三点→用直线按钮 ╱ 依次连接刚刚创建的四点,形成如图 7-8 所示的矩形图框。

图 7-7　工具控制板

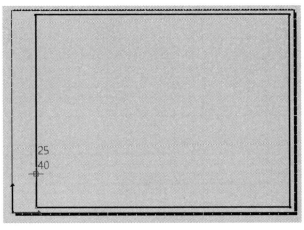

图 7-8 矩形图框

3. 绘制标题栏

插入→标注→表按钮⊞,显示制表编辑器对话框如图 7-9 所示,【列数】输入 5,【行数】输入 4,点击"确定",点击图框右下角,出现如图 7-10 所示的表格,选中表格点击右键,然后点击属性按钮,出现如图 7-11 属性对话框,在【大小】中输入 7mm 作为行距,点击【文本】在定位点下拉列表中选择A̲底部右侧,在 X,Y 中分别输入 292 和 5,点击"确定",表格变换如图 7-12 所示。

图 7-9 表编辑器

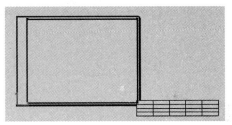

图 7-10 初始表格

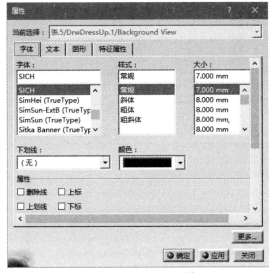

图 7-11 "属性"对话框

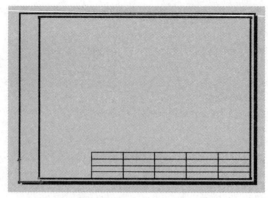

图 7-12　变化后的表格

　　双击表格,表格被选中后如图 7-13 所示,单击选中表格最左边的波浪线十,移动波浪线出现如图 7-14 所示的数值。该数值代表的就是左边表格的长度,从右到左分别设置表长为 42、36、24、24 和 14,完成后如图 7-15 所示。框选如图 7-16 所示表格左上方的六个格子,单击右键选择合并,合并后如图 7-17 所示,然后重复操作直到表格为图 7-18 所示。

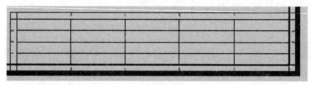

图 7-13　被选中后的表格

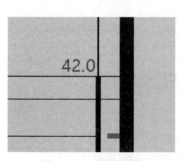

图 7-14　表格长度

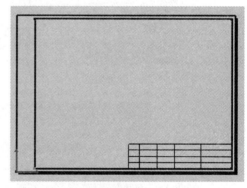

图 7-15　设置长度后的表格

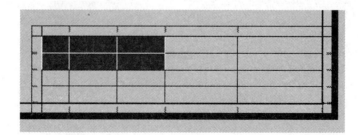

图 7-16　选取合并的单元格

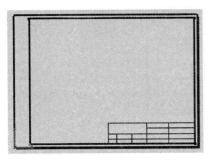

图 7-17　合并后的表格

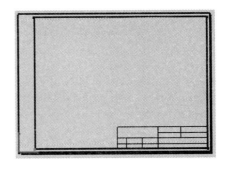

图 7-18　合并完成后的表格

4.输入文字

在图 7-18 中所示的明细表格中,鼠标移至第一单元格,双击鼠标左键,出现如图 7-19 所示文本编辑器,在文本窗口中输入需的文字,点击"确定",完成输入,然后点击右键出现如图 7-20 所示的下拉列表,点击属性,在属性对话框中的字体【大小】中输入 7mm,在属性对话框中的文本栏中的【定位点】下拉列表中选择 $\mathbf{A}$ 顶部居中 ,在【对齐】下拉列表中选择"居中",点击"确定",完成字体大小和位置的修改,重复输入操作,明细表如图 7-21 所示。

图 7-19　编辑文本

清除内容
合并
取消合并
插入视图
属性

图 7-20　文本下拉列表

图 7-21　输入文字的明细表

5.保存背景界面

在工作目录下新建一文件夹 Templates,用于放置模板。使用保存命令保存文件到 Templates 文件夹下,文件名为 A4.CATDrawing。

6.调用背景图框

在将一个模型的视图进行投影后,可以单击文件下拉列表中的 页面设置... 按钮,出现如图 7-22 所示的页面设置对话框 → 单击【背景】下的 Insert Background View... 按钮,出现如图 7-23 所示的将元素插入图纸对话框,单击浏览按钮 浏览... ,在创建的文件夹中找到 A4 图框,打开后单击"插入",完成图框的插入,如图 7-24 所示。

图 7-22　"页面设置"对话框

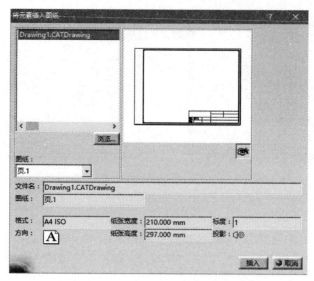

图 7 - 23   "将元素插入图纸"对话框

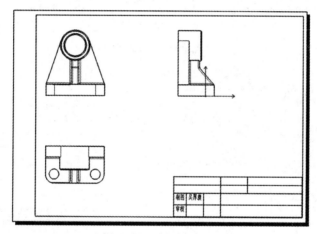

图 7 - 24   插入图框后

7.2.2   用 AutoCAD 图框做格式文件

CATIA 可以引用外部数据,支持许多常用图形软件,与 AutoCAD 的二维图形可随意互用,可将 AutoCAD 绘制好的模板文件直接引入作为格式文件使用。

1. 引入 AutoCAD 图框做格式文件

在 CATIA 中打开文件,在如图 7 - 25 所示的打开对话框中找到图纸保存的文件夹,选取模板的文件后缀为.dwg 格式的 A4.dwg,打开后 CATIA 直接进入工程制图模块,打开后界面如图 7 - 26 所示。

2. 保存 AutoCAD 图框格式文件

(1)添加文字,单击插入→标注→文本→ **T 文本** ,在相应位置点击鼠标左键,在文本编辑器中输入文字,点击"确定",然后点击鼠标右键进入文本的属性对话框,调节文字的位置和大

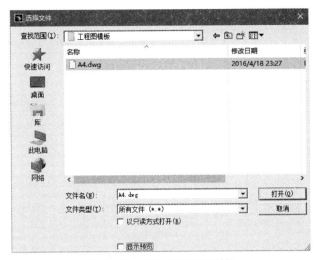

图 7 - 25 打开模板的对话框

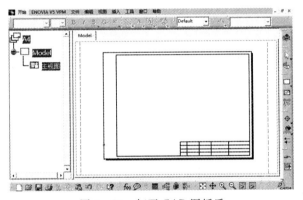

图 7 - 26 打开 CAD 图纸后

小,输入完成后如图 7 - 27 所示。

7	03.02.06	阀 帽	1	ZL101
6	GB75-85	螺 钉 M5x8	1	A3
5	03.02.05	阀 盖	1	ZL101
4	03.02.04	弹 簧 托 盘	1	H62
3	03.02.03	弹 簧	1	65Mn
2	03.02.02	阀 门	1	H62
1	03.02.01	阀 体	1	ZL101
序号	图 号	名 称	件数	材 料

制 图	邱 志 惠	2017.3.20	回 油 阀		
审 核					
西安交通大学先进制造技术研究所			第 张	共 张	

图 7 - 27 输入文本后的明细表

（2）保存模板，点击文件→另存为，将模板保存到特定文件夹方便下次在页面设置中调用。

7.3　工程图实例

因为工程图制作的过程比较繁琐，为了学习者方便，将在实例制作的过程中，详细介绍。注意：制作的过程中，随时开关基准的显示，使用消隐、线框或着色显示，并刷新屏幕，以方便清楚看图。

7.3.1　轴承座的工程图

在已设置过工程图保存路径及模板后，制作如图 7 - 28 所示的轴承座的工程图。

1. 新建文件

新建→Drawing→确定，在【标准】下拉选项中选"GB"，在【图纸样式】下拉选项中选择"A4"，单击"确定"，进入绘制工程图的界面。

2. 创建主视图

在投影工具栏中点击主视图按钮，点击窗口，在窗口的列表中转换到对应零件的窗口，点击轴承座的正表面，系统自动转到工程制图模块，出现如图 7 - 29 所示的预览图，在工程图上点击鼠标确定视图的位置，预览图转化为投影主视图（注意：软件翻译中很多使用的正视图，即我国标准主视图，本文使用主视图）投影，如图 7 - 30 所示。

图 7 - 28　轴承座

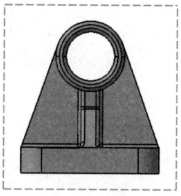
图 7 - 29　预览图

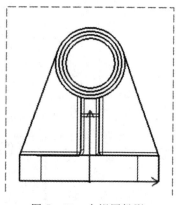
图 7 - 30　主视图投影

3. 创建左视图

点击投影视图按钮，移动鼠标到主视图右侧出现预览图，在适宜位置点击鼠标确定左视图位置，左视图完成投影后如图 7 - 31 所示。

4. 创建俯视图

点击投影视图按钮，移动鼠标到主视图下侧出现预览图，在适宜位置点击鼠标确定俯视图位置。显示如图 7 - 32 所示的默认俯视图，完成投影三视图。

注意此图是在显示中将投影的轴线，中心线、螺纹和隐藏线调为关闭状态。为图示清晰，作图过程中可以点击选项按钮，选中工程制图模块中的视图板块出现如图 7 - 33 所示的对话

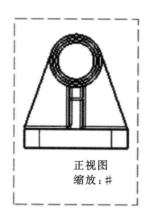
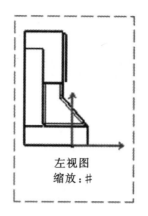

图 7-31 左视图投影

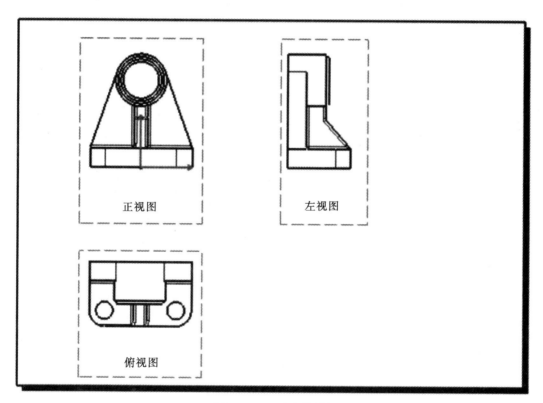

图 7-32 三视图投影

框,选中生成轴、生成螺纹、生成中心线和生成隐藏线,不选中生成圆角点击确定。

5.删除视图

双击选中所要删除的视图,点击右键,然后在弹出的快捷菜单中选择 删除　　Del 或者直接按 Delete 键即可。依次删除不需要的视图。

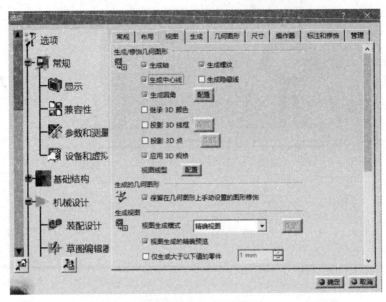

图 7-33 "选项"对话框

6.重新生成更改设置后的视图

按照先前的方法重新生成三视图,更改设置后三视图增加了轴线等,如图 7-34 所示。

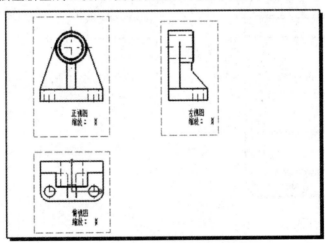

图 7-34 更改设置后的三视图

7.创建全剖左视图

双击主视图,点击截面对话框中的偏移剖视图按钮，移动鼠标到主视图中轴线上方,点击鼠标左键,再移动鼠标到主视图中轴线下方,如图 7-35 所示,双击鼠标左键,移动到主视图左侧,在适宜位置点击鼠标左键,剖视图如图 7-36 所示。

剖视图完成后,将左视图删除,然后调整剖视图到合适位置。

注意:肋板区域自动绘制剖面线,而我国国标规定肋板不需要绘制剖面线。可以先删除原本的剖面线和虚线,再通过轮廓按钮绘制肋板的边线,如图 7-37 所示,然后点击区域填充按钮,对非肋板处进行填充,填充后如图 7-38 所示。

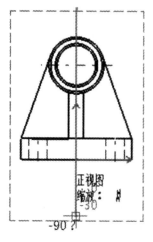

图 7-35　剖视位置线

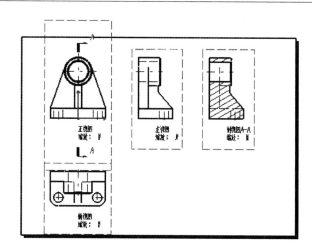

图 7-36　全剖左视图

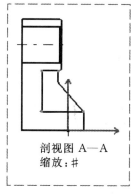

图 7-37　修改剖视图

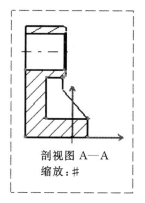

图 7-38　填充后的剖视图

8. 创建半剖俯视图

双击俯视图,点击断开视图工具栏中的剖面视图按钮 ,在俯视图的右边绘制一个过中心线的矩形作为截面,如图 7-39 所示。双击鼠标左键,系统弹出 3D 查看器,移动剖面,确定剖切位置如图 7-40 所示的圆柱中心或点选中参考元素在其他视图中点击相应的孔、轴或边线来确定剖面的位置,点击"确定"→俯视图变为如图 7-41 所示的半剖俯视图。修改半剖俯视图,将剖视图所不需要的虚线删除。

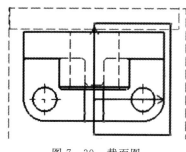

图 7-39　截面图

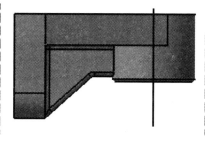

图 7-40　剖切位置

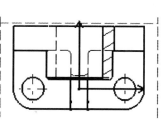

图 7-41　半剖俯视图

9.增加详细(局部)视图

为了观看和标注局部圆角等细小结构,增加局部放大视图(详图视图)。双击左视图选中。

点击插入→视图→详细信息,单击详细信息按钮 ，选取右视图欲放大的位置,点击鼠标左键选中,选取的地点出现如图7-42所示的圆形,表示详细视图中的圆形区域。用鼠标在周围绘制适当大小的圆形,点击鼠标左键移动详细视图至合适位置,点击鼠标左键确定,生成详细(局部)视图如图7-43所示。

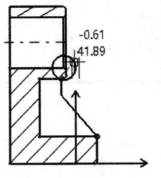

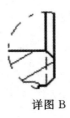

详图 B

图 7-42 详细视图区域   图 7-43 详细(局部)视图

10.插入标准图框

单击文件→页面设置,在页面设置对话框中点击 Insert Background View... ,打开之前创建的图框背景,点击"确定",双击选中视图,调整视图位置并删去不必要的标注,最终绘制的详细视图即轴承座的工程图如图7-44所示。

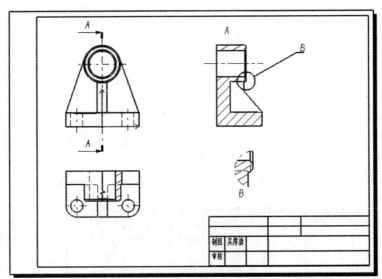

图 7-44 详细(局部)视图及轴承座的工程图

7.3.2 支座的工程图

制作如图7-45所示的支座的工程图。

1. 打开文件

打开之前制作的支座文件→开始→  机械设计 → 工程制图,
选择打开空白图纸(使用默认 A4 模板),点击"确定",进入绘制工
程图的界面。

图 7 - 45 支座

2. 创建主视图

在投影工具栏中点击主视图按钮 ，点击 窗口 ,切换视图
至实体窗口→移动鼠标至模型的侧面,窗口右下角会显示定向预
览视图,单击鼠标后,系统回到草绘背景,默认的主视图如图
7-46所示,从图中可以看出此时主视图的方向并不正确,可以在窗口右上角通过如图 7-47
所示的"方向控制器"调整视图的方向,变换后单击鼠标生成主视图如图 7-48,选中主视图后
点击右键,进入主视图的属性对话框如图 7-49 所示,在【缩放】文本框中变 1∶1 为 1∶2,计划
绘制缩小一倍的工程图,再移动主视图到合适位置。

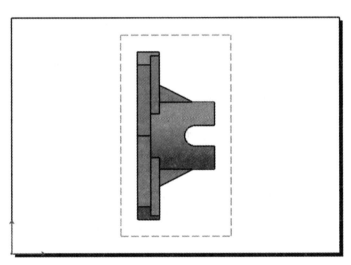

图 7 - 46 默认的主视图

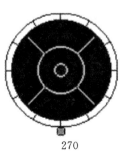

270

图 7 - 47 方向控制器

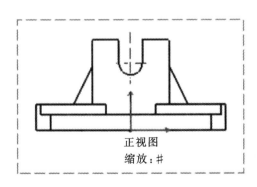

正视图
缩放:♯

图 7 - 48 主(正)视图

图 7-49 "属性"对话框

3.创建俯视图

双击选中主视图,在投影工具栏中点击投影视图按钮▣◙,移动鼠标至主视图下方,点击鼠标左键生成如图 7-50 所示的俯视图。

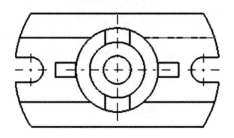

图 7-50 俯视图

4.创建半剖左视图

双击选中主视图,在投影工具栏中点击投影视图按钮▣◙,移动鼠标至主视图右方,点击鼠标左键生成如图 7-51 所示的左视图。

插入→视图→断开视图,点击剖面视图按钮▣,在左视图上绘制一个将左视图的左半边封闭的矩形,如图 7-52 所示(该矩形区域代表的就是剖面区域),系统弹出 3D 查看器,移动截面至合适位置或在参考元素中选中主视图的轴线,点击"确定",完成半剖左视图的创建如图 7-53 所示。

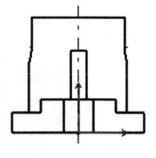

图 7-51 左视图

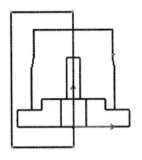
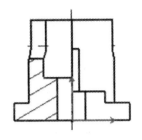

图 7-52　矩形剖面区域　　　　　图 7-53　半剖左视图

5.创建半剖主视图

双击选中主视图,此时工作对象转变为主视图(特别注意当需要在某一个视图上进行操作时,必须先双击选中该视图)。

插入→视图→断开视图→点击剖面视图按钮 ,在主视图上绘制一个将主视图的左半边封闭的矩形如图 7-54 所示。此时系统弹出 3D 查看器,移动截面至合适位置或在参考元素中选中左视图的轴线,点击"确定",完成的半剖主视图如图 7-55 所示。

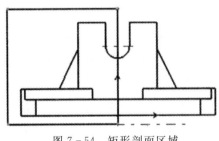
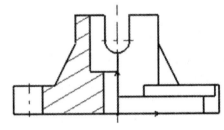

图 7-54　矩形剖面区域　　　　　图 7-55　半剖主视图

6.修改主视图

在半剖主视图中,此时的半剖视图是不满足要求,我国的工程图中肋板是不应该画剖面线的。上文中已经提到了这个问题,现在简单的说明修改方法。

先删除主视图中的剖面线,然后用轮廓按钮 ,绘制出肋板的轮廓,最后再用填充按钮 进行填充,修改后的半剖主视图如图 7-56 所示。

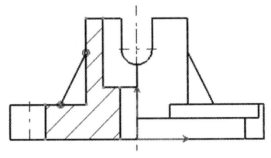

图 7-56　修改后的半剖主视图

7.创建轴测图投影

创建轴测图的目的主要是为了方便读图。

插入→视图→投影→点击等轴测视图按钮 🔲 窗口,将界面切换到零件模型窗口,点击零件上表面,系统返回到工程图窗口,此时预览的轴测图如图 7-57 所示。利用右上角的"方向控制器"调整投影方向,调整完成后点击鼠标左键,由于此时的轴测图的大小与模型大小相等,所以需在轴测图的属性对话框中修改【缩放】为 1∶2,调整后的轴测图如图 7-58 所示。

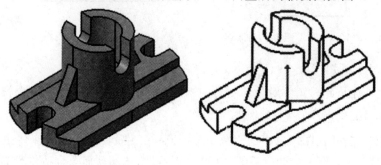

图 7-57 预览轴测图   图 7-58 等轴测视图

8.插入标准图框

文件→页面设置,在页面设置对话框中点击 `Insert Background View...` ,打开之前创建的图框背景,点击"确定",删去不必要的文字和标注,最终绘制的支座的工程图如图 7-59 所示。

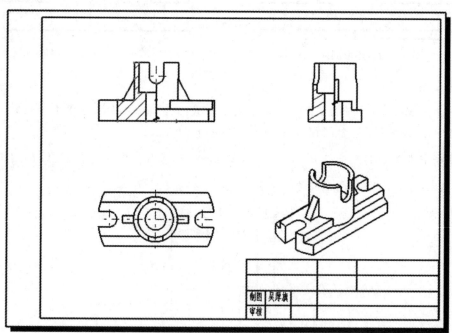

图 7-59 支座工程图

7.3.3　减速箱盖的工程图

在设置过工程图保存路径及模板后,制作如图 7-60 所示的减速箱盖的工程图。

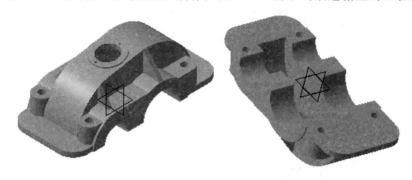

图 7-60　减速器箱盖模型

1.新建文件

打开之前制作的减速器箱盖模型→开始→▶机械设计→工程制图→选择打开空白图纸（使用默认 A4 模板）,点击"确定",进入绘制工程图的界面。

2.创建主视图

在投影工具栏中点击主视图按钮,点击 窗口,切换视图至零件模型窗口,移动鼠标至减速器箱盖的侧面,定向预览视图如图 7-61 所示。单击鼠标后系统回到工程图窗口,利用"方向控制器"调整视图方向,调整后单击鼠标左键,主视图如图 7-62 所示,选中主视图后点击右键,在主视图的属性对话框中在【缩放】文本框中变 1:1 为 1:2,再移动主视图到合适位置。

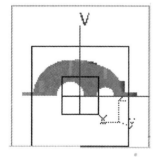

图 7-61　定向预览视图

图 7-62　箱盖主视图

3.创建俯视图

双击选中主视图,在投影工具栏中点击投影视图按钮,移动鼠标至主视图下方,点击鼠标左键生成如图 7-63 所示的俯视图。

4.创建左部半剖左视图

插入→视图→截面→点击偏移剖视图按钮,然后点击主视图左肋板下方位置,移动鼠标至左肋板上方,双击鼠标左键,移动鼠标至主视图左侧适当位置,如图 7-64 所示。点击鼠

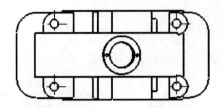

图 7-63　俯视图

标左键确定前部全剖左视图的生成，如图 7-65 所示。双击选中全剖左视图，点击视图工具栏中的裁剪视图轮廓按钮，绘制一矩形框选住全剖左视图的左半部分，双击确定前部半剖左视图如图 7-66 剖视图 A-A 所示。

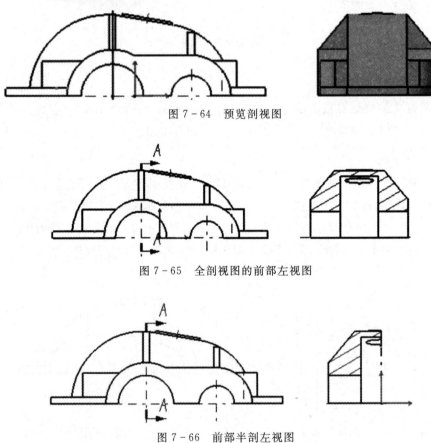

图 7-64　预览剖视图

图 7-65　全剖视图的前部左视图

图 7-66　前部半剖左视图

5.创建右部半剖左视图

双击选中主视图对其进行编辑，插入→视图→截面→点击偏移剖视图按钮，然后点击主视图右肋板下方位置，移动鼠标至右肋板上方，双击鼠标左键，移动鼠标至主视图左侧适当位置，点击鼠标左键确定后部全剖左视图的生成，如图 7-67 所示。双击选中后部全剖左视图，点击视图工具栏中的裁剪视图轮廓按钮，绘制一矩形框选住后部全剖左视图的右半部分，双击鼠标左键确定，移动后部半剖左视图至合适位置如图 7-68 剖视图 B-B 所示。

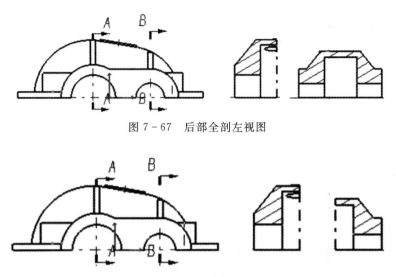

图 7 - 67　后部全剖左视图

图 7 - 68　后部半剖左视图

6.修改主视图

双击主视图对其进行编辑,插入→视图→断开视图,点击剖面视图按钮,在主视图中绘制如图 7 - 69 所示的矩形区域,系统弹出 3D 查看器,在查看器中移动剖切面至中间位置点击"确定",产生如图 7 - 70 所示的局部剖视图。

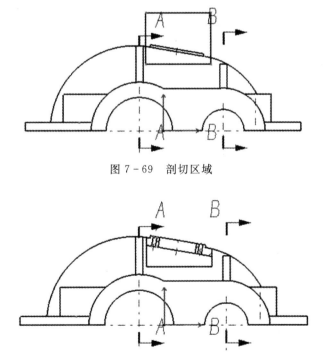

图 7 - 69　剖切区域

图 7 - 70　局部剖视图

注意:CATIA 中并不方便画出准确的局部剖视图,如要创建准确的局部剖视图可将图纸转入 CAD 中做后续修改。

7.增加详细(局部)视图

为了标注局部圆角等具体结构,增加局部放大视图(详图视图)。

插入→视图→详细信息,点击详细视图按钮 🔧,选取主视图欲放大的位置,点击鼠标左键选中,表示详细视图中的几何参照点。移动鼠标在周围绘制一封闭圆形,点击鼠标左键确认,鼠标左键点击欲生成详细视(局部)视图的位置,生成详细视(局部)视图。显示该视图如图 7-71 详图 C 所示。

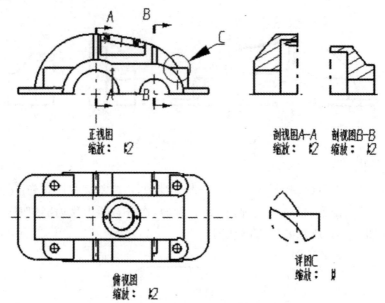

图 7-71 主视图及详细(局部放大)视图

8.局部斜视图

局部视图可表示零件上倾斜平面的真实形状和尺寸。系统垂直于所选边制作模型投影。可以从任何类型视图创建辅助视图。

插入→视图→投影,点击主视图按钮 📷,点击 窗口,切换视图至零件模型窗口,移动鼠标点击减速箱盖的圆形顶面,定向预览视图如图 7-72 所示。点击左键确认,返回工程图界面,移动预览图至合适位置单击鼠标左键,完成如图 7-73 所示定向视图的创建。

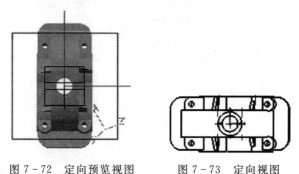

图 7-72 定向预览视图   图 7-73 定向视图

右键点击定向视图,调出绘图视图属性对话框,在【缩放】中输入 1∶2,在裁剪工具栏中点击裁剪按钮，点击圆盘的圆心作为裁剪区域的中心，移动鼠标确定边界大小，点击鼠标左键完成如图 7-74 所示的辅助斜视图视图的创建，利用箭头和文字按钮创建辅助斜视图的方向和标注。

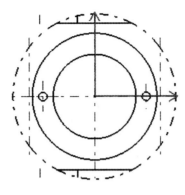

图 7-74　辅助斜视图

9.插入标准图框

文件→页面设置，在页面设置对话框中点击 Insert Background View... ，打开之前创建的图框背景，点击"确定"，调整各视图的位置，删去不必要的文字和标注，完成减速箱盖的工程图如图 7-75 所示。

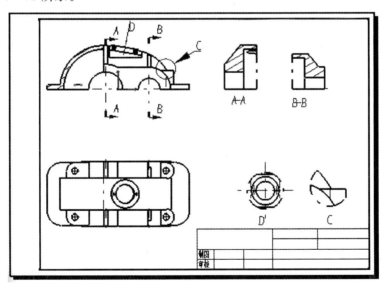

图 7-75　减速箱盖工程图

7.4　尺寸标注

7.4.1　尺寸标注功能简介

CATIA 可以自动进行尺寸标注或者手动进行尺寸标注。

自动进行尺寸标注时草图中的约束都可以转换为尺寸标注，零件中的拉伸尺寸将会转换为工程图中的长度尺寸，角度大小也会转换为角度标注。在 CATIA 的自动生成尺寸的工具中有【生成尺寸】和【逐步生成尺寸】两个按钮。

自动标注尺寸虽然方便，但是很多情况下自动生成尺寸并不能全面的表达零件结构，同时自动生成的尺寸往往可能不是所需的形式。手动标注的尺寸与零件之间具有单向关联性，在修改零件中的某些尺寸时，工程图中的这些尺寸同样也会被修改。

插入→尺寸标注→尺寸→尺寸工具列表，如图 7 - 76 所示的尺寸工具列表中涵盖了手动标注尺寸中所需用到的尺寸标注按钮。

图 7 - 76　尺寸工具列表

下面我们来一一介绍这些按钮的功能。

1. 尺寸按钮

点击尺寸按钮，分别点击如图 7 - 77 所示的正六边形的任意两对边，在如图 7 - 78 所示的【工具控制板】中选择所需的标准方式（这里选择），移动鼠标至合适位置点击左键确定尺寸线如图 7 - 79 所示。

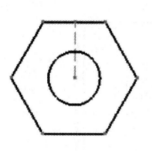

图 7 - 77　标注图形

图 7 - 78　工具控制板

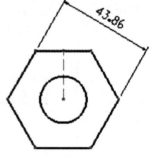

图 7 - 79　尺寸线

尺寸【工具控制板】各命令的简单介绍：

①投影的尺寸：利用鼠标点击不同的位置来确定尺寸的标注方式。

②强制标准元素尺寸：标注两点间长度。

③强制尺寸线在视图中水平：标注水平投影长度。

④强制尺寸线在视图中垂直：标注垂直投影长度。

2. 链式尺寸

点击链式尺寸按钮，依次点击正六边形的一边、圆和对边，移动鼠标至合适位置点击左键确定生成的尺寸线如图 7 - 80 所示。

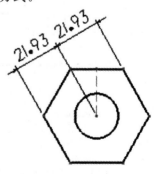

图 7 - 80　链式尺寸线

3. 累积(基准)尺寸

点击累积尺寸按钮,从左到右依次点击 Y 轴和如图 7-81 所示圆的圆心,移动鼠标至合适位置点击左键确定生成的尺寸线如图 7-82 所示。

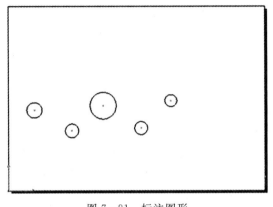

图 7-81　标注图形　　　　　　　　　图 7-82　尺寸线

4. 堆叠式(连续)尺寸

点击堆叠式尺寸按钮,从左到右依次点击如图 7-83 所示的图形的四条竖边,移动鼠标至合适位置,点击左键确定生成的尺寸线如图 7-84 所示。

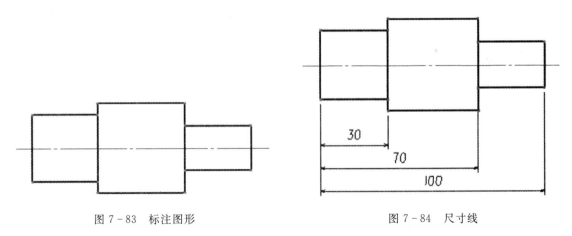

图 7-83　标注图形　　　　　　　　　图 7-84　尺寸线

5. 长度/距离尺寸

点击长度/距离尺寸按钮,点击如图 7-80 所示的图形的左侧横边,点击鼠标右键,系统弹出如图 7-85 所示的快捷菜单,通过该快捷菜单可以选择长度或距离尺寸的类型(这里选中直径),移动鼠标至合适位置单击左键生成如图 7-86 所示的直径尺寸。

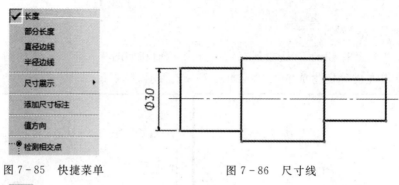

图 7-85　快捷菜单　　　　　　　　图 7-86　尺寸线

6. 角度尺寸

点击角度尺寸按钮，点击如图 7-87 所示的三角形的右下角两边，点击鼠标右键，系统弹出如图 7-88 所示的快捷菜单，通过该快捷菜单可以选择角度尺寸的类型（这里选中扇形 1），移动鼠标至合适位置单击左键生成如图 7-89 所示的角度尺寸。

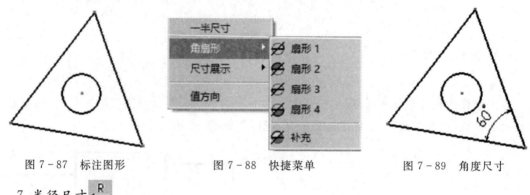

图 7-87　标注图形　　　　　图 7-88　快捷菜单　　　　　图 7-89　角度尺寸

7. 半径尺寸

点击半径尺寸按钮，单击如图 7-87 所示三角形中的圆，移动鼠标至合适位置点击左键确定生成的半径尺寸如图 7-90 所示。

8. 直径尺寸

点击直径尺寸按钮，单击如图 7-87 所示三角形中的圆，移动鼠标至合适位置点击左键确定生成的直径尺寸如图 7-91 所示。

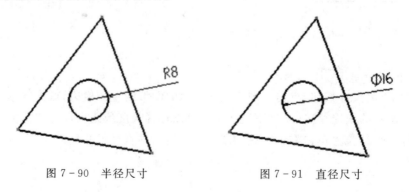

图 7-90　半径尺寸　　　　　　　　图 7-91　直径尺寸

9.倒角尺寸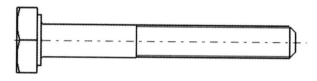

点击倒角尺寸按钮，点击如图7-92所示螺钉右侧的倒角,工具控制栏变为如图7-93所示,选择默认的长度×长度,移动鼠标至合适位置,点击左键确定生成的倒角尺寸如图7-94所示。

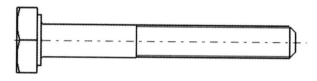

图7-92 标注图形

图7-93 工具控制板

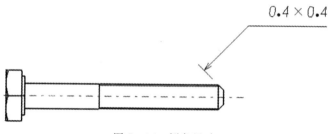

图7-94 倒角尺寸

10.螺纹尺寸

点击螺纹尺寸按钮,单击如图7-92所示螺钉的螺纹,系统自动生成的螺纹尺寸如图7-95所示,此时的螺纹直径并不是所需要的,需要选中螺纹尺寸线点击鼠标右键进入属性对话框,在如图7-96所示的尺寸文本列表中将直径符号 Φ 换为 M,修改后螺纹尺寸如图7-97所示。

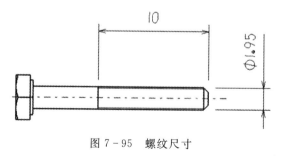

图7-95 螺纹尺寸

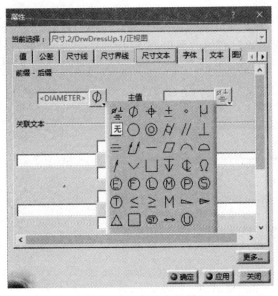

图 7-96 "属性"对话框

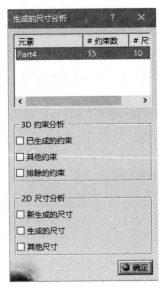

图 7-97 修改后的螺纹尺寸

7.4.2 尺寸标注实例

(1)打开图 7-44 轴承座工程图，选择插入→生成，点击 生成尺寸 ，系统弹出如图 7-98 所示的"尺寸生成过滤器"对话框，单击"确定"，系统弹出如图 7-99 所示的"生成的尺寸分析"对话框，并显示自动生成的尺寸预览，单击"确定"完成尺寸的自动生成操作如图 7-100 所示。

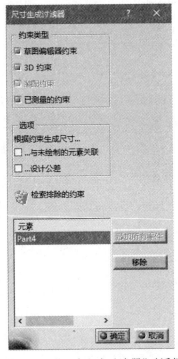

图 7-98 "尺寸生成过滤器"对话框

图 7-99 "生成的尺寸分析"对话框

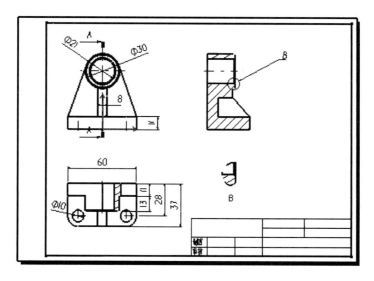

图 7 - 100　自动生成尺寸

在"生成的尺寸分析"对话框中有两个选项组可供点选,作用如下。

3D 约束分析:

①已生成的约束:在三维模型中显示所有在工程图中标注的尺寸。

②其他约束:在三维模型中显示没有在工程图中标注的尺寸。

③排除的约束:在三维模型中显示自动标注时未考虑的尺寸标注。

2D 尺寸分析:

①新生成的尺寸:在工程图中显示最后一次生成的尺寸。

②生成的尺寸:在工程图中显示所有已生成的尺寸。

③其他尺寸:在工程图中显示所有手动标注的尺寸。

(2)可以在图中看出有些自动标注的尺寸不符合国标要求,应当选中这些尺寸并通过 De-lete 键删除。

(3)在完成删除操作后,需要利用尺寸标注按钮手动添加此时缺少的尺寸,同时对添加后的尺寸进行必要的修改,比如将标注为 Ø10 的孔改为 2×Ø10。

(4)选中尺寸,用鼠标左键将选取的尺寸数值拖动到合适的位置,完成轴承座工程图如图 7 - 101 所示,其中一些标注不符合我国国标,后续最好将图纸导入 CAD 中修改。

(5)打开图 7 - 59 支座工程图,插入→ 生成,点击 逐步生成尺寸,系统弹出"尺寸生成过滤"对话框,点击"确定",系统弹出如图 7 - 102 所示的"逐步生成"对话框,点击 ▶ 按钮,系统将逐个生成尺寸标注,当系统生成完所需要的尺寸后,可单击 ■ 按钮终止生成,系统弹出"生成的尺寸分析"对话框,单击"确定"完成尺寸的逐步自动生成操作如图 7 - 103 所示。

(6)在图 7 - 103 中可以看出有些自动标注的尺寸不符合国标要求,应当选中这些尺寸并通过 Delete 键删除。在完成删除操作后,仍然需要利用尺寸标注按钮手动添加此时所缺少的尺寸,同时对添加后的尺寸进行必要的修改。选中尺寸,用鼠标左键将选取的尺寸数值拖动到合适的位置,完成支座工程图如图 7 - 104 所示。

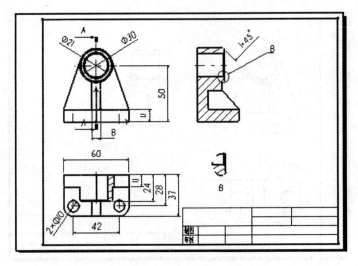

图 7 - 101　轴承座工程图

图 7 - 102　"逐步生成"对话框

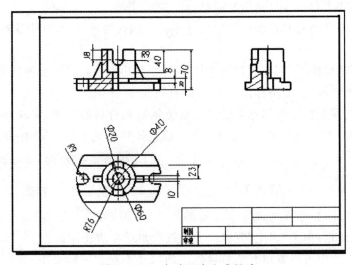

图 7 - 103　自动逐步生成尺寸

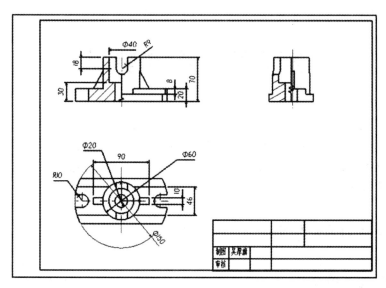

图 7 - 104　支座工程图

第8章 零件装配

CATIA 提供了零件的装配工具,CATIA 的装配设计模块支持大型和复杂组件的装配。设计完成的零件可以装配成部件,可以进一步组装成机。软件不仅可以自动将装配完成的组件的零件模型分离开,产生爆炸图,查看装配组件的零件的分布,而且可以分析零件之间的配合状况以及干涉情况。

8.1 装配设计模块简介

8.1.1 装配菜单简介

在"开始"下拉菜单中,选取"机械设计",单击"装配设计",进入装配界面。

注:每新建一个装配图的方法一样,后面不再详述。

在装配界面中,会出现如图 8-1 所示的产品结构工具栏,可以用于添加零件及部件等。

图 8-1 "产品结构"工具栏

零件装配的过程实际是给零件在组件中定位的过程,所以对零件定位中的各种配合命令的理解和使用就成为该部分的核心。

每调用或添加一个零件,在模型树中都会显示出来,所以可通过模型树来快速地选择相应的零件。

8.1.2 装配约束

装配约束就是指定元件参照,限制元件在装配体中的自由度,从而使元件完全定位到装配体中。在 CATIA 中,一个零件通过装配约束添加到装配体后,它的位置会随与其有约束关系的部件的变化而改变,而且约束设置的值可以人为改变,但是不可以过定位,并可以与其他参数建立关系方程,整个装配体就是一个参数化的装配体。

注意:在 CATIA 中添加约束后系统不会立即显示,需要点击更新按钮 完成对约束的显示。

8.1.3 约束类型简介

装配约束的类型有:相合、接触、偏移、角度、固定、固联等。

1.相合

相合约束可以使不同零件的面与面相互重合,点击相合约束,选中螺柱六边形面,再选中盒体上表面,点击更新按钮 完成约束,如图 8-2 所示;同时相合约束还可以使两条轴线重合或者两个点重合,选中螺柱轴线和孔轴线进行相合约束,如图 8-3 所示。

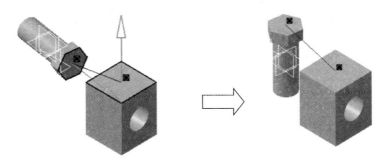

图 8-2　面重相合在同一水平面

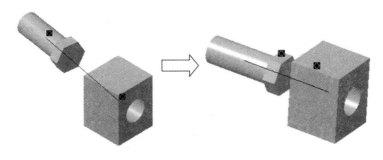

图 8-3　轴线相重合

2. 接触

接触约束可以对选定的两个面进行约束,约束情况可分为以下三种。

(1)点约束:点击接触约束按钮,选中球和斜面,使球面与斜面处于相切状态,如图 8-4 所示。

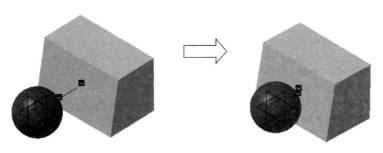

图 8-4　点接触

(2)线接触:点击接触约束按钮,选中圆柱曲面和斜面,使圆柱面与斜面处于相切状态,如图 8-5 所示。

(3)面接触:使两个面接触,这个此处不做详细介绍,后面实例中介绍。

图 8-5 切线接触

3. 偏移

偏移约束可以使两个零件上的点、线以及面之间建立一定的距离,从而限制零件的相对位置,点击偏移约束按钮选中圆柱上表面和斜面,弹出如图 8-6 所示的对话框,在对话框中的偏移中输入【偏移】距离 10,点击"确定",更新后如图 8-7 所示。

图 8-6 "约束属性"对话框

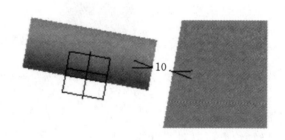

图 8-7 偏移约束

4. 角度

角度约束可使两个零件上的线或面建立一个相对角度,从而限制零件的相关位置,点击角度约束按钮,选中 1 的上表面和 2 的内表面,在【角度】中输入 45,点击"确定",更新后如图 8-8 所示。

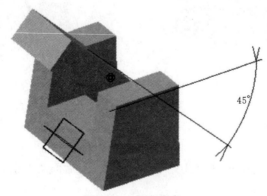

图 8-8 角度约束

5. 固定

固定约束是将零件固定在图形窗口的当前位置。一般在引入第一个零件的时候用固定按钮将其固定，避免了后面进行约束时的错误。

6. 固联

固联约束可以把装配体中的两个或多个零件按照当前位置固定成为一个整体，如果要移动其中一个零件，其他零件也会跟着移动。

放置约束注意：放置约束即指定了一对参照的相对位置，所以放置约束时应该遵守以下的原则：

- 使用匹配和对齐时，两个参照必须为同一类型。例如，旋转面对旋转面、平面对平面、点对点、轴对轴。
- 使用匹配和对齐并输入偏距值后，系统将显示偏距方向。对于反向偏距，要用负偏距值。
- 系统一次只添加一个约束。例如，不能用一个对齐将一个零件上的两个孔与另外一个零件上的两个孔对齐，必须重复选取，定义两个不同的约束才行。
- 可以组合放置约束，以便完整地指定放置和定向。

8.2　利用零件装配关系组装装配体

8.2.1　装配千斤顶

将如图 8-9 所示的几个已做好的零件装配成如图 8-10 所示的千斤顶。

（a）底座　　　（b）螺杆　　　（c）套

（d）转杆　　　（e）顶帽

图 8-9　千斤顶的零件模型　　　　　图 8-10　千斤顶装配模型

1. 新建文件

文件→新建→Product，单击"确定"进入装配界面。

右击特征树的 Product1，在弹出的快捷菜单中选择【属性】命令，在属性对话框中选择【产品】选项,在【零件编号】文本框中将"Product"改为"qianjinding"。

2.装配第一个零件

如图 8-11 所示,放置要装配的第一个零件,插入→现有部件 ⬅→在文件夹中选择千斤顶底座,千斤顶底座放置后,单击固定约束按钮,对千斤顶底座的位置进行固定 ⚓。

3.装配第二个零件

插入→现有零件→在文件夹中选择千斤顶套。出现如图 8-12 所示轴线水平位置。

8-11 底座的放置位置   图 8-12 调入套相对位置

调整第二个零件的位置:在操作面板中选单击相合约束按钮 ⬭,选择套的外圈下平面,选择底座内孔的台阶面,单击"确定"。套向上移动,如图 8-13 所示的底面平齐相对位置。

单击相合约束按钮,选择套的轴线,再选择底座的轴线,单击"确定"。

单击相合约束按钮,选择底座小半圆孔的轴线,再选择套小半圆孔的轴线,单击"确定",二条轴线重合,安装套如图 8-14 所示。

图 8-13 套匹配的位置   图 8-14 对齐安装套

4.装配第三个零件

插入→现有零件→在文件夹中选择千斤顶螺杆。

在打开文件对话框中选中【显示预览】,在对话框左侧就会显示如图 8-15 所示的所要插入模型。

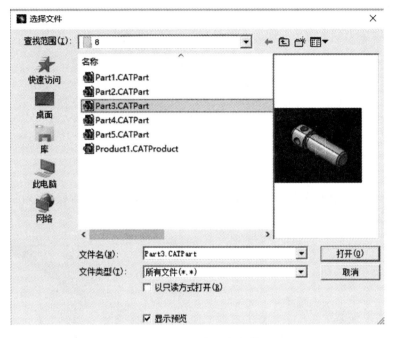

图 8-15 预览打开螺杆模型

单击【打开】,在工作区内显示如图 8-16 所示的模型相对位置。

放置第三个零件的位置:单击偏移约束 →选择螺杆的外圈下台面→选择底座上面→在偏距输入框中输入 15。可以通过箭头调整约束的方向。

相合约束→选择螺杆的轴线→再选择底座的轴线对齐,更新后安装螺杆如图 8-17 所示。

图 8-16 螺杆的放置位置　　　　　图 8-17 螺杆偏距匹配、对齐安装

5.装配第四个零件

插入→现有零件→在文件夹中选择转杆打开。

放置第四个零件的位置:单击相合约束,选择杆的轴线,再选择螺杆孔的轴线对齐,更新后轴线重合相对位置如图 8-18 所示。

图 8-18　杆相合安装

在移动工具栏中,点击操作按钮 🔧,弹出如图 8-19 所示的对话框,在对话框中选择合适方向,用鼠标移动杆到安装位置如图 8-20 所示。

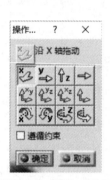

图 8-19　操作对话框

图 8-20　杆移动

6.装配第五个零件

插入→现有零件→在文件夹中选择千斤顶盖打开,在工作区内显示出如图 8-21 所示的模型相对位置。

放置第五个零件的位置:点击相合约束按钮,选择顶盖的轴线,选择螺杆顶的轴线,点击"确定"。

点击接触约束按钮,选择盖内的球面,选择螺杆顶的球面,点击"确定"更新后安装盖如图 8-22 所示。

图 8-21　顶盖的放置位置

图 8-22　顶盖曲面匹配安装

7. 生成爆炸(分解)图

当创建或是打开一个完整的装配体后,单击移动工具栏的分解按钮 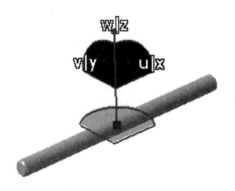 ,弹出如图 8 - 23 所示的分解对话框,当需要修改各个元件所处的位置时可以单击【应用】按钮,如图 8 - 24 所示。此时就可以拖动 3D 指南针到需要改变位置的零件上,通过移动指南针来移动零件,当移动完成后,点击"确定"后千斤顶爆炸状态如图 8 - 25 所示。

图 8 - 23 分解对话框　　　　　　　　　　图 8 - 24 移动零件

图 8 - 25 千斤顶爆炸状态

8.2.2 装配阀门

本例为装配示意模型,将如图 8 - 26 所示的多个已做好的零件(为简化螺杆、螺母、未做螺纹)装配成如图 8 - 27 所示的阀门,主要学习如何调整零件相对位置关系。

1. 新建文件

文件→新建→Product→点击"确定"。

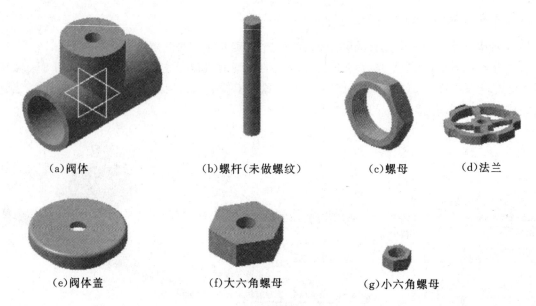

(a)阀体   (b)螺杆(未做螺纹)   (c)螺母   (d)法兰

(e)阀体盖   (f)大六角螺母   (g)小六角螺母

图 8-26　阀门的零件模型

右击特征树的  Product1，在弹出的快捷菜单中选择【属性】命令，在属性对话框中选择【产品】选项，在【零件编号】文本框中将"Product"改为"faman"。

2. 安装第一个零件

放置要装配的第一个零件，插入→现有部件　→在文件夹中选择阀体，阀体放置后，单击固定约束按钮，对阀体的位置进行固定　，如图 8-28 所示。

图 8-27　阀门的模型

3. 安装第二个零件

插入→现有零件→在文件夹中选择螺母打开。装入后阀体与螺母的相对位置如图 8-29 所示。

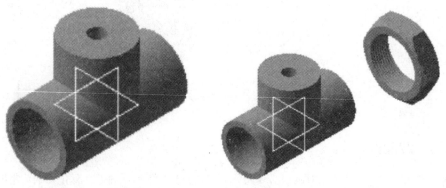

图 8-28　固定阀体   图 8-29　螺母相对位置

单击相合约束按钮，选择螺母的轴线，再选择阀体管的轴线，更新后螺母移动如图 8-30 所示。点击接触约束按钮，选择螺母的底面，再选择阀体管圆环表面，更新后位置如图 8-31 所示。

图 8-30　孔的轴线相合　　　　　　图 8-31　接触位置

如果要再次调用一个相同零件,没有必要再重新打开,可以单击产品结构工具工具栏中的快速多实例化按钮,然后点击螺母,系统将会复制产生一个新的螺母零件,如图 8-32 所示。

重复之前的约束操作,将新零件装在阀体另一侧,如图 8-33 所示。

图 8-32　快速多实例化　　　　　　图 8-33　装配新零件

4.安装第三个零件

插入→现有零件→在文件夹中选择阀体盖打开。装入后阀体与阀体盖的相对位置如图 8-34 所示。

单击相合约束按钮,选择阀体盖的轴线,再选择阀体孔的轴线,更新后阀体盖移动如图 8-35 所示。点击接触约束按钮,选择阀体盖的底面,再选择阀体上圆环表面,更新后位置如图 8-36 所示。

图 8-34　阀体盖相对位置　　　　　　图 8-35　阀体盖的相对位置

5.安装第四个零件

插入→现有零件→在文件夹中选择大六角螺母打开。装入后阀体与大六角螺母的相对位置如图 8－37 所示。

图 8－36　阀体盖安装

图 8－37　大六角螺母的相对位置

单击相合约束按钮→选择大六角螺母的轴线→再选择阀体孔的轴线，更新后大六角螺母移动如图 8－38 所示。点击接触约束按钮，选择大六角螺母的底面，再选择阀体盖上表面，更新后位置如图 8－39 所示。

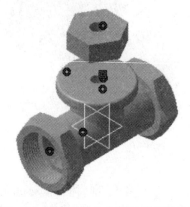

图 8－38　更新后大六角螺母的相对位置

图 8－39　大六角螺母安装

6.安装第五个零件

插入→现有零件→在文件夹中选择法兰打开。装入后阀体与法兰的相对位置如图 8－40 所示。

单击相合约束按钮，选择法兰的轴线，再选择阀体孔的轴线，更新后法兰移动如图 8－41 所示。点击偏移约束按钮，选择转轮的底面，再选择大六角螺母上表面，输入距离 50，更新后位置如图 8－42 所示。

图 8－40　法兰的相对位置

图 8－41　更新后法兰的相对位置

7. 安装第六个零件

插入→现有零件→在文件夹中选择小六角螺母打开。装入后小六角螺母与法兰的相对位置如图 8-43 所示。

图 8-42 法兰安装　　　　　　图 8-43 小六角螺母的相对位置

单击相合约束按钮,选择小六角螺母的轴线,再选择法兰的轴线,更新后小六角螺母移动如图 8-44 所示。点击接触约束按钮,选择法兰的上表面,再选择小六角螺母下表面,更新后位置如图 8-45 所示。

图 8-44 小六角螺母的相对位置　　　　图 8-45 小六角螺母的安装

8. 安装第七个零件

插入→现有零件→在文件夹中选择螺杆打开。插入后螺杆与法兰的相对位置如图 8-46 所示。

单击相合约束按钮,选择杆的轴线,再选择法兰的轴线,更新后杆移动如图 8-47 所示。点击偏移约束按钮,选择杆的上表面,再选择小六角螺母上表面,输入距离 15,更新后位置如图 8-48 所示,即完成阀体的装配。

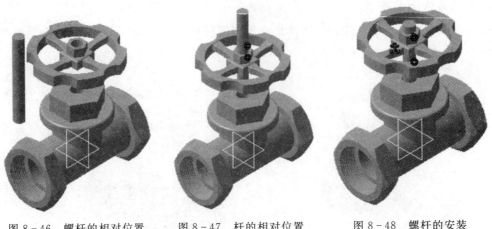

图 8-46 螺杆的相对位置   图 8-47 杆的相对位置   图 8-48 螺杆的安装

8.2.3 装配玩具枪体

将如图 8-49 所示的几个已做好的玩具枪零件装配成如图 8-50 所示的枪体。

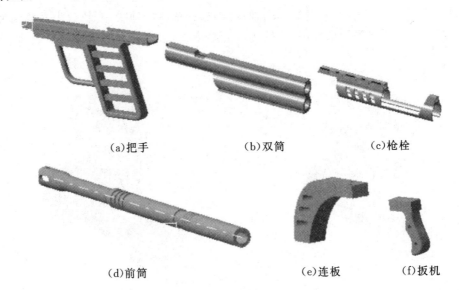

(a)把手   (b)双筒   (c)枪栓

(d)前筒   (e)连板   (f)扳机

图 8-49 玩具枪体的零件模型

1. 新建文件

文件→新建→Product→点击"确定",右击特征树的 Product1,在弹出的快捷菜单中选择【属性】命令,在属性对话框中选择【产品】选项,在【零件编号】文本框中将"Product"改为"caidanqiang"。

2. 安装第一个零件

放置要装配的第一个零件:插入→现有部件 →在文件夹中选择把手,把手放置后,单击固定约束按钮 ,对把手的位置进行固定,如图 8-51 所示。

图 8-50　完成玩具枪体的模　　　　　　　图 8-51　固定把手

3.安装第二个零件

插入→现有部件→在文件夹中选择双筒,点击打开,在工作区内显示如图 8-52 所示的模型相对位置。

图 8-52　双筒相对位置

放置第二个零件的位置:单击接触约束按钮,选择把手圆弧槽,再选择双筒的弧形卡口,更新后双筒移动如图 8-53 所示。

点击相合约束,选择双筒上后面小孔的轴线,再选择把手上对应孔的轴线对齐;

点击相合约束,选择双筒上前面小孔的轴线,再选择把手上对应孔的轴线对齐,更新后,双筒方向改变如图 8-54 所示。

图 8-53　弧面接触后相对位置　　　　图 8-54　双筒两孔对齐位置

4. 安装第三个零件

插入→现有元件→在文件夹中选择枪栓→点击打开→在工作区内显示模型,相对位置如图 8-55 所示。

放置第三个零件的位置:在放置操作板中,点击接触约束,选择枪栓的外曲面,再选择双筒的外曲面,枪栓上移重合位置如图 8-56 所示。

在移动对话框中,点击操作按钮 🔧,点击绕任意轴转动按钮 🔄,用鼠标旋转枪栓,改变方向,如图 8-57 所示。点击相合约束,选择枪栓轴线,选择双筒上圆柱轴线,点击"确定",更新后,再点击操作按钮,对枪栓进行移动,最后安装位置如图 8-58 所示。

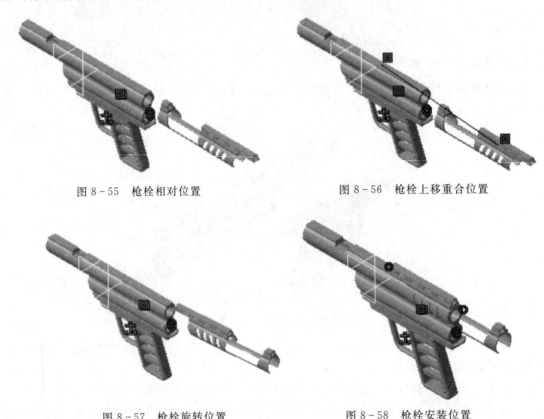

图 8-55 枪栓相对位置   图 8-56 枪栓上移重合位置

图 8-57 枪栓旋转位置   图 8-58 枪栓安装位置

5. 安装第四个零件

插入→现有元件,在文件夹中选择前筒,点击打开,在工作区内显示如图 8-59 所示的模型相对位置;

放置第四个零件的位置:点击相合约束,选择前筒的轴线,再选择双筒上孔的轴线对齐,点击"确定"更新后前筒上移位置如图 8-60 所示。

相合约束,选择前筒的欲与双筒配合端面,再选择双筒的后端面重合,安装到位如图 8-61 所示。

图 8-59 前筒相对位置

<table>
<tr><td>图 8 - 60　前筒上移重合位置</td><td>图 8 - 61　前筒重合位置</td></tr>
</table>

6.安装第五个零件

插入→现有零件→在文件夹中选连板;点击打开→在工作区内显示如图 8 - 62 所示的模型相对位置。

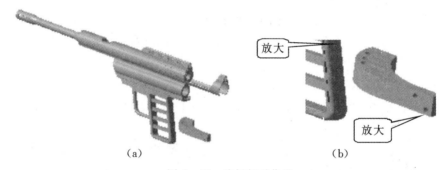

（a）　　　　　　　　　　　　　（b）

图 8 - 62　连板相对位置

放置第五个零件的位置:点击接触约束,选择连板的欲与把手配合端面,再选择把手的下面重合,连板改变方向,更新后移动位置如图 8 - 63 所示。

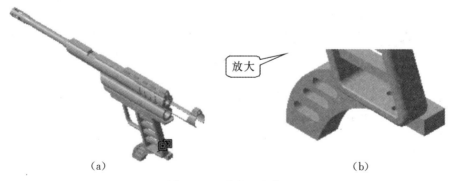

（a）　　　　　　　　　　　　　（b）

图 8 - 63　连板匹配位置

单击相合约束→选择连板前面小孔的轴线→再选择把手上对应孔的轴线对齐,连板改变方向,更新后安装到位如图 8 - 64 所示。

7.安装第六个零件

插入→现有元件,在文件夹中选择扳机,点击打开,在工作区内显示如图 8 - 65 所示的模型相对位置。

图 8-64　连板孔重合位置

图 8-65　扳机相对位置

放置第六个零件的位置：单击接触约束，选择扳机的欲与把手配合前端面，再选择把手的对应面重合。

单击接触约束，选择扳机的欲与把手配合的左端面，再选择把手的对应面重合。

再次单击接触约束，选择扳机的欲与把手配合的上端面，再选择把手的对应面重合，更新后扳机移动位置如图 8-66 所示。

8.切换爆炸状态及视图

在移动工具栏中，单击分解按钮，单击"确定"切换到爆炸状态，如图 8-67 所示。

图 8-66　扳机移动位置

图 8-67　部分枪体爆炸图

8.2.4　装配叶片夹具

叶片夹具的组成零件如图 8-68 所示，下面将对其进行装配。

1.新建文件

文件→新建→Product→单击"确定"进入装配界面。鼠标右键单击特征树的 Product1，在弹出的快捷菜单中选择依次选择【属性】→【产品】→【零件编号】，将产品名称修改为"yepianjiaju"，点击确定按钮，关闭该窗口。

2.放置第一个零件——夹具体

首先将夹具体插入装配体中，基本步骤为：插入→现有部件 ，在特征树中选择"yepi-

(a)气缸　　　　　　　(b)夹具体　　　　(c)双头反向螺杆

(d)夹紧块　　　　　　(e)夹紧块滑块　　　　(f)定位块

(g)挡块　　　　　　(h)调节旋钮　　(i)螺钉　　　(j)垫片

图 8-68　叶片夹具的零件模型

anjiaju"标签,在文件夹中选择"夹具体"文件,点击"打开"按钮,完成插入过程。然后单击固定约束按钮🔱,对底座位置进行约束,如图 8-69 所示。

3.插入"挡块"

插入→现有零件→在文件夹中选择"挡块"。相对位置如图 8-70 所示。下面需要对其进行约束,使其处于正确的位置。在此过程中,需用到【相合】约束🔗。

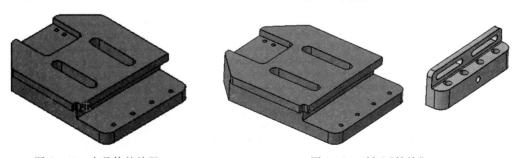

图 8-69　夹具体的放置　　　　　　　图 8-70　插入"挡块"

单击相合约束按钮,依次选择"挡块"上的一个孔轴线,选择"夹具体"相对应的孔轴线,单击"确定"。共需选择两组。操作完成后,如图 8-71 所示。

单击相合约束按钮,选择"挡块"的下表面,选择"夹具体"相对应的基础面,单击"确定"。

此时,"挡块"位置下移,如图 8-72 所示。

至此,第二个零件"挡块"装配完毕。

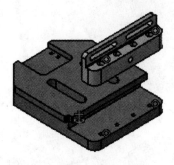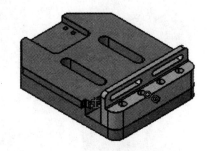

图 8-71　对其孔轴线　　　　　　图 8-72　接触面相合

4. 插入"定位块"

按照与上面相同的步骤,选择插入零件"定位块"。如图 8-73 所示。装备体中,"定位块"下表面与"夹具体"相对应的表面接触,右侧表面与"挡块"左侧表面相配合。依然利用相合约束,配合后结果如图 8-74 所示。

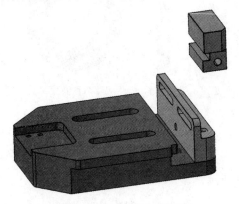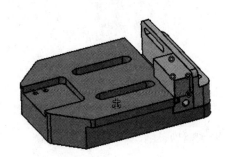

图 8-73　插入"定位块"　　　　　　图 8-74　面相合装配

关于"夹具体"对称面,共有两个相同的"定位块"。如图 8-75 所示,点击左侧特征树,使"夹具体"对称面 YZ 平面状态变为"显示"。单击→插入→对称 ,选择 YZ 平面为对称面,选择"定位块"为要变换的产品,单击完成,如图 8-76 所示。

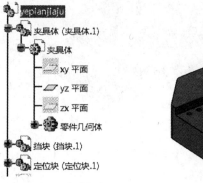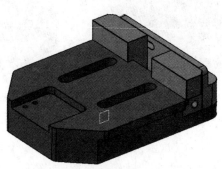

图 8-75　显示指定平面　　　　　　图 8-76　对称实体零件

5. 插入"双头反向螺杆"

在此叶片夹具中,"双头反向螺杆"与两个"定位块"上的螺纹孔相配合。通过旋转"双头反向螺杆",可实现夹具"定位块"的相对运动。其安装有两个要求:(1)螺杆中部两个柱形块关于"夹具体"对称面对称;(2)螺杆轴线与"定位块"螺纹孔轴线相重合。

选择【偏移约束】。分别选择"夹具体"YZ 平面和"双头反向螺杆"柱形块内侧的一个表面,偏移量改为 1.5mm,方向根据实际情况选择相同或者相反。此处选择相同。如图 8 - 77 所示。

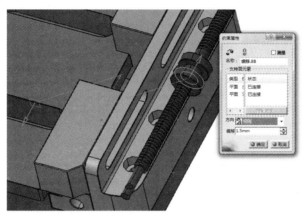

图 8 - 77 偏移约束

点击确定。选择【相合】约束,选择螺杆轴线和"定位块"孔轴线,确定。更新后如图 8 - 78 所示。

6. 插入"调节旋钮"

"调节旋钮"与螺杆轴线相合,利用【相合】命令,使二者轴线重合。同时,旋钮侧面上的柱形孔与螺杆末端圆孔轴线相合。如图 8 - 79 所示。

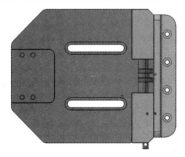

图 8 - 78 螺杆装配

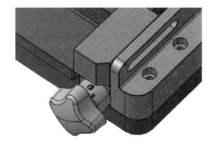

图 8 - 79 调节旋钮装配

7. 插入"气缸"

"气缸"需装配于"夹具体"左侧凹槽内。其下表面与凹槽表面重合,固定座后端表面与"夹具体"侧面重合,并且关于"夹具体"对称面对称安装。分别采用【相合】、【相合】和【偏移】命令,完成"气缸"的装配。如图 8 - 80 所示。

8. 插入"夹紧块"

插入→现有部件→选择"夹紧块"→确定,完成后如图 8 - 81 所示。

图 8-80　气缸的装配　　　　　图 8-81　插入夹紧块

点击【角度约束】按钮，选择图 8-82 所示的两个表面，将角度改为 0°，或者直接选用【平行】方式，点击确定。

然后，利用【相合】命令，使"气缸"推杆轴线与"夹紧块"中部孔轴线相合，即可完成"夹紧块"的装配。

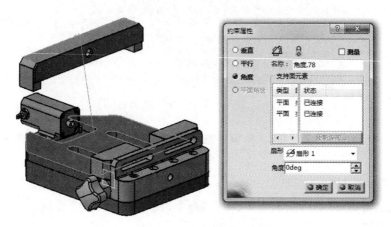

图 8-82　角度约束

9. 插入"夹紧块滑块"

如图 8-83 所示，插入部件"夹紧块滑块"。利用【相合】约束，分别"夹紧块"和"滑块"上的对应孔轴线相合，使二者接触面相合，即可完成装配。滑块共有两个，对称安装，情况相同。

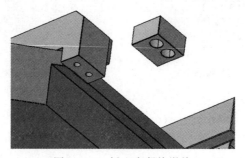

图 8-83　插入夹紧块滑块

10.插入"螺钉"等紧固件。

利用面相合和轴线相合命令,将"垫片"和"螺钉"添加到装配体中。鼠标右键单击特征树,利用"复制"和"粘贴"命令可快速实现零件体的复制添加。装配完成后如图 8 - 84 所示。

11.生成爆炸(分解)图

单击移动工具栏的【分解】按钮 ,弹出分解对话框,修改各元件所处位置,并点击【应用】按钮,最后得到的爆炸式图如图 8 - 85 所示。

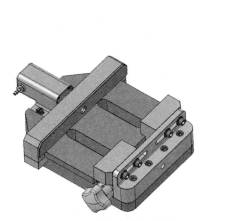

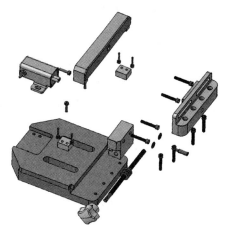

图 8 - 84　叶片夹具装配图　　　　　　图 8 - 85　夹具爆炸视图

8.2.5　钻床夹具装配

将如图 8 - 86 所示的做好的夹具零件装配成如图 8 - 87 所示的完整钻床夹具。

　（a)夹具体　　　　　　　(b)钻模板和钻套　　　　　　(c)销子

　（d)拉杆　　　　(e)压板　　　(f)螺母和螺栓　　　(g)侧面钻套

图 8 - 86　钻床夹具的零件模型

1.新建文件

文件→新建→Product→单击"确定"进入装配界面。

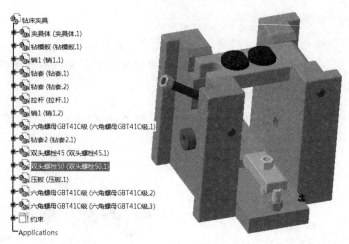

图 8-87 钻床夹具装配模型及装配树

右击特征树的 ，在弹出的快捷菜单中选择【属性】命令，在属性对话框中选择【产品】选项，在【零件编号】文本框中将"Product"改为"钻床夹具"。

2.放置第一个零件

如图 8-88 所示，放置要装配的第一个零件，插入 →现有部件 →在文件夹中选择夹具体，夹具体放置后，单击固定约束按钮，对夹具体的位置进行固定 。

3.放置第二个零组件

插入→现有零件→在文件夹中选择钻模板和钻套。初始的相对位置如图 8-89 所示。

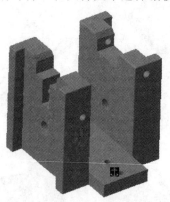

图 8-88 底座的放置位置   图 8-89 初始位置

放置第二个零组件的位置：在操作面板中单击相合约束按钮 ，选择模板的通孔中心线，再选择夹具体相应的通孔轴线即可。接下来，按图 8-90 定义钻模板侧面与夹具体侧面的偏移约束 、以及钻模板底面与夹具体凹槽的接触约束 ，最后的更新状态 后的安装效果如图 8-91 所示。

图 8-90 钻模板与夹具体轴线相合 　　　图 8-91 约束完全更新状态后的安装效果

4. 放置第三个零件

插入→现有零件→在文件夹中选择销子。

在打开文件对话框中选中显示预览,在对话框左侧就会显示如图 8-92 所示的所要插入模型。

图 8-92 预览打开销子模型

单击【打开】,在工作区内显示如图 8-93 所示的模型相对位置。

装配第三个零件的位置:单击偏移约束 ,选择销子的一个端面,选择夹具体一个端面→在偏距输入框中输入 5。可以通过箭头调整约束的方向。

相合约束,选择销子的轴线,再选择夹具体通孔的轴线对齐,更新后安装销子如图 8-94 所示。

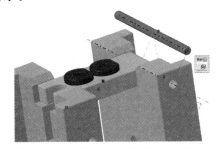

图 8-93 销子的放置位置及约束设置 　　　图 8-94 销子偏距匹配、轴对齐安装

5.放置第四个零组件

插入→现有零件→在文件夹中选择拉杆打开。

放置第四个零件的位置：单击相合约束，选择拉杆销子的轴线，再选择夹具体相应孔的轴线相合；单击偏移约束 ，选择拉杆销子的一个端面，选择夹具体一个端面，在偏距输入框中输入 5。设定的约束关系如图 8-95 所示，安装螺母更新状态后如图 8-96 所示。

图 8-95　拉杆组件的约束设置　　　　　图 8-96　拉杆组件的安装状态

6.放置第五个零组件

插入→现有零件→在文件夹中选择压板、双头螺栓和螺母，在工作区内显示出如图 8-97 所示的模型相对位置。

放置第五个零组件件的位置：首先将两只螺栓通过相合约束和偏移约束安装在夹具体的底座上，如图 8-98 所示。

点击相合约束按钮，选择压板的孔轴线，选择内侧螺栓杆顶的轴线。

单击角度约束 ⬜，选择压板顶面和夹具体内侧面，输入 0°角。

单击距离约束→选择螺栓头平面和压板顶面→输入 10，所得结果如图 8-99 所示；

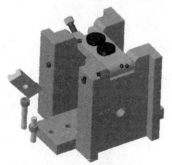

图 8-97　盖的放置位置　　　图 8-98　双头螺栓的安装　　　图 8-99　压板的约束和安装

最后，将螺母通过相合约束安装于双头螺栓上，并点击接触约束按钮，选择螺母底面，选择压板，点击"确定"更新后安装盖如图 8-100 所示。

7.放置第六个零组件：

插入→现有零件→在文件夹中选择钻套 2。

放置第五个零组件的位置：点击相合约束按钮→选择钻套中心孔轴线→选择夹具体侧面孔轴线。

单击接触约束→选择钻套台肩平面和夹具体侧面,点击"确定"更新后最终安装效果如图 8 - 101 所示。

图 8 - 100　更新状态后的安装图

图 8 - 101　侧面钻套的放置位置

8. 生成爆炸(分解)图

当创建或是打开一个完整的装配体后,单击移动工具栏的分解按钮 ,弹出如图 8 - 102 所示的分解对话框。当需要修改各个元件所处的位置时可以单击应用按钮,如图 8 - 103 所示,此时就可以拖动 3D 指南针到需要改变位置的零件上,通过移动指南针来移动零件,当移动完成后,点击"确定"后钻床夹具爆炸状态如图 8 - 104 所示。

图 8 - 102　分解对话框

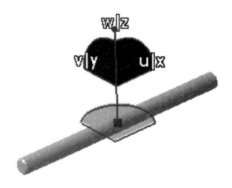
图 8 - 103　移动零件

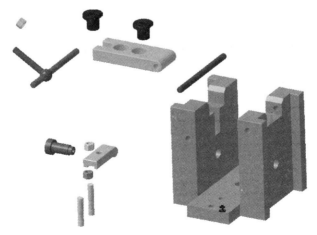
图 8 - 104　钻床夹具爆炸状态

8.3　检测装配元件之间的碰撞、间隙、干涉

　　单击"开始"→"机械设计"→再选"装配设计",进入装配模式,在主菜单点击"分析",打开如图 8-105 所示的下拉菜单,有很多分析内容。其中测量功能可以得到组件的惯量、和检测物体之间的间距;而碰撞按钮可以检测零件之间及组件中的任意两个曲面之间的是否发生碰撞、干涉等。通过这些检测可以检查装配是否达到预期的要求,或者是零件的设计是否有出入,为修改设计提供信息。本文只对很少的分校内容做简单的介绍,下面以千斤顶为例进行几个简单的分析。

图 8-105　分析下拉菜单

　　在如图 8-105"分析"下拉菜单中,点击"碰撞…",出现如图 8-106 所示的"检查碰撞"对话框。单击【类型】、【接触＋碰撞】后的箭头,展示各种碰撞类型检测内容,如图 8-107 所示;单击在【所有部件之间】后面箭头,选择各种欲检测零件位置的内容,如图 8-108 所示;单击【应用】,弹出如图 8-109 所示的预览对话框和如图 8-110 所示的检查碰撞干涉结果文本框,通过预览对话框,可以看出是哪里出现问题,通过检查碰撞文本框,可以得到碰撞的具体信息,单击"确定"碰撞干涉的值就会出现在图中,如图 8-111 所示。

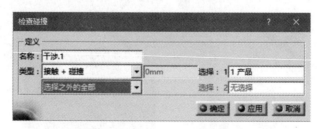

图 8-106　"检查碰撞"对话框

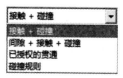
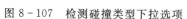

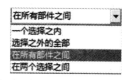

图 8-107　检测碰撞类型下拉选项　　　图 8-108　检测位置内容下拉选项

图 8-109　预览对话框

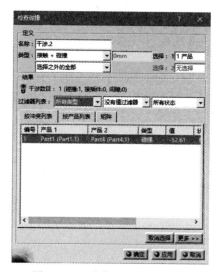

图 8-110　"检查碰撞"对话框

图 8-111　碰撞(干涉)显示

8.4　检测装配体的质量、体积和表面积

从装配体中得到装配体的各种物理属性方法:右击特征树的 ,在弹出的快捷菜单中选择【属性】命令,在属性对话框中选择【机械】选项,显示如图 8-112 所示,可以从中得到装

配体的质量、体积、表面积和惯性中心等。

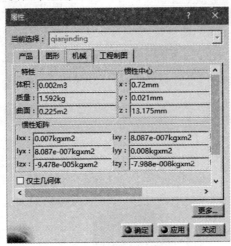

图 8-112　机械属性对话框

第 9 章　3D 打印概述

9.1　3D 打印的起源

3D 打印是一个颠覆性的创新技术,它的发展可追溯到 19 世纪,1860 年法国人 Francois 申请了多照相机实体雕塑(Photosculpture)专利。3D 打印技术的核心制造思想最早起源于美国。1892 年,Blanther 在专利中曾主张采用分层方法制造三维地形图。1904 年 Carlo Baese 发表了名为 "PHOTOGRAPHIC PROCESS FOR THE REPRODUCTION OF PLASTIC OBJECTS" 的专利,阐述了利用光敏聚合物制造塑料件的原理。美国 3M 公司的 Alan J. Hebert、日本的小玉秀男、美国 UVP 公司的 Charles 和日本的丸谷洋二分别在 1978 年、1980 年、1982 年和 1983 年各自独立提出 3D 打印的概念。1986 年 Charles 发明了光固化成型技术 (Stereo lithography apparatus,SL),并申请获得了专利,这是 3D 打印发展的一个重要里程碑。随后,许多三维打印的概念和技术,如 Deckard 发明的选区激光烧结技术(Selective laser sintering,SLS)、Crump 提出的熔融沉积制造技术(Fused deposition modeling,FDM)、Sachs 发明的立体喷墨打印技术(3 Dimensinal Printing,3DP)也相继涌现。

随着 3D 打印技术的不断创新和发展,相应的生产设备也陆续被研发出来。1986 年, Charles 作为联合创办人,成立了 3D Systems 公司,并于 1988 年推出了世界第一台商业化的 3D 打印机 SLA - 250。1992 年 DTM 公司生产出了首台选区激光烧结技术(SLS)设备。1996 年 3D Systems 公司基于喷墨打印技术制造出 Actua2100。2005 年 Zcorp 公司发布了世界第一台高精度彩色 3D 打印机 Spectrum Z510。2005 年,英国巴斯大学(University of Bath)机械工程学院高级讲师 Adrian Bowyer 在其博客上介绍了一台外观类似蜘蛛的快速复制原型机 (Replicating rapid prototyper),简称 RepRap 机。这台打印机可以轻松地打印出另一台 RepRap 机的零件,然后与电机组装起来形成新的 RepRap 机。另外 Adrian 还开发了开放源码平台,利用互联网使全球各地的人们都可快速、经济地开发出 3D 打印机,从此掀开了普及 3D 打印的浪潮。

2012 年,为了重振美国的制造业,奥巴马的顾问委员会向他提出了制造业具有竞争力的三大利器:人工智能、机器人、3D 打印(快速成型)。近年来,美国媒体开始将增材制造技术称为 3D 打印技术,这非常利于大众理解,并让 3D 打印火遍全球。增材制造(3D 打印)被美国自然科学基金会称为上世纪最重要的制造技术创新。麦卡锡报告列出了对人类生活有颠覆性影响的 12 项技术,其中 3D 打印排在第九位。根据 3D 打印领域权威年度报告 Wohler Report, 2012 年 3D 打印设备与服务的全球销售额约为 22 亿美元,并预测在 2030 年全世界将达到 1 万亿左右美元的效益,2015 年麦卡锡报告又将这一进程前移,认为增材制造 2020 年可达到 5500 亿美元的效益。

9.2　3D打印的特点与意义

从制造方式来说,3D 打印被称为增材制造,材料一点点地累加,形成所需要的形状。而传统的车、铣、刨、磨是通过切削去除材料,达到设计形状,称为减材制造。铸、锻、焊在制造过程中材料的重量基本不变,属于等材制造。此外,3D 打印也被称为快速成型(Rapid Prototyping),它集 CAD/CAM、激光技术、材料科学、计算机和数控技术为一体,被认为是近三十年来制造领域的一次重大突破,其对制造行业的影响可与五六十年代的数控技术相比。3D 打印采用的材料累加的制造概念,可以直接根据 CAD 数据,在计算机控制下,快速制造出三维实体模型,无需传统的刀具模具和夹具。其基本过程是:首先对零件的 CAD 数据进行分层处理,得到零件的二维截面数据;然后根据每一层的截面数据,以特定的方法(如固化光敏树脂或烧结金属粉末等)生成与该层截面形状一致的薄片;这一过程反复进行,逐层累加,直至"生长"出零件的实体模型。目前商业化的 3D 打印方法主要有立体光造型法(SL - Stereolithography)、叠层制造法(LOM - Laminated Object Manufacturing)、选区激光烧结技术(SLS - Selected Laser Sintering)、熔化沉积制造法(FDM - Fused Deposition Modeling)、掩模固化法(SGC - Solid Ground Curing)、三维印刷法(3DP - Three Dimensional Printing)、喷粒法(BPM - Ballistic Particle Manufacturing)等。

与传统制造技术相比,3D 打印制造有如下特点:

(1)3D 打印可以打印多种材料、任意复杂形状、任意批量的产品,适用于工业和生活领域,可以在车间、办公室以及家里实现制造。在 10 年、20 年后,3D 打印机将成为我们生活的必需品,就像我们现在的家用电脑、手机一样,越来越普及。从理论上说,3D 打印无处不在,无所不能。但许多材料的打印、工艺的成熟度、打印的成本和效率等尚不尽人意,需要多学科交叉的创新研究,使之更好、更快、更廉价。

(2)支持产品快速开发。利用 3D 打印可以制造形状复杂的零件,所想即所得。其直接由设计数据驱动,不需要传统制造必须的工装夹具、模具制造等生产准备,编程简单。在产品创新设计与设计验证中,特别方便有效。利用 3D 打印技术,很多可以使产品开发周期至少降低一半,制造费用降低 30%～70%。同时有可能使产品的机械性能大幅提高,必将成为机电产品和装备快速开发的利器。此外,利用 3D 打印技术可以将数十个、数百个甚至更多的零件组装的产品一体化一次制造出来,大大简化了制造工序,节约了制造和装配成本。如 GE 公司做的飞机发动机的喷嘴,把 20 个零件做成了一个零件,成本材料大幅度地减少,还节省燃油 15%。这是一代发动机的概念,每开发一代发动机要上亿欧元,一个喷嘴就解决了。美国 3D 打印的概念飞机,重量可以减轻 65%。

(3)节材制造。增材制造即 3D 打印仅在需要的地方堆积材料,材料利用率接近 100%。航空航天等大型复杂结构件采用传统切削加工时,往往 95%～97% 的昂贵材料被切除。而在航空航天装备研发机制造中采用增材制造将会大大节约材料和制造成本,具有极其重要的价值。

(4)个性化制造。可以快速、低成本实现单件或小批量制造,甚至使单件制造的成本接近批量制造时的单件成本。特别适合个性化医疗和高端医疗器械。如人工骨、手术模型、骨科导航模板等。

（5）再制造。3D 打印用于修复磨损零部件的再制造，如飞机发动机叶片、轧钢机轧辊等，以极少的代价，获得超值。应用在军械、远洋轮、海洋钻井平台乃至空间站的现场制造，具有特殊的优势。

（6）开拓了创新设计的新空间。利用 3D 打印可以制造传统制造技术无法实现的结构，为设计和创新提供了广阔的空间。以 3D 打印新工艺的视角对产品、装备再设计，可能是 3D 打印为制造业带来的最大效益所在。

（7）引领生产模式变革。3D 打印可能成为可穿戴电子、家居用品、文化产业、服装设计等行业的个性化定制生产模式。一些专家认为，3D 打印等数字化设计制造将引领生产从大批量制造走向个性化定制的第三次工工业革命。

此外，3D 打印已经成为创客最欢迎的工具，它可以训练培养、启发年轻人的智力。3D 打印展现了全民创新的通途，将有力促进大众创新，万众创业。GE 公司在网上发布了一条消息，挑战 3D 打印，将飞机的一个零部件让创客设计。第一名只用了原始结构的 1/6 的重量就完成了全部测试，而设计者是 19 岁的年轻人。互联网＋3D 打印的制造模式：收集大众的个性化需求，由创客完成设计，设计方案由 3D 打印件进行验证；再由虚拟制造组织生产，由物联网来配送。美国众创公司，拥有 15000 名访客和 6000 名创客。亚马逊利用网络销售 3D 打印商品，营业额已达数十亿美元，利润 30%。所以互联网＋3D 打印＝万众创新、万家创业的最佳技术途径。另外，互联网＋先进制造业＋现代服务业，可以成就制造业美好的未来，即一半以上的制造为个性化及定制，一半以上的价值由创新设计体现，一半以上的企业业务由众包完成，一半以上的创新研发为极客创客实现。

（8）创材。专家指出，增材制造的前景是"创材"，以 3D 打印设备作为材料基因组计划的研制验证平台，可按照材料基因组，研制出超高强度、超高耐温、超高韧性、超高抗蚀、超高耐磨的各种优秀新材料。例如，目前利用 3D 打印已可制造出耐温 3315℃的高温合金，该合金用于龙飞船 2 号，大幅度增强了飞船推力。

（9）创生。可应用于组织支架制造、细胞打印等技术，实现生物活性器官的制造，一定意义上的创造生命，为生命科学研究和人类健康服务。

目前，3D 打印的技术尚有待深入广泛研究发展，其应用还很有限，但其创造的价值高，利润空间大。每天都涌现出新方法、新用途，随着研发的深入、应用的推广，其创造的价值会越来越高。可以预计不久的将来，3D 打印不仅在制造概念上，减材、等材、增材三足鼎立，从创造的价值上，也必将走向三分天下。

9.3　3D 打印技术的应用

3D 打印技术的作用主要有以下几个方面。

1. 产品的设计评估与审核

在现代产品设计中，设计手段日趋先进，CAD 计算机辅助设计使得产品设计快捷、直观，但由于软件和硬件的局限，设计人员仍无法直观地评价所设计产品的效果、结构的合理性以及生产工艺的可行性。为提高设计质量，缩短生产试制周期，3D 打印系统可在几个小时或一二天内将设计人员的图纸或 CAD 模型转化成现实的模型和样件。这样就可直观地进行设计评定，迅速地取得用户对设计的反馈意见。同时也有利于产品制造者加深对产品的理解，合理地确定生产方式、工艺流程。与传统模型制造相比，3D 打印方法速度快，能够随时通过 CAD 进行修改与再验证,使设计走向尽善尽美。表 9-1 列出了传统的手工模型制作与 3D 打印制作在产品的设计与评估中各环节的差异。

表 9-1　传统的手工模型制作与 3D 打印在产品的设计与评估中的比较

	传统的手工模型制作	3D 打印
制作精度	低	高
制作时间	较长	较短
表面质量	差	高
可装配性	较差	较好
外形逼真程度	较差	较好
美观效应	较差	好
制作成本	低	高

由表 9-1 中的比较可以看出,虽然 3D 打印的成本高一些,但在新产品的快速开发方面优势明显。在企业生存与发展瓶颈的市场环境下,3D 打印已成为企业新产品开发的必要环节。

2. 产品功能试验

由 3D 打印制作的原型具有一定的强度,可用于传热、流体力学试验,也可用于产品受载应力应变的实验分析。例如,美国 GM(通用汽车公司)在为其推出的某车型开发中,直接使用 3D 打印制作的模型进行车内空调系统、冷却循环系统及冬用加热取暖系统的传热学试验,较之以往的同类试验节省花费达 40% 以上。Chrysler(克莱斯勒汽车公司)则直接利用 3D 打印制造的车体原型进行高速风洞流体动力学试验,节省成本达 70%。西安某国防厂引信叶轮的开发的传统流程为:设计—制作钢模具—尼龙 66 成型—功能实验—设计修改,开发周期为 3~5 个月,费用为 2~4 万元,后来采用 3D 打印工艺制作叶轮的树脂模型,直接用于弹道试验,引信叶轮的临界转速高达 50000r/min,制作时间为 1.5h,费用仅为 400 元,极大地加快了我国导弹引信的开发速度。

3. 与客户或订购商的交流手段

在国内外,制作 3D 打印原型成为某些制造商家争夺订单的手段。例如位于美国 Detroit 的一家仅组建两年的制造商,装备了两台不同型号的 3D 打印机并以此为基础开发了快速精铸技术,在接到 Ford(福特)公司标书后的四个工作日内,该公司便生产出了第一个功能样件,从而在众多的竞争者中夺得了为 Ford 公司生产年总产值 3000 万美元的发动机缸盖精铸件的合同。西安某公司,利用西安交通大学 LPS600 型 3D 打印机及以此为基础的快速模具制造技术,仅在接到某进口轿车公司油箱制造标书后的 6 个工作日内便设计生产出了第一个功能样件,从而在众多的竞争商中夺到年总产值达 1000 万美元的油箱件的供应合同。除此之外,客户总是更乐意对实物原型"指手划脚",提出对产品的修改意见,因此 3D 打印制作的模型成为设计制造商与客户交流沟通的基本条件。

4. 快速模具制造

以 3D 打印制作的实体模型,再结合精铸、金属喷涂、电镀及电极研磨等技术可以快速制造出企业产品所需要的功能模具或工艺装备,其制造周期一般为传统的数控切削方法的 1/5～1/10,而成本也仅为其 1/3～1/5。模具的几何复杂程度越高,其效益愈显著。据一家位于美国 Chicago 的模具供应商(仅有 20 名员工)声称,其车间在接到客户 CAD 设计文件后 1 周内可提供任意复杂的注塑模具,而实际上 80% 的模具可在 24～48 小时内完工。国内外根据模具材料、生产成本、3D 打印原型的材料、生产批量、模具的精度要求也已开发出了多种多样的工艺方法。由此说明,3D 打印技术及以其为基础的快速模具技术在企业新产品的快速开发中有着重要的作用,它可以极大地缩短新产品的开发周期,降低开发阶段的成本,避免开发风险。

目前 3D 打印技术已经广泛应用于汽车、航空航天、船舶、家电、工业设计、医疗、建筑、工艺品制作以及儿童玩具等多个领域,特别是在医疗领域中,正突显其独特的作用。例如,在个性化医疗方面,在骨替代物制造、牙科整形与修补等方面已经有应用,效果显著,并逐步替代传统的制造工艺;在汽车零配件、轻工产品、家电等产品开发中降低产品开发周期与费用一半以上;在航空航天产品研发中,可以制造与锻件性能媲美的大型构件;小型 FDM 桌面机已经应用于教学培训、创意设计等方面,形成了全球销量最大的 3D 打印设备;大型 FDM 设备在提高质量与效率的同时,已经开始成为复合材料汽车车身、无人机等大型产品的开发乃至小批量生产的工具等等,这些技术正在成为改造传统行业和创造新型企业的重要工具和方向。目前虽然 3D 打印技术已开展推广应用,但仍需大量的工程验证、一些针对性的研发与系统集成。

9.4　3D 打印的研究和发展现状

3D 打印技术的研究主要集中在技术开发和技术应用两方面。

具体如下:

- CAD 数据处理的研究;
- 3D 打印即提高快速原型的制作质量(包括原型精度、强度和制作效率等)的研究;
- 开发新的 3D 打印工艺方法;
- 3D 打印材料的研究与开发;
- 3D 打印引深应用的软件开发。

1.CAD 数据处理的研究

CAD 数据处理的研究,主要工作是 STL 数据模型的数据错误分析和修正、分层计算、辅助工具的开发和新的接口数据格式。针对表达 CAD 模型的 STL 数据格式的不足,分析 STL 数据格式经常出现的问题和错误,对出现的错误和模型的缺陷进行修补处理研究。对新的数据传输接口和从 CAD 到 3D 打印的数据传输精度等问题进行的研究。

2.3D 打印的研究

为了改善 3D 打印原形制作质量,很多学者在扫描方式以及制作参数的设定上也进行了很多探索,为了加快 3D 打印的原形的制作速度、制作效率和表面质量,提出了自适应分层处理、优化制作方向、多零件摆放优化和零件实体的偏置处理(Solid Offset)等技术措施。为了保证 3D 打印的制作质量,对 3D 打印的支撑技术也进行了研究。

3.新的成型工艺方法研究

随着 3D 打印的火热发展,其新的成型工艺方法研究也迅速发展,体现如下三个特点:①

多种材料复合成型,即无需装配一次制造多种材料、复杂形状的零件和器件。②直接金属成型,即直接用金属材料制造功能零件的成型方法。③低成本低价格的成型方法,其目的就是普及 3D 打印技术和扩大应用范围。

9.4.1　国外 3D 打印的研究和发展现状

对于 3D 打印技术的研究,国外起步较早,其中又以美国为最。1986 年美国的 Charles 发明了 3D 打印技术中具有重要里程碑意义的光固化成型技术(Stereo lithography apparatus, SL),并申请获得了专利。1988 年美国的 Deckard 发明的选区激光烧结技术(Selective laser sintering,SLS)。1989 年美国的 Crump 提出的熔融沉积制造技术(Fused deposition modeling,FDM)。美国的各研究机构和大学,如 Dayton 大学、斯坦福大学、麻省理工学院、德克萨斯大学、约翰霍普金斯大学、宾州大学、密西根大学、俄亥俄州立大学国家实验室、Sandia 国家实验室等均针对 3D 打印技术开展了深入、广泛的研究。从 1990 年开始 Dayton 大学每年召开 RP 国际会议,德克萨斯大学也举办快速成型研讨会。美国 Sandia 国家实验室利用大功率 CO_2 激光熔融沉积技术,实现了对某卫星 TC4 钛合金零件毛坯的成形。

在美国,以 3D 打印技术为基础发展起来的公司也比比皆是,其中包括 3D 行业巨头美国 3D Systems 公司和 Stratasys 公司。前者以光固化成型技术为基础,开发了一系列多型号、多尺寸的 SL 成型机;后者以 FDM 工艺及其应用为主,于 1993 年发布了第一台 FDM 成型机。除此之外,还有提供 SLS 工艺 3D 打印设备的美国 DTM 公司,提供 LOM 工艺 3D 打印设备的美国 Helisys 公司,提供 3DP 工艺 3D 打印设备的美国的 Z 公司等。美国是 3D 打印领域的领头羊,1999 年美国生产的 3D 打印成型设备站全球市场的 81.5%,2013 年占 38%,具有绝对优势。

在这一行业中,除了有提供 3D 打印系统设备的制造商外,还有提供 3D 打印服务的 SB(Server Bureau)的服务商以及为 3D 打印技术支持的零部件供应商(如软件、材料、激光器等)。提供专业 3D 打印软件系统的主要有美国 Solid Concept 公司的 Bridgeworks 软件产品和软件工程师 B. Rooney 的 Brockware 软件等。在美国,GM、Ford、Chrysler 汽车公司、波音、麦道飞机公司、IBM、APPt 公司,Mortorola、丰田、德州仪器公司等都应用了 3D 打印技术来进行验证设计、沟通总装厂与零件供应商、制造功能零件、制造模具等工作。而从事专业 3D 打印服务的 SB(Service Bureaus)全世界多达 355 家,其中 200 多家在美国,约占总数的 57%。

除此之外,美国政府对 3D 打印给予重大关注,并加大相关投入。美国前总统奥巴马在国情咨文中多次提到,美国政府要投资建造包括 3D 打印在内的多个创新研究机构,希望可以将 3D 打印作为振兴美国制造业的关键产业之一。2012 年 8 月美国在俄亥俄州投资 3000 万美元成立了国家增材制造创新研究所(National Additive Manufacturing Innovation Institute, NAMII),针对 3D 打印材料、工艺、装备与集成、质量控制等多个方面进行全面、系统和深入的研究。在 2013 年～2014 年间,该研究共对成员申请的 22 项研究项目进行资助,总金额超过 2800 万美金。

日本是仅次于美国 3D 打印技术研究大国,1980 年日本的小玉秀男提出了光造型法的 3D 打印概念。在日本国内,3D 打印的主要研究单位有:东京大学,其主要针对 SL 和 LOM 技术进行相关研究;SONY 公司属下的 D-MEC、Mitsubishi 公司属下的 CMET 和 Mitsui 公司属下的 MES,基于 SL 成型原理,分别推出了 SCS 型、SOUP 型和 COLAMM 型成形机。在亚洲,日本 3D 打印的市场份额超过了中国,约为 38.7%。日本政府为增强本国在 3D 打印领域的全球竞争力,2014 年新增 45 亿日元的财政预算,针对 3D 打印设备的研制、精密 3D 打印系统技术的开发、3D 打印零件的评价多个方面进行大力投入。另外,日本近畿地区与福井县的 30 多个商工会议所成立了探讨运用"3D 打印机"的研究会。

在欧洲,众多的研究机构和生产厂商也将目光瞄准 3D 打印这一领域。德国弗朗霍夫研究所在 20 世纪 90 年代,提出了选区激光熔化(SLM)技术,并在 2002 年成功应用于金属材料的打印。德国亚琛工业大学以 SLM 技术为研究方向,获得了德国研究基金等机构的资助。另外,德国 Electro-Optical System GmbH 即 EOS 公司推出了 EOSINT M 系列的 SLM 成型设备,RENISHAW 公司和 MCP 公司成功开发了 AM250 和 MCPRealizer 系统。瑞典的 Chalmers 工业大学与 Arcam 公司共同研发,提出了一种叫电子束选区熔化成形(EBM)的金属材料 3D 打印技术,并在 2003 年由 Aream 公司发布首台商用 EBM 成型机。近年来,EBM 工艺被广泛应用于航空航天及生物医疗方面。例如通过 EBM 技术可以打印颅骨、股骨柄、髋臼杯等骨科植入物,而且在临床上得以应用。意大利 AVIO 公司利用 EBM 技术成功的打印出了 TiAl 基合金发动机叶片。瑞典 Sparx AB (Larson Brothers CO. AB) 推出了 Hot Plot Rapid Prototyping 系统,该系统与 Helisys 的 LOM 类似。在英国,诸如利物浦大学、利兹大学、英国焊接研究所等多家高校和机构针对 3D 打印材料特性、精度和应力控制等基础问题开展广泛的研究。2013 年 6 月,英国政府宣布对 18 个创新性 3D 打印项目进行了 1~3 年不等时长的资助,资助金额超过 1450 万英镑。总之,3D 打印技术在日新月异地飞速发展。

9.4.2　国内 3D 打印的研究和发展现状

在我国,3D 打印技术研究起步于 20 世纪 90 年代初。"九五"期间,已经基本掌握了当时的几种主流技术,如 SLA、SLS、LOM、FDM 技术等,并掌握了其制造工艺和软硬件控制技术,开发了多种技术装备,并开展了推广应用。

目前,中国在 3D 打印方面的研究方面处于国际前列,国内有大量的高校和科研机构针对 3D 打印工艺、设备和应用进行研究,发表论文和申请专利的数量处于世界第二。

西安交通大学卢秉恒院士团队是国内最早在 3D 打印领域开展研究的高校团队,在国家"九五"重点攻关项目的资助下,西安交通大学于 2001 年 1 月成立了快速成型制造技术教育部工程中心,2005 年 11 月成立了快速制造国家工程研究中心,对 SL 设备和材料进行了深入研究,成功将 SL 激光成型技术与开发的数字化建模、软模具及快速模具等技术集成,开发了多种高性价比的成型机,SPS600、SPS450、SPS350、SPS250 和 CPS250 成型机等。10 多年来,在全国各地帮助下建设了 50 多个 3D 打印示范中心,将 3D 打印技术和产品推广到珠三角、长三角甚至全国各地,使机电、汽车零部件、轻工等产品的开发周期与费用降为传统技术的 1/3 ~1/5。西安交通大学开发的新型光敏树脂成本低(150~200 人民币/kg,相当于国外同类树脂价格的 1/10)、性能好,已取得广泛应用。在生物医学方面,西安交通大学在 2000 年完成了首例骨科 3D 打印个性化修复的临床案例。除此之外,西安交通大学在金属材料的激光熔融沉积成形方面进行了大量研究,利用 3D 打印技术制备了发动机叶片原型,该原型具有定向晶组织结构,其最薄处仅为 0.8mm。

上世纪 90 年代末,北京航空航天大学、西北工业大学等单位开始了金属材料增材制造研究,可以制造与锻件性能媲美的大型构件。华中科技大学针对金属材料及高分子材料,主要开展了选区激光熔化技术、选区激光烧结技术方面的研究工作,并自主开发了 HRPM 系列粉末熔化 SLM 成型机。清华大学开发出了类似于美国 LOM(Laminated Object Manufacturing,叠层制造法)的分层实体制造工艺(Slicing Solid Manufacturing,SSM),并对电子束选区熔化(EBM)技术进行了大量研究。在"十一五"期间,北京航空航天大学采用激光熔融沉积方法成功地打印出了钛合金主承力结构件。近年来,西北工业大学针对多种金属材料开展了激光快速成形的研究,其 3D 打印的飞机钛合金左上缘条最大尺寸为 3m、重量高达 196kg。

除上述高校外,华中理工大学、南京理工大学、南京航空航天大学、上海交通大学、重庆工业大学、天津大学、香港大学、香港理工学院、香港城市理工学院等院校也在 3D 打印成型工艺、成型设备、成型材料等多领域开展了大量的相关研究工作。

为推动我国 3D 打印技术的研究,前后在清华大学、西安交通大学、南京航空航天大学召开了四届全国 3D 打印技术应用学术会议。1998 年在北京召开了 3D 打印技术的国际学术会议。

在应用和设备方面,目前我国依靠自己开发的大型金属 3D 打印设备,在飞机大型承力件应用方面目前处于国际领先。在军机、大飞机研发中,充当了急救队的作用,3D 打印钛合金大型结构件已经率先应用于飞机起落架及 C919 的研发中。我国工业级设备装机量据全世界第四,但金属打印的商业化设备还主要依靠进口。非金属工业型打印机,我国 60% 以上立足国内。小型 FDM 打印机已批量出口,销量跻身世界前列。但国产工业级装备的关键器件,如激光器、光学振镜、动态聚焦镜等主要依靠进口。工业级 3D 打印材料的研究刚刚起步,除了个别研发能力强的公司研发了少量材料外,3D 打印的材料基本依靠进口。一些公司刚开始研发。

从产业的发展来看,我们发展的太慢。美国有两家最大的 3D 打印公司,今年达到近 10 亿美元的规模。而我国 3D 打印企业基本是校办企业起家,最多 1 个多亿人民币产值。现在进口设备大举进攻中国市场,尤其是金属打印装备,国外实行材料、软件、设备、工艺一体化捆绑销售。因此,我们必须研发核心技术与原创技术,打造自己的创新链与产业链。现在国内已经有若干 3D 打印公司上市,科技开始与资金结合,这是一个良好的开端。

由于 3D 打印技术设备成本较高、人员技术水平要求高,一般的中小企业很难自己投资建立本企业的快速开发系统,国家科技部资助建立的五家快速成形(3D 打印)生产力促进中心,为这些企业的新产品快速开发提供了场地与技术资源。企业与中心的地域差别,也就决定了国内企业大部分的新产品快速开发是通过异地完成的,传统的异地开发模式(人员流动、图纸流动、产品流动)会使新产品快速开发技术不具有快速、低成本的优点,而网络技术的发展,使 3D 打印异地分散网络化制造成为可能,将传统的异地开发模式转变为异地协同开发制造模式(信息流动),使各个生产力促进中心能快速为全国范围内的企业全方位服务成为可能。

依托于中国 3D 打印信息服务网站,西安交通大学最先主持开发的 3D 打印异地网络化制造示范系统,同陕西生产力促进中心、西安生产力促进中心进行了网上合作,建立了包含西北快速成形生产力促进中心、重庆快速成形生产力促进中心、广西生产力促进中心、上海快速成形打印中心、西安工业技术交流站、深圳快速成形生产力促进中心的专业中心联盟,实现了协作网站-虚拟中心-专业中心联盟-INTERNET-用户的快速成形分散网络化制造模式,为全国范围内推行异地分散网络化开发制造提供了必要的技术资源。据不完全统计,国内专业从事 3D 打印的中心在为企业进行新产品快速开发订单的 60% 来自异地,直接或间接地是通过网络化制造方式完成的。可见 3D 打印技术已成为企业经济效益的发动机和放大器,网络支持的 3D 打印远程服务更使这一技术如虎添翼,3D 打印网络化制造技术的应用将极大加快我国企业的新产品快速开发速度,为企业带来巨大的经济效益。

另外,应该抓紧标准的研究和制定,3D 打印的数据标准可能影响到装备和应用两个方面。特别在航空件和高端医疗器械领域,要积极研究和制定面对 3D 打印个性化制造产品准入的标准,以有利于新技术的应用和规范。

3D 打印将从质和量两方面对我国的国家战略地位和今后的科技发展产生重大影响。目前,3D 打印技术正处于一个技术的井喷期,产业的起步期,企业的跑马圈地期。因此需要加强基础研究,发展原创技术,加快 3D 打印新材料研发,努力在提升打印件的质量和打印效率等方面取得创新性成果;要建立创新体系,为企业提供核心技术和共性技术;要攻克关键核心器件,打造产业链;要引导金融资本,助推 3D 打印企业做大做强,形成若干个具备国际竞争规模的企业。

2016 年 2 月,落实国务院关于发展战略性新兴产业的决策部署,抢抓新一轮科技革命和产业变革的重大机遇,加快推进我国增材制造(3D 打印)产业健康有序发展,工业和信息化部、发展改革委、财政部研究制定了《国家增材制造产业发展推进计划(2015—2016 年)》。国家对 3D 打印的发展目标主要有:到 2017 年初步建立增材制造技术创新体系,培育 5 至 10 家年产值超过 5 亿元、具有较强研发和应用能力的增材制造企业;并在全国形成一批研发及产业化示范基地等。在政策措施上,国家将加强组织领导,加强财政支持力度,并支持 3D 打印企业境内外上市、发行非金融企业债等融资工具。其重点发展方向主要有:金属材料增材制造,非金属材料增材制造,医用材料增材制造,设计及工艺软件,增材制造装备关键零部件。

目前,我国 3D 打印技术与国际先进水平的竞争,更主要的还是如何以应用为导向的技术开发和成果转化,特别是在工业领域,即如何充分发挥 3D 打印的优势,制造出高性能、高附加值的高端装备。新材料和制造业密切结合,是装备制造业的基础,其对未来的影响会越来越大。高性能金属构件的增材制造,例如国家大飞机科技重大专项的实施,也为增材制造技术在航空工业的应用提供了发展机会。3D 打印技术的高性能金属材料制造飞机钛合金构件,其核心就在于控制增材制造过程获得高性能高品质材料的构件。增材制造的目标是获得高性能构件,其制造过程必须是快速的,性能是优良的,成本是低的。将为我国航空航天装备制造业带来比较大的价值。我们把增材制造的方向定位于高性能材料,其领域要比钛合金大得多。在这方面我国既有优势又有潜力,我国高度重视发展 3D 打印技术;其次是我国拥有广阔的市场;第三是我国拥有一支庞大的高水平 3D 打印研发队伍。

3D 打印技术不但在工业制造方面前景无限,在生物医学领域,3D 打印也不是一个陌生的词了,在骨科、口腔科等临床科室,3D 打印技术已经得到了广泛的应用。为促进 3D 打印在生物医学领域的推广,国家卫生和计划生育委员会医管中心处长赵靖主持成立了"3D 打印医学应用专家委员会",委员会将成为 3D 打印医疗应用领域的技术指导和咨询机构,其所涵盖的 3D 打印精英团队,将成为这项事业的技术核心和智库,为 3D 打印医疗应用作出重大贡献。2016 年 5 月 22 日,"布局 2025·第二届 3D 打印医疗应用高峰论坛"在长沙召开,湖南省副省长在会上表示:"湖南要以应用为导向,借助机制创新与市场培育两种手段,加快 3D 打印和生物医疗等领域的应用推进工作,打造世界级 3D 打印生物医学产业基地。"个性化精准医疗技术的临床应用方面取得突破和诸多亮点。不久的未来,以活性细胞为原料,通过 3D 打印技术,可以制造可替代的人工器官,创造不可思议的奇迹。

9.4.3　中国制造 2025 与 3D 打印

2015 年 5 月 8 日,国务院正式印发了《中国制造 2025》,它是我国实施制造强国、实现中华民族伟大复兴中国梦的重要行动纲领。中国制造 2025 的主攻方向和带动性技术是发展智能制造。智能制造主要是工业互联网和底层智能化两部分。

1.工业互联网

要形成一个万众创客网、CAD/CAE/CAM 数字化制造服务网、3D 打印、性能测试服务网,由众包完成产品的开发和数字化制造。用工业互联网构成一个高技术的服务业,构建新机制的创新体系,驱动知识信息的流动。企业的资源是有限的,用互联网把全国的、全社会的,乃至全球的人才、资源都集中到一块,达到社会资源的优化组合,这就是智能制造的精华。走出工厂的围墙。让知识流动起来,补足中国制造业开发能力弱的短板。这就是互联网带动制造业发展的真谛和最大的效益所在。

2.底层智能化。

主要包括:主要包括机器人、智能制造装备和 3D 打印。

机器人:机器人是提高生产柔性、提高效率、降低成本的工具。

智能机床:相比数控机床,智能机床是聪明的工具。智能机床的关键就是信息获取、工艺优化软件加上过程的质量控制。智能机床能够监控加工的状态并对被加工件所达到的精度做出判断和控制,能成倍地提高加工质量和加工效率。

数字化设计和 3D 打印:设计是形成产品创新价值的关键。高端服务业提供设计工具、设计师和产品结构的 CAE 分析,而 3D 打印是验证设计的快速手段。3D 打印可以大大降低产品的开发周期与费用,并且支持定制化生产模式。尤其重要的是,3D 打印使设计师摆脱了许多可制造性的约束,极大地释放了设计创新空间,如果说机器人是今天的技术,那么 3D 打印是更加深刻影响今天和明天、乃至后天的技术。

第 10 章　3D 打印技术

10.1　3D 打印的基本原理

基于材料累加原理的 3D 打印的成型过程其实是一层一层地离散制造零件。为了形象化这种操作,可以想象:长城是由一层砖一层砖,层层累积而成的,而每一层面,又可以看成是一块块砖(点)构成的。即三维立体是由二维平面叠加构成的,二维平面可以看成是一维直线构成的,一维直线又可以是无数的点构成的。所以 3D 打印就是由一个个点成型构成线,再由一条条线成型构成面,一个个分层的平面叠加,再构成立体模型零件,如图 10-1 所示。

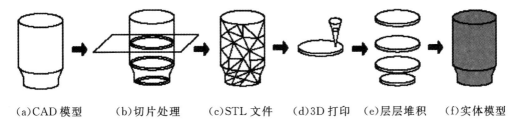

| (a)CAD 模型 | (b)切片处理 | (c)STL 文件 | (d)3D 打印 | (e)层层堆积 | (f)实体模型 |

图 10-1　3D 打印工件成型过程

3D 打印有很多种工艺方法,但所有的 3D 打印工艺方法都是一层一层地制造零件,区别是制造每一层的方法和材料不同而已。3D 打印的一般工艺过程如图 10-2 所示。

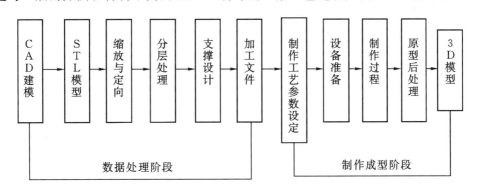

图 10-2　3D 打印技术工艺流程

1.三维模型的构造

在三维 CAD 设计软件中建模,现在已经有很多成熟的软件,如 CATIA、Pro/E、UG、SolidWorks、CAXA、AutoCAD 等等,均可获得零件的三维模型文件,所以本书首先让读者学习一个三维制作软件 CATIA。在制作好模型以后,不需要专业技术,即可容易使用 3D 打印机打印模型。由于 3D 打印的火热,目前又有很多专门为 3D 打印专门编制的简单建模软件,如 Autodesk 公司收购的 Netfabb,据说不但能编辑 STL 文件,而且能通过在线的云服务对其进行分析、检查和纠错;Autodesk 公司还专门为 3D 打印开发了简单方便的 Autodesk-123D 建模软件。另外国内也有一些简捷、容易上手的专用软件,如清华自行开发的 Neobox Design Center、上海的遨为数字技术有限公司专门为中小学生开发的 IME3D 等,都非常容易构造简单的 3D 模型。如图 10-3 所示的构建的膝关节的关节面三维模型。

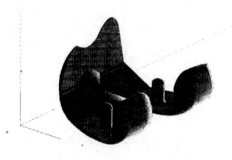

图 10-3　零件的三维模型

2.三维模型的面型化(Tessallation)处理

目前一般 3D 打印支持的文件输入格式为 STL 模型,即通过专用的分层程序将三维实体模型分层,也就是对实体进行分层处理,即所谓面型化处理,是用平面近似构成模型,如图 10-4 所示。分层切片是在选定了制作(堆积)方向后,对 CAD 所建模型进行一维离散,获取每一薄层的截面轮廓信息。这样处理的优点是大大地简化了 CAD 模型的数据信息,更便于后续的分层制作。由于它在数据处理上比较简单,而且与 CAD 系统

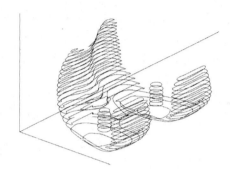

图 10-4　零件被分层离散

无关,所以 STL 数据模型已经发展为 3D 打印制造领域中 CAD 系统与 3D 打印机之间数据交换的准标准格式。

面型化处理,是通过一簇平行平面,沿制作方向将 CAD 模型相截,所得到的截面交线就是薄层的轮廓信息,而填充信息是通过一些判别准则来获取的。平行平面之间的距离就是分层的厚度,也就是打印时堆积的单层厚度。切片分层的厚度直接影响零件的表面粗糙度和整个零件的型面精度,分层后所得到的模型轮廓线已经是近似的,而层层之间的轮廓信息已经丢失,层厚越大,丢失的信息多,导致在打印成型过程中产生的型面误差越大。综上所述,为提高零件精度,应该考虑更小的切片层厚度。

【例 1】以 CATIA 为例,在制作完成如图 10-5 所示的模型以后,在文件下拉菜单中,选取"另存为:"显示如图 10-6 所示的另存为对话框,在保存类型后面选择 STL 格式保存,即完成了 CAD 模型向 STL 格式的转换。其他 CAD 软件转换方法同样,非常简单。

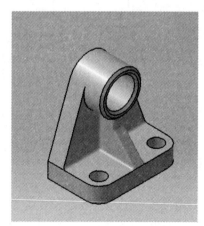

图 10-5　CATIA 建造模型

3.层截面的制造与累加

根据切片处理的截面轮廓,单独分析处理每一层的轮廓信息,面是由一条条线构成的。编

图 10 - 6　保存 STL 类型对话框

译一系列后续数控指令,扫描线成面。如图 10 - 7 所示,显示了在熔积打印成型中一个截面喷头的工作路径(可以任意方向)。在计算机控制下,3D 打印系统中的打印头(激光扫描头、喷头等)在 XY 平面内自动按截面轮廓进行层制造(如激光固化树脂、烧结粉末材料、喷射粘接剂、切割纸材等),得到一层层截面。每层截面打印成型后,下一层材料被送至已打印成型的层面上,进行后一层的打印成型,并与前一层相粘接,从而一层层的截面累加叠合在一起,形成三维零件。打印成型后的零件原型一般要经过打磨、涂挂或高温烧结处理(不同的工艺方法处理工艺也不同),进一步提高其强度和表面粗糙度。

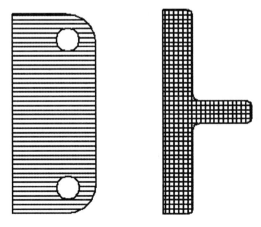

图 10 - 7　截面加工的路径

10.2 3D 打印工艺方法

目前 3D 打印主要工艺方法及其分类见图 10-8 所示。3D 打印技术从产生以来，出现了十几种不同的方法，随着新的机器和材料的创新，打印的方法将会越来越多。此处仅介绍目前工业领域较为常用的典型工艺方法。目前占主导地位的 3D 打印技术共有以下几种，因为目前没有国家统一标准，所以还有一些细分的种类和名称不一致。

- 光固化成形法（SL—Stereolithography Apparatus）
- 选区激光烧结法（SLS—Selective Laser Sintering ）
- 熔化沉积制造法（FDM—Fused Deposition Modeling）
- 掩模固化法（SGC—Solid Ground Curing）
- 薄材叠层法（LOM—Laminated Object Manufacturing）
- 三维印刷法（3DP—Three Dimensional Printing）
- 喷粒法或称粒子制造（BPM—Ballistic Particle Manufacturing）

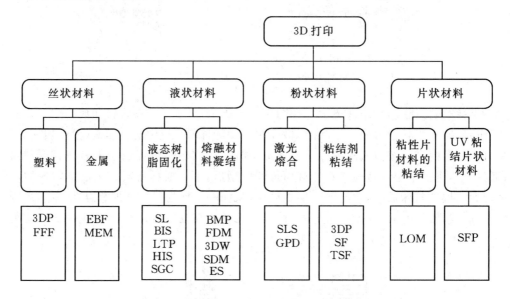

图 10-8 快速成形主要工艺方法及其分类

本书主要介绍 3D 打印的四种主流成型工艺。

（1）SL（光固化成形技术）利用激光扫描，使液态光敏树脂固化。

（2）FDM 技术（熔化沉积制造法）将热塑性丝状材料加热从小孔挤出，将丝材熔化堆积成型。特别是低价的塑料材料。

（3）SLS（选择性激光烧结）是一种将非金属（或普通金属）粉末分层铺设，激光在程序控制下，选择区域扫描烧结成三维物体的工艺。SLM 是在送料中，实现激光融化和烧结。

（4）DLP（数字化面曝光技术）利用 DLP 投影仪直接整面曝光光敏树脂。

10.3　光固化成形法(SL)

光固化成形(Stereo Lithography ,简写 SL)是目前应用最为广泛的一种快速原型制造工艺,其成型的模型如图 10-9 所示。光固化采用的是将液态光敏树脂固化到特定形状的原理。以光敏树脂为原料,在计算机控制下的激光或紫外光束按预定零件各分层截面的轮廓为轨迹,对液态树脂逐点扫描,使被扫描区的树脂薄层产生光聚合反应,从而形成零件的一个薄层截面。

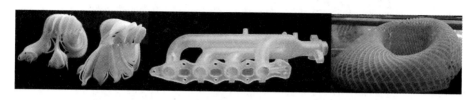

图 10-9　光固化成形法模型样件

光固化法成型机构原理如图 10-10 所示,打印成型开始时工作台在它的最高位置液体表面下一个层厚,激光发生器产生的激光在计算机控制下聚焦到液面并按零件第一层的截面轮廓进行快速扫描,使扫描区域的液态光敏树脂固化,形成零件第一个截面的固化层。然后工作台下降一个层厚,在固化好的树脂表面再敷上一层新的液态树脂然后重复扫描固化,与此同时新固化的一层树脂牢固地粘接在前一层树脂上,该过程一直重复操作到完成零件制作,产生了一个有固定壁厚的实体模型。注意在制作 B 高度部分后,零件上大下小时,光固化打印成型需要一个微弱的支撑材料,在光固化打印成型法中,这种支撑采用的是网状结构,如图 10-11 所示。一般此前在制作 B 部分时,应同时添加支撑,才能后续打印宽大的 C 部分。零件就这样由下及上一层层产生。打印时周围的液态树脂仍然是可流动的,而没有光照的部分液态树脂可以在制造中被再次利用,达到无废料加工。零件制造结束后从工作台上取下(支撑与实体面接触是点接触),很容易去掉支撑结构,即可获得三维零件模型。

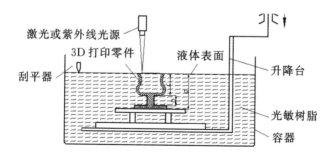

图 10-10　SL 打印成形法原理图

光固化打印成型所能达到的最小公差取决于激光的聚焦程度,通常是 0.125mm。倾斜的表面也可以有很好的表面质量。光固化法是第一个投入商业应用的 RP 技术。目前全球销售的 SL 设备约占 3D 打印设备总数的 70% 左右。SLA 工艺优点是精度较高,一般尺寸精度控制在 ±0.1mm,表面质量好,原材料的利用率接近 100%,能制造形状特别复杂、精细的模型。

相对而言,激光固化机器和材料成本较高,所以主要应用在工业机。

图 10-11 光敏树脂产品及支撑

LPS-600A 为例说明激光 3D 打印设备的设计。

打印机设计要求有以下三个主要方面:

(1)硬件部分包括激光束精确光斑的获得、激光束光点扫描精度及定位精度的获得与控制;高可靠性、高效率的树脂再涂层系统;树脂液面位置的精确控制。

(2)材料的各种性能的研究,如聚合反应及固化的速度、聚合反应过程中的收缩、固化后零件的机械性能等;粘度也是一项重要的性能指标,因为它是影响涂层精度的关键因素;除此之外,还需考虑特殊用途的需求,如用于溶模铸造的树脂,要求发气量及残渣小;还有易储藏,无毒无味等要求。

(3)软件主要是指数据的预处理、整个成型过程的控制以及面向用户的易操作性。达到人们期望的这种技术发展到只要简单地一按"按钮",就能将 CAD 电子模型转变为三维实体模型。

1.系统总体结构设计

激光 3D 打印设备虽然机械运动相对比较简单,但是却涉及机械运动设计、光学设计、液体循环以及恒温控制等多方面技术。整体结构及功能要求高度集成化、自动化以及智能化,以期形成一个高柔性的独立制造岛,面向用户的易操作性及维护性,同时作为工业化的设备,要求保证高质量、高可靠性、低成本的前提下,外形要求美观漂亮。激光 3D 打印设备机构示意图如图 10-12 所示。

在系统的总体设计中,针对成型系统的组成特点,采用模块化的设计方法,便于优化各子系统的设计,将每一功能子系统设计为结构上相对独立的模块,对每一子系统分别制订加工、装配工艺、精度和性能检测要求与方法。总体装配精度采用以调整法保证为主,因此,调整方法的确定及调整结构的设计是保证最终装配精度的关键。

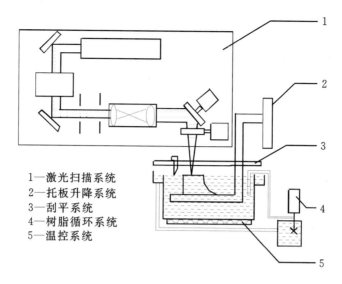

1—激光扫描系统
2—托板升降系统
3—刮平系统
4—树脂循环系统
5—温控系统

图 10 - 12　激光打印机结构示意图

3D 打印系统的结构设计不同于一般的数控加工设备的设计,集成化的结构特点要求整体结构紧凑,而功能又要齐全。具体表现在:

(1)各部分功能相对比较独立,但安装又要求有较高的位置精度,如振镜偏转轴线到液面的距离;

(2)托板升降系统运动的直线度、与水平面的垂直度;刮平运动与水平面的平行度等。

(3)激光扫描系统的元件属精密器件,激光器尺寸较大,要求防尘、防震,并且各元件安装精度要求高,同时要考虑光路的调整、维护方便。

(4)液态的树脂要求保证在恒温状态成型,不能受到含紫外成分光源的照射,如太阳光、日光灯的灯光等;并且不能与普通钢、铸铁等材料直接接触,因为这些材料具有缓慢致凝作用。

(5)树脂是一种粘性液体,循环流量小且要求恒定,使用特殊的液压元器件。

2.激光扫描系统设计

激光扫描系统是成型设备中的关键子系统之一,光学系统要完成光束的静态聚焦、静态调整满足光斑质量要求、平场二维精确扫描以及焦程误差的动态补偿,其设计与制造的质量直接影响到激光扫描的精度以及光路调整维护的方便性,经验表明,如果光路系统设计的不合理,光路的调整是一件非常费时的工作。

激光扫描系统设计包括:振镜距液面位置设计、扫描振镜的布置形式、焦程设计、已知动态聚焦镜及物镜的焦距后,根据扫描范围,确定动态聚焦镜及物镜相对振镜的安装位置。聚焦镜相对物镜的安装位置具有可调整的装置,以便根据扫描平面的位置来调整光斑的大小。声光调制器安装位置的确定、光轴同心度的保证与调整,从而可改变光学杠杆的臂长,获得满足要求的光程和光斑直径。

3.托板升降系统设计

托板升降系统的功用是支撑固化零件、带动已固化部分完成每一层厚的步进、快速升降,用以加热搅拌和零件成型后的快速提升。托板升降系统的运动是实现零件堆积的主要过程,因此其运动精度必须保证。步进的定位精度直接影响堆积的每一层厚度,不仅影响 Z 向的尺寸精度,更严重的是影响相邻层之间的粘接性能;运动的直线度,影响零件逐层堆积时侧表面的形状及位置精度;运动方向与水平面的垂直度,影响零件侧表面与堆积方向的位置精度。

采用步进电机驱动,精密滚珠丝杠传动及精密导轨导向,驱动电机采用混合式步进电机,具有体积小、力矩大、低频特性好、运行噪音小以及失电自锁等优点,配合细分驱动电路,与滚珠丝杠直接联接实现高分辨率的驱动,省去了中间齿轮传动,既减小了结构尺寸,又减小了传动误差。

滚动导轨本身是弹性杆件,在全程范围内只能保证高度的变动量,因此运动的直线度只能依靠导轨安装基面的加工精度、导轨的装配精度来保证。合理设计导轨安装基础的结构,既要保证足够的刚性,又要减轻重量。加工时采取合理的加工工艺以及热处理工艺,用以保证导轨装配基面的加工精度。

托板运动与水平面的垂直度是通过将导轨作为整个机架的调整基准来保证的,调整过程为:

(1)部件装配时保证导轨本身在两个方向的直线度。

(2)总装时以导轨为基准,调整机架的支脚,保证导轨在两个方向与水平面的垂直度。

同时注意:支撑已固化零件的托板由于总是浸在树脂中,经常作下降、提升运动,为了减少工作状态时对液面的搅动,并且便于成型后的零件从托板上取下,需加工成筛网状。网孔大小及孔距设计要合理,能使零件的基础与其能牢固粘结,因为实验中发现由于收缩应力作用使零件基础与托板脱离的现象,网孔的设计是为了使托板升降运动时,最小限度地阻碍液体流动。托板本身要达到一定的平面度要求,且具有一定的强度和刚性。

4.刮平系统设计

刮平系统主要完成对树脂液面的刮平作用,由于树脂的粘性及已固化树脂表面张力的作用,如果完全依赖于树脂的自然流动达到液面的平整,需要较长的时间。特别是已固化层面积较大时,借助刮板沿液面的刮平运动,辅助液面尽快流平,可提高涂层效率。

5.树脂循环系统设计

在成型过程中,为了保证液面激光束光斑大小不变,必须保证液面处于恒定的位置,一般是处于焦点平面,因为这样获得的光强最集中。但是,在成型过程中,一方面由于树脂固化过程中的体积收缩(一般为 6%~8%左右),另一方面支撑托板的吊架不断浸入树脂槽中,所以液面是不断变化的,为此必须对其进行控制。在 LPS-600A 系统中液位稳定性的控制方法采用的是"溢流法",要求连续不断地向树脂槽中补充微量的树脂。这种方法简单可靠,不需对流量进行定量控制,但需要保证恒定且流量不宜太大。

液态树脂的循环不同于一般的液体循环,主要表现在:树脂粘度大,并且粘度对温度很敏感,必须保证温度恒定;普通钢、铸铁对树脂具有致凝作用,加之树脂的粘性作用,选用常规的液压元件常常导致失灵;流量很小,理论上只要维持恒定的线流态即可,因此常规的工业液压泵,难以适用,需要专门定制。

6.温控系统设计

由于树脂的粘度、体积受温度影响较大,所以为了维持液面位置的稳定,改善树脂的流动性，选用合适的加热元件的设计，保证树脂需要维持在恒温状态下固化与传输。

7.系统的总装与调试

如图 10-13 所示是西安交通大学快速制造国家工程研究中心生产的激光 3D 打印成型机。在完成了各子系统的优化设计、加工，装配后，进行精度及性能测试，都达到要求后，进行最后的总装与调试，其主要内容及步骤概述如下：

（1）托板升降系统的安装、整机调整、运动精度检验。

（2）光路系统的安装与粗调，包括光路基准板的安装与水平调整、光轴同心度的粗略调整。

（3）树脂槽的安装，树脂循环系统、温控系统的安装与参数设定。

（4）光路系统的细调，焦点平面位置的侧定，激光扫描系统的标定。

（5）刮平系统的安装与调整。

（6）试制作，光斑调整与测定。

（7）其他零部件装配。

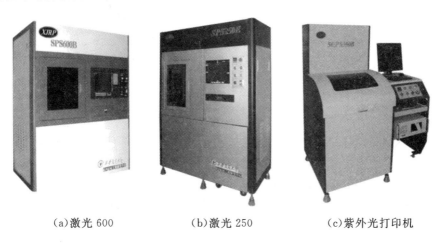

(a)激光 600　　　　　(b)激光 250　　　　　(c)紫外光打印机

图 10-13　激光 3D 打印成型机

8.LPS-600A 系统软件组成

LPS-600A 系统的软件可分为两大功能模块，数据准备模块和成型过程控制模块。数据的准备模块完成从 CAD 模型的 STL 文件到成型过程数控指令的生成。而成型过程控制模块完成成型机所有运动的集成控制、加工参数的设定、加工状况的检测与监测（树脂温度、激光功率、液面位置）以及各部分的安全互锁等功能。LPS-600A 系统具有无人看守自动运行的功能。（软件部分本书不介绍）

10.4　熔化沉积制造法（FDM）

熔化沉积制造法的过程如图 10-14 所示，一般龙门架式的机械控制喷头可以在工作台的两个主要方向移动，工作台可以根据需要向上下移动。热塑性塑料或蜡制的熔丝（也可以是金属材料）从加热小口处挤出。最初的一层是按照预定的轨迹，以固定的速率将熔丝挤出在支撑的平台基体上形成。当第一层完成后，工作台下降一个层厚并开始迭加制造下一层。FDM 工艺的关键是保持半流动打印成型材料刚好在熔点之上（通常控制在比熔点高 1℃ 左右）。

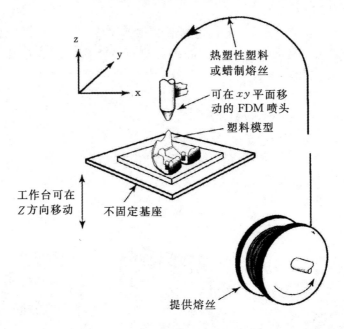

图 10-14　熔积打印成型法原理图

　　FDM 制作复杂的零件时，必须添加工艺支撑。如图 10-1 所示零件很难直接加工，因为一旦零件加工到了一定的高度，下一层熔丝将铺在没有材料支撑的空间。解决的方法是独立于模型材料单独挤出一个支撑材料如图 10-15 所示，支撑材料可以用低密度的熔丝，比模型材料强度低，在零件加工完成后可以容易地将它拆除。

　　FDM 的优点是材料的韧性较好，设备成本的较低，工艺干净、简单、易于操作且对环境的影响小。缺点是精度低，结构复杂的零件不易制造，表面质量差，打印成型效率低，不适合制造

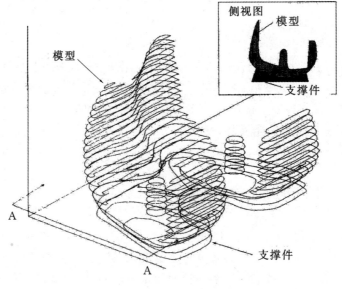

图 10-15　支撑材料

大型零件。该工艺适合于产品的概念建模以及它的形状和功能测试,中等复杂程度的中小原型。由于甲基丙烯酸 ABS 材料具有较好的化学稳定型,可采用伽马射线消毒,特别适用于医用。FDM 工艺样件如图 10 - 16 所示。

　　ABS 塑料是 FDM 系列产品主要材料,接近 90％的 FDM 原型都是由这种材料制造。ABS 的原型可以达到注塑 ABS 成型强度的 80％。而其它属性,例如耐热性与抗化学性,也是近似或是相当于注塑成型的工件,其耐热度为 93.3℃。这让 ABS 成为功能性测试应用的广泛使用材料。

图 10 - 16　FDM 样件

　　除了 ABS 材料之外 FDM 技术还有其它的专用材料。如聚乳酸(PLA)是一种新型的生物降解的无毒材料,使用可再生的植物资源(如玉米)所提出的淀粉原料制成,如图 10 - 17 所示。机械性能及物理性能良好。PLA 的气味为棉花糖气味,不像 ABS 那样有刺鼻子的不良气味,PLA 可以在没有加热床情况下打印大型零件模型而边角不会翘起。PLA 加工温度是 200℃,ABS 在 220℃以上,PLA 具有较低的收缩率,即使打印较大尺寸的模型时也表现良好,PLA 具有较低的熔体强度,打印模型更容易塑形,表面光泽性优异,色彩艳丽。从表面上很难判断,对比观察 ABS 呈亚光,而 PLA 很光亮. 加热到 195℃,PLA 可以顺畅挤出,ABS 不可以. 加热到 220℃,ABS 可以顺畅挤出,PLA 会出现鼓起的气泡,甚至被碳化. 碳化会堵住喷嘴。另外还有橡胶材质以及蜡材。橡胶材质是用来制作类似橡胶特性的功能性原型。蜡材是专门来建立溶蜡铸造的样品。蜡材的属性让 FDM 的样品可以用来生产类似铸造厂中的传统蜡模。

图 10 - 17　FDM 工艺 ABS 材料

　　此外,Stratasys 近期宣布已经针对 FDM 快速原型系统 Titan 发表 PPSF 材料。在各种快速原型材料之中,PPSF(或是称为 polyphenylsulfone)有着最高的强韧性、耐热性以及抗化学性。测试单位,MSOE(Milwaukee School of Engineering)的操作经理 Sheku Kamara,同样地很满意该新材料。“当在玻璃熔融的 450℃时,在各种快速原型材料之中,PPSF 材料还拥有着除了金属之外最高的操作温度以及坚硬度,”他说。“在粘着剂测试期间,PPSF 原型零件遭受于温度从 14℃～392℃的考验且依然保持完整。”包含最常用到的白色,ABS,PLA 提供六种材料颜色。色彩的选项包含蓝色、黄色、红色、绿色与黑色。医学等级的 ABSi 提供针对于半透明的应用,例如汽车车灯的透明红色或是黄不像 SLA 以及 PolyJet 的树脂,FDM 材料的材料属性不会随着时间与环境曝晒而改变。

一般而言,FDM 技术所的准确性通常相等或是优于 SLA 技术以及 PolyJet 技术,且确定优于 SLS 技术。在 SLA,SLS 以及 PolyJet 技术中,影响成型件尺寸精度的因素有机器的校正,操作的技巧,工件的成型方向与位置,材料的年限以及收缩率等。相比之下,尺寸的稳定性是 FDM 原型的关键优势,如同 SLS 技术,时间与环境的曝晒都不会改变工件的尺寸或其他的特征。一但原型从 FDM 系统分离,当它达到室内温度后,尺寸是固定不变的。

国内方面,陕西恒通智能机器有限公司作为中国 3D 打印行业的领军企业,推出如图 10－18 所示多款 FDM 设备,目前已经在全各地建立了很多 3D 打印体验中心,特别是在中小学开设了青少年培养中心。并首次推出 PEEK(聚醚醚酮)高性能丝材。相比其他常用材料,PEEK 机械性能突出、自润滑性好、耐化学腐蚀、阻燃、耐剥离、耐磨性等性能更为优异,详细参数如表 10－1 所示。

图 10－18 FDM 工艺 3D 打印机

表 10－1 Lava 系列高温 FDM 打印机技术参数

名称	标准技术参数	名称	标准技术参数
成形技术	FDM(Fused Deposition Modeling)	打印环境温度	≤200℃可调节,温度偏差±5℃
成形尺寸	240mm * 240mm * 200mm	打印基板温度	≤300℃可调节,温度偏差±2℃
打印喷头数量	1	打印材料	聚醚醚酮
打印精度	≤±0.2mm	打印材料规格	丝材,直径 1.75±0.05mm
X－Y 轴运动精度	0.1mm	电压	VAC220V 50Hz
X－Y 运动速度	≤60mm/s	功率	2.5kW
Z 轴运动精度	0.05mm	机器重量	约 60kg

针对 PEEK 材料熔点较高,普通 FDM 喷头无法正常工作的问题,恒通公司还相应推出国内首台 PEEK 材料耐高温 3D 打印设备,部分打印工件如图 10－19 所示。

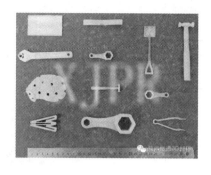

图 10-19　PEEK 材料成型工件

10.5　激光增材制造（LAM）

激光增材制造（Laser Additive Manufacturing，LAM）技术是一种以激光为能量源的增材制造技术，激光具有能量密度高的特点，可实现难加工金属的制造，比如航空航天领域采用的钛合金，高温合金等，同时激光增材制造技术还具有不受零件结构限制的优点，可以用于结构复杂、难加工以及薄壁零件的加工制造。目前，激光增材制造技术所应用的材料已涵盖钛合金、高温合金、铁基合金、铝合金、难熔合金、非晶合金、陶瓷以及梯度材料等，在航空航天领域中的高性能复杂构件和生物制造领域中的多孔复杂结构制造具有显著优势。

激光增材制造技术按照其成形原理进行分类，最具代表性的为以粉床铺粉为技术特征的激光选区熔化（Selective Laser Melting，SLM）和以同步送粉为技术特征的激光金属直接成形（Laser Metal Direct Forming，LMDF）技术。

10.5.1　SLM 技术的原理和特点

选区激光熔化技术是利用高能量的激光束，按照预定的扫描路径，扫描预先铺覆好的金属粉末将其完全熔化，再经冷却凝固后成形的一种技术。其技术原理如图 10-20 所示。

SLM 技术具有以下几个特点：

（1）成形原料一般为一种金属粉末，主要包括不锈钢、镍基高温合金、钛合金钴-铬合金、高强铝合金以及贵重金属等；

（2）采用细微聚焦光斑的激光束成型金属零件，成形的零件精度较高，表面粗糙度稍经打磨、喷砂等简单后处理即可达到使用精度要求；

（3）成形零件的力学性能良好，可超过铸件，达到锻件水平；

（4）进给速度较慢，导致成形效率较低，零件尺寸会受到铺粉工作箱的限制，不适合制造大型的整体零件。

1. SLM 技术的发展现状

SLM 技术实际上是在选区激光烧结（Selective Laser Sintering，SLS）技术的基础上发展起来的一种激光增材制造技术。SLS 技术最早由德克萨斯大学奥斯汀分校（University of Texas at Austin）的 Deckard 教授提出，但是在 SLS 成形过程中存在粉末连接强度较低的问题，为了解决这一问题，1995 年德国弗劳恩霍夫（Fraunhofer）激光技术研究所的 Meiners 提出了基于金属粉末熔凝的选区激光熔化技术构思，并且在 1999 年与德国的 Fockle 和 Schwarze 一起研发了第一台基

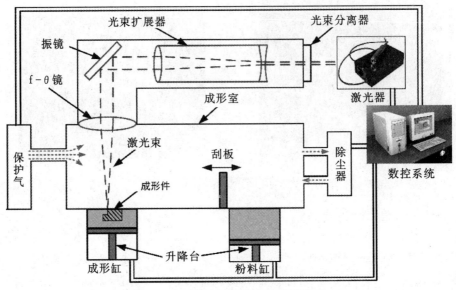

图 10-20　激光选区熔化技术原理图

于不锈钢钢粉末的 SLM 成形设备,随后许多国家的研究人员都对 SLM 技术展开了大量的研究。

目前,对 SLM 技术的研究主要集中在德国、美国、日本等国家,主要是针对 SLM 设备的制造和成形工艺两方面展开了大量的研究。在欧美国家有许多专业生产 SLM 设备的公司,如美国的 PHENIX,3D SYSTEM 公司;德国的 EOS,CONCEPT,SLM SOULITION 公司;日本的 MATSUUR,SODICK 公司等,均生产有性能优越的 SLM 设备,目前德国 EOS 公司生产的 EOS M400 型 SLM 设备最大加工体积可达 400mm×400mm×400mm。在中国对 SLM 设备的研究主要集中在高校,华中科技大学、西北工业大学、西安交通大学和华南理工大学等高校在 SLM 设备生产研发方面从事了大量的研究工作,并且得到了成功地应用,但是国内成熟的商业化设备在市场上依旧存在空白,目前国内的 SLM 设备主要还是以国外的产品为主,这将是今后中国 SLM 技术发展的一个重点方向。

在 SLM 成形工艺方面,大量的研究机构都对此进行了深入研究。白俄罗斯科学院的 Nikolay K. 研究了在选区激光熔化时金属粉末球化形成的具体过程,指出金属粉末的球化主要会形成碟形、杯形、球形 3 种典型的形状,并分析了各自形成的机理。德国鲁尔大学的 H. Meier 研究了不锈钢粉末在激光选区融化成形的相对密度与工艺参数的关系,发现高的激光功率有利于成形出高密度的金属零件,低的扫描速度有利于扫描线的连续,促进致密化。英国利兹大学的 M. Badrossamay 等人对不锈钢和工具钢合金粉末进行了 SLM 研究,分析了扫描速率、激光功率和扫描间隔对成形件质量的影响。

近年来 SLM 技术受到了许多国家的大力扶持和发展,2012 年美国国防部成立了国家选区熔化成形创新联盟(NAMII),国防部、能源部、商务部、国家科学基金会(NSF)以及国防航空航天局(NASA)共同承诺向激光选区熔化成形试点联盟投资 4500 万美元,创新联盟共包括 40 家企业、9 个研究型大学、5 个社区学院以及 11 个非营利机构。众所周知的美国 Boeing 公司、Lockheed Martin 公司、GE 航空发动机公司、Sandia 国家实验室和 Los Alomos 国家实验室均参与其中。此外,意大利 AVIO 公司、加拿大国家研究院、澳大利亚国家科学研究中心,我国的西北工业大学、华中科技大学、华南理工大学等大型公司、国家研究机构和高校也都对

SLM 技术开展了大量研究工作。

美国的 GE 公司于 2012 年收购了 Morris Technologies 公司，并且利用 Morris 的 SLM 设备与工艺技术制造出了喷气式飞机专用的发动机组件，如图 10 - 21(a)、(b)所示，GE 公司明确地将激光增材制造技术认定为推动未来航空发动机发展的关键技术。同时 SLM 技术在医学领域也有重要的应用，西班牙的 Salamanca 大学利用澳大利亚科学协会研制的 Arcam 型 SLM 设备成功制造出了钛合金胸骨与肋骨，如图 10 - 21(c)所示，并成功植入了罹患胸廓癌的患者体内。西北工业大学、华中科技大学和华南理工大学是我国从事 SLM 技术研究较早较深入的科研单位，在 SLM 技术的研究中取得了许多可喜的成果，其分别应用 SLM 技术制造出了大量的具有复杂结构的金属零件，如图 10 - 21(d) ～ 2(f)所示。

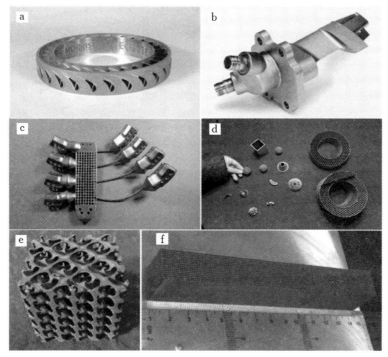

图 10 - 21 SLM 技术应用实例

(a)美国 GE 选区激光融化的飞机发动机叶轮；
(b)美国 GE 选区激光融化的燃料喷嘴；
(c)西班牙 Salamanca 大学的钛合金胸骨与肋骨；
(d)西北工业大学的复杂结构零件；
(e)华中科技大学的蜂窝多孔金属零件；
(f)华中科技大学的不锈钢复杂空间多孔零件。

10.5.2 激光金属直接成形技术的研究现状

1. LMDF 技术的原理与特点

激光金属直接成形(Laser Metal Direct Forming，LMDF)技术是利用快速原型制造的基本原理，以金属粉末为原材料，采用高能量的激光作为能量源，按照预定的加工路径，将同步送给的金属粉末进行逐层熔化,快速凝固和逐层沉积,从而实现金属零件的直接制造。通常情况下,激光金属直接成形系统平台包括:激光器、CNC 数控工作台、同轴送粉喷嘴、高精度可调送粉器及其他辅助装置。其原理图如图 10 - 22 所示。

激光金属直接成形技术集成了激光熔覆技术和快速成形技术的优点,具有以下特点:

(1)无需模具,可实现复杂结构的制造,但悬臂结构需要添加相应的支撑结构;

(2)成形尺寸不受限制,可实现大尺寸零件的制造;

(3)可实现不同材料的混合加工与制造梯度材料;

(4)可对损伤零件实现快速修复;

(5)成形组织均匀,具有良好的力学性能,可实现定向组织的制造。

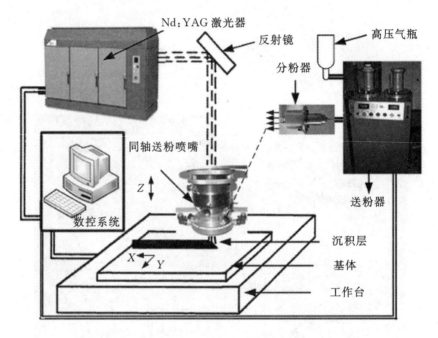

图 10 - 22　LMDF 系统原理图

2. LMDF 技术的发展现状

LMDF 技术是在快速原型技术的基础上结合同步送粉和激光熔覆技术发展起来的一项激光增材制造技术。LMDF 技术起源于美国 Sandai 国家实验室的激光近净成形技术(Laser Engineered Net Shaping, LENS),随后在多个国际研究机构快速发展起来,并且被赋予了很多不同的名称,如美国 Los Alamos 国家实验室的直接激光制造(Direct Laser Fabrication, DLF),斯坦福大学的形状沉积制造 (Shape Deposition Manufacturing, SDM),密西根大学的直接金属沉积 (Direct Metal Deposition, DMD),德国弗劳恩霍夫激光技术研究所的激光金属沉积(Laser Metal Deposition,LMD),中国西北工业大学的激光立体成形技术 (Laser Solid Forming,LSF)等,虽然这些名称各不相同,但是技术原理却几乎是一致的,都是基于同步送粉和激光熔覆技术基本原理的。

目前对于 LMDF 技术的研究主要是针对成形工艺以及成形组织性能两方面展开了大量的研究,美国的 Sandai 国家实验室和 Los ALomos 国家实验室针对镍基高温合金、不锈钢、钛合金等金属材料进行了大量的激光金属直接成形研究,所制造的金属零件不仅形状复杂,而且其力学性能接近甚至超过传统锻造技术制造的零件。瑞士洛桑理工学院深入研究了激光快速成形工艺参数对成形过程稳定性,成形零件的精度控制,材料的显微组织以及性能的影响,并将该技术应用于单晶叶片的修复。清华大学在激光快速成形同轴送粉系统的研制及熔覆高度检测及控制方面取得了研究进展;西北工业大学通过对单层涂覆厚度、单道涂覆宽度、搭接率等主要参数进行精确控制,获得件内部致密,表面质量良的成形件;西安交通大学研究了激光金属直接成形 DZ125L 高温合金零件过程中不同工艺参数(如激光功率、扫描速度、送粉率、Z轴提升量等)对单道熔覆层高度、宽度、宽高比和成形质量的影响规律,并优化了工艺参数。

近年来,LMDF 技术同样也受到了许多国家的重视和大力发展,2013 年欧洲空间局(ESA)提出了"以实现高技术金属产品的高效生产与零浪费为目标的增材制造项目"(A-MAZE)计划。与此同时,美国的 Sandai 国家实验室、GE 公司以及美国国防航空航天局(NASA),以及我国的北京航空航天大学、西安交通大学、西北工业大学等也在对 LMDF 展开深入的研究。

美国国防航空航天局(NASA)喷气推进实验室开发出一种新的激光金属直接成形技术,可在一个部件上混合打印多种金属或合金,解决了长期以来飞行器尤其是航天器零部件制造中所面临的一大难题——在同一零件的不同部位具有不同性能,如图 10 - 23(a)所示。英国

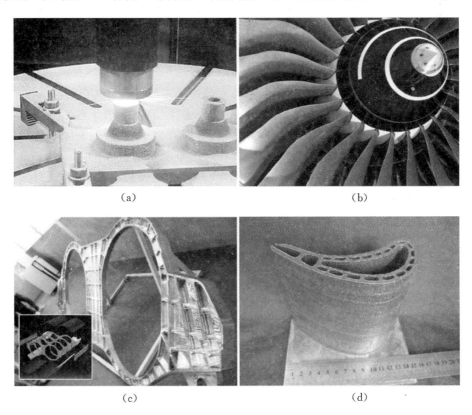

(a)　　　　　　　　　　　　　　　(b)

(c)　　　　　　　　　　　　　　　(d)

a.美国 NASA 多种金属混合激光成形;b.英国 Rolls-Royce 激光金属直接成形引擎部件
c.北京航空航天大学飞机钛合金主承力构件加强框;d.西安交通大学高温合金空心涡轮叶片
图 10 - 23　LMDF 技术的应用实例

的罗尔斯·罗伊斯(Rolls-Royce)公司计划利用激光金属直接成形技术,来生产 Trent XWB-97(罗尔斯-罗伊斯研发的涡轮风扇系列发动机)由钛和铝的合金构成的前轴承座,其前轴承座包括 48 片机翼叶,直径为 1.5m,长度为 0.5m,如图 10-23(b)所示。北京航空航天大学的王华明团队也利用激光金属直接成形技术制造出了大型飞机钛合金主承力构件加强框,如图 10-23(c)所示,并获得了国家技术发明一等奖。西安交通大学在国家"973 项目"的资助下,展开了利用激光金属直接成形技术制造空心涡轮叶片方面的研究,并成功制备出了具有复杂结构的空心涡轮叶片,如图 10-23(d)所示。

10.5.3 金属激光增材制造技术的发展趋势

1.设备方面

经济、高效的设备是激光增材制造技术能够广泛推广和发展的基础,随着目前大功率激光器的使用以及送粉效率的不断提高,激光增材制造的加工效率已经有显著的提高,但是对于大尺寸零件的制造其效率依然偏低,而且激光增材制造设备的价格也偏高,因此进一步提高设备的加工效率同时降低设备的成本有着重要的意义。此外,激光增材制造设备还可以与传统加工复合,例如德国 DMG Mori 旗下的 Lasertec 系列,就整合了激光增材制造技术与传统切削技术,不仅可以制造出传统工艺难以加工的复杂形状,还改善了激光金属增材制造过程中存在的表面粗糙问题,提高了零件的精度。

2.材料方面

对于金属材料激光增材制造技术来说,金属粉末就是其原材料,金属粉末的质量会直接影响到成形零部件最终的质量。然而,目前还没有专门为激光增材制造生产的金属粉末,现在激光增材制造工艺所使用的金属粉末都是之前为等离子喷涂、真空等离子喷涂和高速氧燃料火焰喷涂等热喷涂工艺开发的,基本都是使用雾化工艺制造的。这类金属粉末在生产过程中可能会形成一些空心颗粒,将这些空心颗粒的金属粉末用于激光增材制造时,会导致在零件中出现孔洞、裂纹等缺陷。在 2015 年 3 月美国奥兰多举办的第七届激光增材制造研讨会上,激光增材制造用的金属粉末成为了本次会议的焦点议题,受到了与会专家、学者的高度重视,因此激光增材制造使用的金属粉末将成为今后的一个研究重点。

10.6 DLP 面曝光 3D 打印技术

面曝光 3D 打印(快速成形)技术是一种与 SL 类似的快速制造工艺。相比之下,直接整面曝光的独特固化方式大大简化了该类 3D 打印设备的工艺过程和机械结构,并使其具备了获得更高成型速度的可能。近年来,随着配有精密光学器件 DMD(Digital Micromirror Device)芯片的 DLP(Digital Light Processing)投影仪日益发展成熟,可为面曝光快速成型提供更加精确的动态掩膜,使其成型件达到微米级的尺寸精度,在精密铸造,生物医疗等方面具有广阔的应用空间。

1.面曝光快速成形工艺原理

与其他 3D 打印工艺类似,面曝光 3D 打印成形过程中首先利用常见切片软件将事先绘制好的三维模型进行切片,然后根据获得的切片数据制作动态掩膜,再利用紫外光源或普通可见光源照射掩膜,每一层模型的实体部分透过掩膜一次性投射在光敏树脂上并使其固化,切换掩膜进入下一层实体,继续曝光,如此反复进行直至整个模型固化完成。

由上可知,能否制作满足要求的掩膜是获得较高成型精度的关键。在整个发展过程中,面曝光工艺先后出现了基于静电复印、液晶显示、数字投影等多种掩膜生成方法,其中基于 DMD 芯片的数字投影技术直接利用较为成熟的 DLP 投影仪产生数字化图像,将其投射至光敏树脂表面即可

实现固化,具有成像精确、操作简便、能量分布均匀、使用寿命长等优点,目前已逐渐成为当前面曝光工艺 3D 打印设备的首选掩膜生成方法。基于 DLP 投影仪的 3D 打印设备结构简图如图 10 - 24 所示。

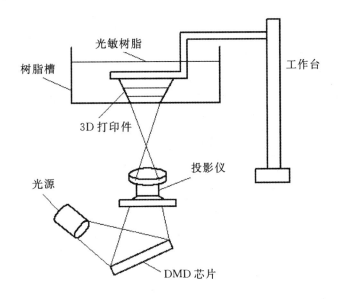

图 10 - 24　DLP 设备结构示意图

2.DLP 面曝光工艺应用

DLP 面曝光 3D 打印工艺由于其打印精度高,成型速度快等优点广泛应用于珠宝铸造、牙科医疗等方面,如图 10 - 25 所示。主要方式表现为:首先于电脑端完成成型件三维模型绘制,利用 3D 打印机完成实物模型制作,然后使用石膏将其包裹,最后进行浇铸,浇铸过程中树脂模型遇热气化,冷却后即可获得工件毛坯。

图 10 - 25　DLP3D 打印应用实例

3. 基于 DLP 的面曝光工艺研究现状

2001 年 11 月,来自德国的 EnvisionTec 公司首次在 EuroMold 上展示了基于 DLP 投影仪的 3D 打印设备 Perfactory,其所采用的工作台类似图 10 - 18 所示,由下至上运动打印实体模型的成型方式成为后续 DLP 3D 打印机经典机械结构造型之一。这种机械结构较好地改善了树脂固化过程中的翘曲变形问题,但同时也导致已经固化的材料易与树脂槽发生粘连。为保证成型件能够有效地附着于工作台底面,要求工作台应尽量保持水平,增加了机械结构的加工及装配难度。另外还有 3DSystem 公司推出的 V-Flash、意大利 DWS LAB 公司推出的 XFAB 等 DLP 面曝光设备,国内方面则主要由西安交通大学、华中科技大学等科研单位推出了部分机型。其中西安交通大学快速制造国家工程研究中心附属苏州秉创科技有限公司相继开发出如图 10 - 26 所示 DLP60、DLP300 等众多设备及产品,这些设备目前已广泛应用在珠宝、牙科、骨骼等相关行业,在国内处于领先地位。

图 10 - 26 　 DLP 面曝光 3D 打印设备

现阶段基于 DLP 的面曝光快速成型工艺虽然能够提供较为理想的打印精度,但过度依赖 DMD 芯片及不易与树脂槽底部分离的特点致使其工艺仍然存在很大提升空间,主要表现为成型速度较慢、打印材料单一、无法兼顾成型精度与工件尺寸等方面,针对这些问题,国内外相关学者为推动面曝光工艺的进步做出了大量工作。

10.6.1 　 成形速度

传统 DLP 快速成型设备为了避免树脂固化带来的翘曲变形,利用树脂槽底部石英板与工作台提供 Z 轴方向约束,这种方案导致固化层与底板之间粘结力较大,实体与底板不易剥离,必须保证较长的曝光时间,才能够提供较高的固化层强度防止分离过程中产生的拉拽变形。结合 DLP 面曝光工艺微米级的分层厚度,决定了传统 DLP 工艺较长的打印时间。

图 10 - 27 　 连续液面制造技术

美国企业 Carbon3D 公司 15 年 3 月 20 日曾登上 Science 封面,称为非常革命性的技术。该公司提出了基于 DLP 的连续液面制造(continuous liquid interface production,CLIP)技术,如图 10 - 27 所示,该技术巧妙地利用了分子聚合过程中氧气的抑制作用,利用一层高透氧性薄膜在树脂槽底部形成厚度可控的固化盲区,光敏树脂直接在"盲区"上层发生聚合反应,从而有效避免了固化层的粘连现象,打印速度可提升至普通设备的 25～100 倍。

与传统面曝光工艺相比,限制 CLIP 技术成型速度的主要原因表现为材料本身的固化速度及其粘性,模型的分层厚度不再对打印速度造成明显影响,因此可以提供更小的分层厚度以获得更加光滑的表面质量,其打印效果如图 10-28 所示。

虽然 CLIP 工艺具有突出的打印速度及成型质量优势,但其所依赖的高透氧薄膜成本高昂,树脂槽底部固化盲区的稳定性相对较差,为了维持合适的"盲区"厚度,必须在薄膜底部通入充足的氧气,这无疑会增加此种成型设备的复杂程度及制造成本,CLIP 技术还具有一定的提升空间。

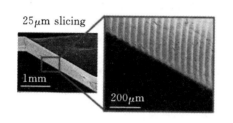 

图 10-28　CLIP 技术打印效果

10.6.2　打印材料

关于 DLP 工艺中成型材料的探索主要集中在两大方面:光敏树脂的多材料混合打印及陶瓷材料打印。

在成型过程中添加多种材料,不但可以获得更加丰富的颜色组合,更重要的是可以通过调控不同材料的混合比例实现单一材料无法具备的弹性、韧性、机械强度等性能。多材料成型效果如图 10-29 所示。面曝光技术在陶瓷材料成型过程中主要采用了树脂粘结剂固化成型后再进行高温烧结的间接制造方法。奥地利维也纳技术大学的采用 DLP 工艺完成的陶瓷工件如图 10-29 所示。

  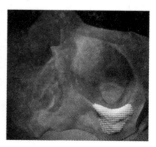

图 10-29　DLP 工艺多材料成型及陶瓷成型

10.7　选区激光烧结法(SLS—Selective Laser Sintering)

随着粉体制备技术的不断提高,许多粉末材料已商品化,成本也逐渐降低,采用粉末材料直接成形零件或模具已成为当前的研究热点。用于粉末材料快速成型的主要工艺基于激光技术的选择性激光烧结(SLS)和基于微喷射粘结技术的三维打印(3DP)原理如图 10-30 所示。

其工艺无需专用夹具、工具或模具。高分子聚合物、金属、陶瓷、覆膜砂(树脂砂)、生物活性材料等粉末材料均可以使用,以及其中两种或两种以上的复合粉末也可以 3DP;调节成型过程的工艺参数(分层厚度、粘结剂饱和度等),可改变制件的致密度和强度。

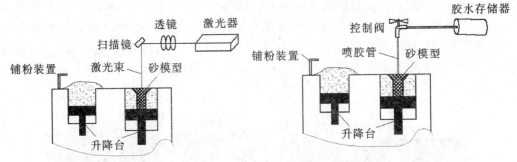

图 10-30　SLS 和 3DP 的原理示意图

新型陶瓷粉末材料由于具有高强度、高硬度、耐腐蚀、耐高温等优异性能而被广泛使用,但是其本身硬而脆的特性使其普通加工成型异常困难。3DP 工艺的出现为陶瓷和陶瓷基材料的直接快速成形成为可能,如图 1-31 所示使用 SLS 方法打印的陶瓷、塑料和木材作品。

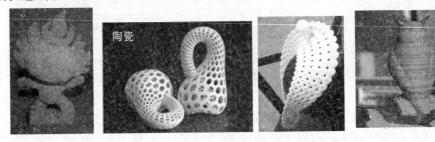

图 10-31　SLS 方法 3D 打印的作品

华中科技大学史玉升教授团队以大尺寸激光选区烧结设备研究与应用取得成果,成型尺寸最大可以 1200mm×1200mm×600mm。一台设备可以打印多种粉末材料(高分子、金属、陶瓷、砂子等)获得 2011 年国家技术发明二等奖。如图 10-32 为其使用粉末烧结蜡模及其溶蜡精密铸造的铝合金摩托车气缸体的照片尺寸为 253.8mm×253.7mm×181.81mm。

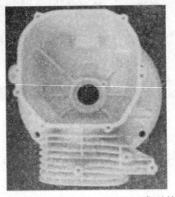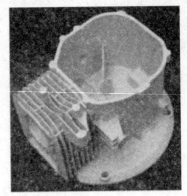

图 10-32　SLS 成型的蜡模及溶蜡铸造的气缸体

三维喷涂粘结快速成型工艺是由美国麻省理工学院开发成功的,它的工作过程类似于喷墨打印机。麻省理工学院开发了两种形式的喷射系统:点滴式与连续式。这种多喷嘴的点滴式系统的生产速度已达每层仅用 5s 的时间(每层面积为 0.5m×0.5m),而连续式的则达到每层 0.025s 的时间。三维喷涂/粘结快速原型的精度由两个方面决定:一是喷涂粘结时生产的零件坯的精度,二是零件坯经后续处理(焙烧)后的精度。在喷涂粘结过程中,喷射粘滴的定位精度,喷射粘滴对粉末的冲击作用以及上层粉末重量对下层零件的压缩作用均会影响零件。后续处理(焙烧)时零件产生的收缩和变形甚至微裂纹均会影响最后零件的精度。随着 3D 打印技术的发展,对粉末材料的要求也有了很大的提高。

如图 10 - 33(a)、(b)所示的彩色石膏模型是美国 3D System 公司 2016 年 9 月在芝加哥国际机床展览会上展出的最新喷射粘滴设备打印的彩色石膏模型。如图 10 - 33(c)所示的彩色石膏模型是陕西渭南鼎信创新智造科技有限公司使用美国 3D System 公司的设备打印的逼真模型。

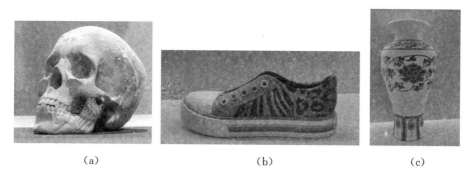

(a)　　　　　　　　　(b)　　　　　　　　　(c)

图 10 - 33　美国 3D System 公司设备喷胶打印的彩色石膏模型

美国 Ex - ONE 公司使用 3DP 喷胶打印的设备和打印的砂模型如图 10 - 34 所示,其喷胶打印砂模的速度就像印刷一样非常之快。(a)为 3D 打印机的喷头和砂箱以及刮砂板机构;(b)为打印的砂模;(c)为一次打印的一套具有上模、模芯和下模的模具;(d)为多种色彩砂型拼

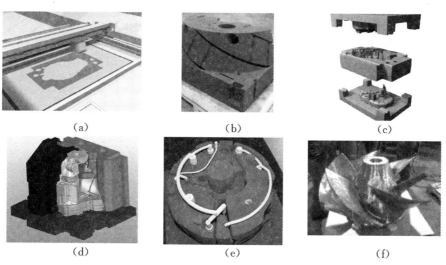

(a)　　　　　　　　　(b)　　　　　　　　　(c)

(d)　　　　　　　　　(e)　　　　　　　　　(f)

图 10 - 34　美国 Ex-ONE 公司设备喷胶打印的砂模型

接模具；(e)为砂模配合的水玻璃砂芯，其可以水溶，极易清理内腔；(f)为使用砂模铸造的抛光后的金属零件。

10.8 叠层制造 3D 打印(LOM)技术简述

叠层制造(Lamited Object Manufacturing，简称 LOM)技术是利用分层叠加原理制成原型或模型。其基本原理如图 10-35 所示，位于上方的激光器按照 CAD 分层模型所获数据，用激光束将纸切割成所制零件的内外轮廓，然后滚轮带动新的一层纸再叠加在上面，通过热压装置和下面已切割层将单面涂有热溶胶的纸片通过加热辊加热粘接在一起，激光束再次切割，这样反复逐层切割—粘合—切割，直到整个零件模型制作完成。此方法只需切割轮廓，特别适合制造实心零件。

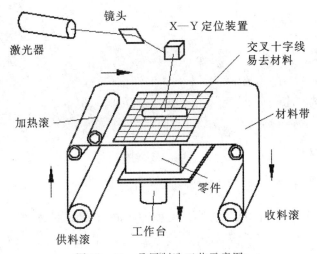

图 10-35 叠层制造工艺示意图

LOM 工艺的优点有：无需设计和构建支撑；激光束只是沿着物体的轮廓扫描，无需填充扫描，打印成型效率高；成型件的内应力和翘曲变形小；制造成本低。LOM 工艺的缺点：材料利用率低；表面质量差；后处理难度大，尤其是中空零件的内部残余废料不易去除；可以选择的材料种类有限，目前常用材料的主要是纸；LOM 工艺适合制作大中型原型件，翘曲变形小和形状简单的实体类零件。通常用于产品设计的概念建模和功能测试零件，且由于制成的零件具有木质属性，特别适用于直接制作砂型铸造模。如图 10-36 所示是美国密西根大学迪尔本分校使用该工艺成型模型。

图 10-36 美国 LOM 成型件

为了降低激光器的成本,西安交通大学先进制造研究所的博士改进设计,使用刀片代替激光器切割纸成型,其作品如图 10 - 37 所示。

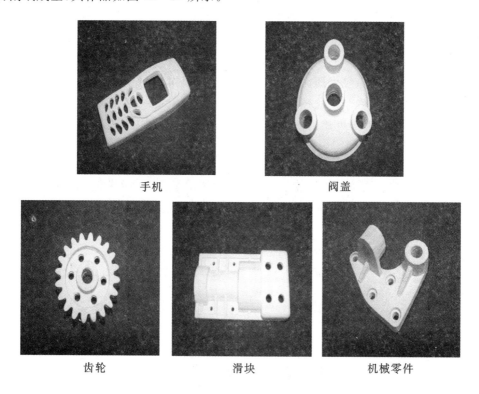

手机　　　　　　　　　　　　阀盖

齿轮　　　　　　滑块　　　　　机械零件

图 10 - 37　刀割 LOM 成型件

10.9　其它 3D 打印技术简述

1. 医学应用

随着 3D 打印技术的普及推广应用,越来越多的新技术、新材料的研究使用,每天在各个领域经常有新的发展和应用。特别是在医学领域,我国每年有 200 万器官需求,但仅有 1% 的患者能获得合适的供体。生物 3D 打印成为实现组织与器官制造的利器,可以个性化定制人工假体。目前一些简单的替换产品已经投入医院使用,但复杂如器官并不是简单替换就可以的,需要具有一定功能。一个长远的科研任务是实现活性组织与器官的按需打印。美国《时代周刊》评论细胞打印为 2010 年 50 大最佳发明之一。3D 打印材料从非生物相容性到生物相容性、从不可降解到可降解、从非活性到活性的各种研究正在大量的进行。个性化假体与内置物进入体内替代病变或缺损的组织,一部分已经进入临床应用阶段。可降解组织工程支架可以慢慢降解变成人体自身的组织,目前仍在临床试验阶段。活性组织与器官打印还在研发阶段。医生以前是通过影像判断制定手术方案,现在可以通过实体模型,在体外做模拟实验,研讨定制手术方案。在做肿瘤切除时,尤其对于重大器官,血管损伤是致命的。3D 打印医疗模型可以清晰的看到血管,从而帮助医生清楚地知道病人的状况,并在体外切割、进行手术前演练与优化。除了模型,还有测试系统。比如 3D 打印心血管功能测试系统,可以通过电路控制血液流速和血压波动,从而模拟人体的血流情况。医生进行个性化假体手术时,很难精确做到按照假体的设计进行切割,个性化导航模板可以帮助医生准确地确定手术方向。典型的个性化导航器具有:脊柱个体化导航模板、髓芯减压个体化导航模板、个体化骨折外固定器。其中,个体化骨折外固定器集成了导航和康复功能,手术时间能缩短 80%,骨折愈合时间缩短 33%~45%。

西安交通大学先进制造技术研究所在 1999 年开始利用 3D 打印构建个性化骨替代物,成功的实现了骨替代物的精确个性化适配,使我国在这一领域走在国际前沿,推动了 3D 打印技术在个性化植入物制造中的应用。推动了先进制造技术在医学领域的应用,比国外早了 10 年。骨替代物的制作过程如图 10-38 所示,在诊断之后,通过 CT 测量出骨头的截面图形,在电脑里面将一系列的截面重构成 3D 模型,通过 3D 打印出所需替代骨头部分及连接部分的模型,通过快速熔模铸造出人体可以兼容的钛合金的骨替代物,通过手术植入人体。现在也可以直接金属 3D 打印钛合金骨替代物。

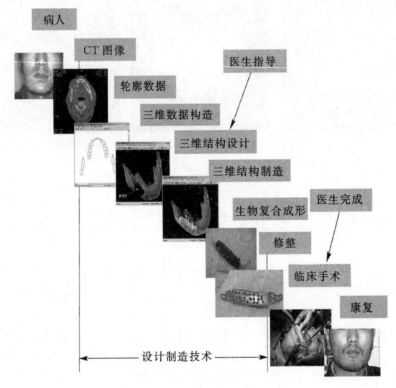

图 10-38　骨替代物的制作过程

2005 年西安交通大学和中央电视台合作拍摄的《快速成型(3D 打印)》科教片播放了如图 10-39 所示案例,该案例是西安交通大学先进制造技术研究所和西安交通大学附属口腔医院成功实施面颌骨修复的病例,安装了通过 3D 打印模型翻制的面颌骨替代物。截至目前,成功应用该技术产品的临床案例已达上万例,取得了良好的经济效益和社会效益。

2015—2016 年该团队又和医院合作,对气管严重狭窄等病况进行手术治疗,气管内植入 4D 打印的聚己内酯支架,打通生命通道。该支架将在未来 2 年内逐渐降解而被人体吸收,免除了以往二次手术取出支架的痛苦,在国际上也属于首次。如图 10-40 所示,上图是电脑建模的支架 CAD 模型,下图为打印的支架和扭曲的气管模型。

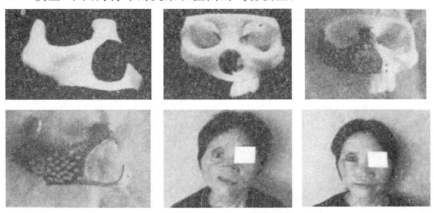

图 10-39　3D 打印模型翻制的面颌骨替代物案例

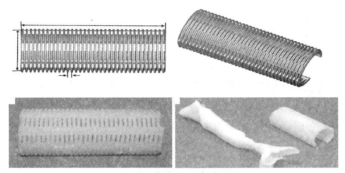

图 10-40　支架模型和气管模型

厦门大学开发的数字化虚拟肝脏、血管等人体内脏模拟系统,如图 10-41 所示,配合 3D 打印,可以直观地展示人体内部结构,并可以根据每个人的数据获得个性化的数据打印,为医生研究手术方案提供了直观的模型,如图 10-42 所示。

图 10-41　数字化模拟系统

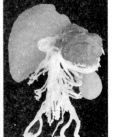

图 10-42　心肝肺血管模型

美国密西根大学 WuCenter 实验室利用添加有碳纤维的尼龙打印的假肢壳,如图 10-43 所示,其使用加了炭纤维的尼龙,使得假肢既轻便又结实并且符合个性化需求。同时该团队还在探索湿态固化硅胶弹性体 3D 打印,直接打印硅胶(传统的硅胶多是先打印模具后翻制橡胶)。硅胶(silicone)具有稳定的化学性质,不易与任何物质发生反应,因此具有非常广泛的用途,尤其在医疗领域,但是硅胶材料较长的固化时间和柔软的性质,所以较难直接打印。硅胶 3D 打印机如图 10-44(a)所示,其针管中是液体的硅胶,打印产品效果如图 10-44(b)所示,为探索未来直接打印人体器官奠定基础。

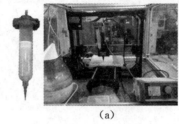
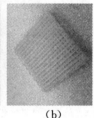

(a)　　　　(b)

图 10-43　3D 打印的假肢外壳　　　图 10-44　硅胶 3D 打印机及打印产品

2. 4D 打印及软体机器人

提出 4D 的概念,是在 3D 的基础上加上时间等参数,号称为 4D 打印。其发起者、麻省理工学院老师使用两根 4D 打印出来的线,放到水中后,一根线慢慢地卷曲、变形,然后自动形成了"MIT"(麻省理工)的字样;另外一根线,则像有生命一般自己折叠立起来,变成了一个立方体,如图 10-45 所示。虽然这两个变化都是预先设定好的,但是,由于整个变化过程完全没有人工的参与,看起来就像是材料拥有了自我意识。

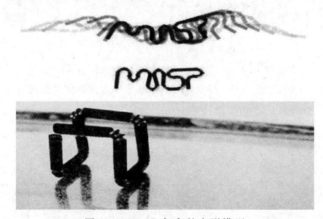

图 10-45　4D 打印的变形模型

2016 年 8 月哈佛大学的生物工程研究所宣布成功研发出首个全软体机器人"Octobot(章鱼机器人),如图 10-46 所示。这款 3D 打印出来的仅手掌大的自动机器人,全部使用柔性材料硅橡胶,无需电力而是通过化学反应产生的气体压强变化实现自主运动,材料成本还不到 3 美元。其成功实现了机器人的躯干和致动器、控制系统和电源都使用柔性材料,无需再受外置电缆的牵制。Otcobot 实际上是一个气动的机器人。为了让它可以移动,研究人员把过氧化氢液体泵入到机器人身体里的两个容储器中。压力推动液体穿过机器人体内的管子,最终遇到一条铂线。铂线催化反应,产生了气体。而气体膨胀,移动到一个叫做"微流体控制器"的小芯片里。它先把气体引入到机器人一半的触手里,然后再引入到另一半触手里,交替反复。通过这样交替释放气体,章鱼机器人看起来就像是在跳舞,不断地摆动触手,开始移动。5 年前,同样也是由该团队发明的用常规的泵阀系统和电缆连接器来驱动和连接的半柔性机器人如图 10-47 所示。

图 10-46　"Octobot(章鱼机器人)

图 10-47　半柔性机器人

　　西安交通大学先进制造技术研究所学习同样方法,利用 3D 打印制作了模具,上下层使用不同的材料,翻制出爬行机器人。通过计算和控制不同位置的气体压力,控制爬行机器人稳定行走过程如图 10-48 所示。同时还利用 3D 打印的模具制做出仿尺蠖软体机器人如图 10-49 所示。其总体设计包含三个部分:躯干本体、前脚和后脚。以气压为源动力来作为能量输入,以超弹性软材料的应用为基础来实现本体的大变形,以单腔体截面加之以局部限制应变层铺放的结构设计来实现本体"Ω"姿态的变形输出。在气压驱动下,单腔体的超弹性材料本体在限制应变层的作用下,由于不同位置

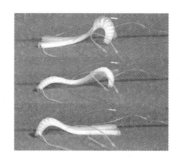

图 10-48　爬行柔性机器人

处材料的伸缩变形不一致,本体实现了"Ω"变形。为了实现较大的运动速率,在该仿尺蠖软体机器人脚部设计时,利用 3D 快速成型技术打印了具有一系列倾斜角度的脚,通过粘上金属片制作而成。仿生软体机器人本体在气压作用下前后对立受力,该脚部设计由于其对地面不同的摩擦机制,实现了相对的运动与固定,也即实现了仿尺蠖前脚固定,身体变形拱起——后脚固定,身体变形伸展的运动机制。

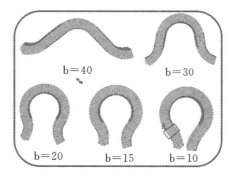

图 10-49　仿尺蠖软体机器人

第 11 章　逆向工程

在当今信息化的社会,制造业的竞争日趋激烈,产品更新速度不断加快,生产方式趋于小批量、多品种,因此产品开发的速度和制造技术的柔性显得特别重要。在实际应用中,经常需要由实物快速制造模具或在它的基础上改进设计。特别在 3D 打印技术的应用中,更是需要测绘各种实物,例如人体测量。医疗中需要制作替代骨,人体的各个骨头的个性化准确测量至关重要。在此背景下,由实物直接获得三维 CAD(Computer Aided Design)模型的技术即逆向工程(Reverse Engineering,RE)应运而生并得到快速发展。

逆向工程技术(也称为反求测量技术)是测量技术、数据处理技术、图形处理技术和加工技术相结合的一门综合性技术。随着计算机技术的飞速发展和上述单元技术的逐渐成熟,近年来在新产品设计开发中愈来愈多的被得到应用。因为在产品开发过程中需要以实物(样件)作为设计的参考模型或作为最终验证依据时尤其需要应用该项技术,所以在飞机、汽车、摩托车等的外形覆盖件和内装饰件的设计、家电产品外形设计以及艺术品复制中对逆向工程技术的应用需求尤为迫切。

所谓逆向工程是将数据采集设备获取的实物样件表面及内腔数据,输入专门的数据处理软件或带有数据处理能力的三维 CAD 软件中进行处理和三维重构,在计算机上复现实物样件的几何形状,并在此基础上进行原样复制、修改或再设计,该方法主要用于对难以精确表达的曲面形状或未知设计方法的构件形状进行三维重构和再设计。

11.1　逆向工程的产生和发展

在二战结束后,日本急于恢复和振兴经济,在 20 世纪 60 年代初提出科技立国方针:"一代引进,二代国产化,三代改进出口,四代占领国际市场",其中在汽车、电子、光学设备和家电等行业上最突出。国产化的改进,迫切需要对别国产品进行消化、吸收、改进和挖潜。这就产生了反求设计(Reverse Design)或逆向工程(Reverse Engineering),这两者是同一内涵,仅是不同国家的不同提法。发展到现在,已成为世界各国在发展经济中不可缺少的手段或重要对策。逆向工程的大量采用为日本的经济振兴以及后续的创造和开发各种新产品奠定了良好基础。

实际上,任何产品问世,包括创新、改进和仿制的,都蕴含着对已有科学、技术的继承和应用借鉴。如何发展科技和经济,世界各国都在研究对策。从共性特征可概括为 4 个方面对策:

(1)大力提倡创造性。包括新的思维方式、新原理、新理论、新方案、新结构、新技术、新材料、新工艺、新仪器等等。对于发展一个国家的国民经济来说,创造性是永恒主题。

(2)研究和应用新的设计理论、方法改造和完善传统的方法,以便既快又好地设计出新型产品。

(3)把计算机应用广泛地引入到产品设计、开发的全过程(预测、决策、管理、设计制造、试验、销售服务等)中,以期达到这些过程的一体化、智能化和自动化。

(4)研究和应用逆向工程,以便在高的起点去创造新产品。

现代设计理论和方法包括通用的(不针对具体工程专业)和专用的(针对工程专业)的两大范畴。科技发展日新月异,如果说早期的反求活动偏于模仿性、经验性、粗略近似的技术活动,用传统的、常规的方法基本可以胜任,那么对现代产品中高新技术和复杂多样的逆向工程包含的内容和知识面很广,不同专业产品又有不同领域。诸如原理、方案、功能、性能、参数、材质、结构、表面状况、精度和公差、工艺过程、油品、试验和检测、使用规范、维修、运输、可靠性、经济性、贮存等等都要找出其先进科学和落后不足的细节。

开展逆向工程的研究和应用,发达国家重视反求,发展中国家更要重视掌握这种艺术和技术。要完成一项反求任务,进而再创造。特别是中外合资和技术引进后的国产化,有大量反求工作。国产化就要创新,反求本质就是再创造,没有相应技术的人才就很难胜任。

近年来,3D 打印技术同逆向工程结合,为逆向工程注入了新的活力。借助逆向工程,3D打印技术不仅可以在原始设计的基础上快速生成实物,也可以用来复制实物,包括放大、缩小、修改和复制等。此外,逆向工程技术还可以方便地对 3D 打印制造技术本身制得的产品进行快速、准确的测量,用来验证由三维 CAD 设计制得的原型与原设计的吻合程度,找出产品的不足,重新设计,使产品更加完善。可见,在 3D 打印技术中引入逆向工程技术,大大缩短了产品的设计与制造周期,从而形成了快速设计与制造的生产系统,这被称之为快速逆向工程技术(Rapid Reverse Engineering,简称 RRE)。

逆向工程是一门开拓性、综合性和实用性很强的技术。尽管国内外已有大量成功经验,但目前还很少有这方面系统的论著,大多散见在各个行业的案例或设计资料中,很多企业也不愿将其反求技术公开。

逆向工程有其独特的共性技术和内容,还是一门新兴的交叉学科分支,正如高新技术层出不穷,解密技术亦要相应发展。在工程专业领域,需有设计、制造、试验、使用、维修、检测等方面知识;在现代设计法领域,应有系统设计、优化、有限元、价值工程、可靠性、工业设计、创新技法等知识;在计算机方面,需有硬件和软件的基本知识等等。总之,现行产品中的各种复杂、高新技术,在逆向工程中都会遇到如何消化吸收问题。特别是在生物医疗领域里,为了延长生命,对于人体各个部分的骨骼、血管、各个内脏的测量,以便制作人造替代物,奠定不可缺少的基础。

11.2　逆向工程的具体内容

1.概述

传统的产品开发过程通常是从收集市场信息入手,按照"产品功能描述—产品概念设计—产品总体设计及零部件详细设计—制定生产工艺流程—设计工装—零部件加工及装配—产品检验及性能测试"的步骤,是从未知到已知、从抽象到具体的过程,被称之为正向工程(或顺向工程)。而逆向工程则是按照产品引进、消化、吸收与创新的思路,根据零件(或原型)生成图样,再制造产品。其最主要的任务是将原始物理模型转化为工程设计概念或产品数字化模型,即从一个存在的零件或原型入手,首先对其进行数字化处理(将整个零件或原型用一个庞大的三维点的数据集合来表示),然后是构造 CAD 模型,CAD 模型经创新设计后输入数控机床或3D 打印设备,最后制造产品。一方面,为提高工程设计、加工与分析的质量和效率提供充足的信息;另一方面为充分利用先进的 CAD/CAE/CAM 等技术对已有的产品进行再创新设计服务。从发展的角度看,只有支持进一步的创新功能的逆向工程技术才具有更加广阔的应用前景,包含了"逆向测量数据的三维重构"与"基于原型或重建数字化模型的再设计"的逆向工程,才真正体现了逆向工程的核心和实质。正向工程和逆向工程的工作过程示意图如图 11-1 所示。从中可以看出,正向工程中从抽象的概念到产品数字化模型建立是一个计算机辅助的产品"物化"过程;而逆向工程是对一个"物化"的产品再设计,强调数字化模型建立的快捷性和效率,以满足产品更新换代和快速响应市场的要求。逆向工程中,由离散的数字化点或点云到产品数字化模型的建立是一个复杂的设计意图理解、数据加工和编辑的过程。

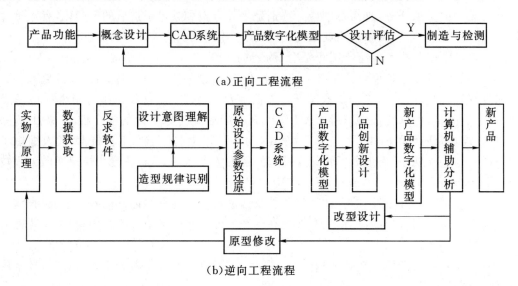

（a）正向工程流程

（b）逆向工程流程

图 11-1　正向工程和逆向工程的流程示意图

广义的逆向工程研究内容十分广泛,概括起来主要包括产品设计意图与原理的逆向,美学审视和外观逆向、几何形状与结构逆向、材料逆向、制造工艺逆向和管理逆向等等,是一个复杂的系统工程。本文所指的"逆向工程"是指"实物逆向工程",即狭义的逆向工程。

2.研究内容及应用领域

逆向工程作为掌握技术的一种手段,可使产品研制周期缩短百分之四十以上,极大提高了生产率。逆向工程的应用领域大致可分为以下几种情况:

（1）在没有设计图纸或者设计图纸不完整以及没有 CAD 模型的情况下,在对零件原形进行测量的基础上形成零件的设计图纸或 CAD 模型,并以此为依据利用 3D 打印技术或其它加工方法复制出一个相同的零件原型。

（2）当要设计需要通过实验测试才能定型的工件模型时,通常采用逆向工程的方法。比如航天航空领域,为了满足产品对空气动力学等要求,首先要求在初始设计模型的基础上经过各种性能测试（如风洞实验等）建立符合要求的产品模型,这类零件一般具有复杂的自由曲面外型,最终的实验模型将成为设计这类零件及反求其模具的依据。

（3）在美学设计特别重要的领域,例如汽车外型设计广泛采用真实比例的木制或泥塑模型来评估设计的美学效果,而不采用在计算机屏幕上缩小比例的物体投视图的方法,此时需用逆向工程的设计方法。

（4）修复破损的艺术品、古董或缺乏供应的损坏零件等，此时不需要对整个零件原型进行复制，而是借助逆向工程技术抽取零件原形的设计思想，指导新的设计。这是由实物逆向推理出设计思想的一种渐近过程。

（5）在医学中人体骨骼的测量制作中，完成替代骨的制作，个性化的准确测量更为患者改善生活提供必需品。

3.关键技术

逆向工程具有与传统设计制造过程截然不同的设计流程。通过对现有零件原形数字化后再形成 CAD 模型的逆向工程是一个推理、逼近的过程，一般可分为四个阶段：

（1）零件原形的数字化

通常采用三坐标测量机（CMM）或激光扫描仪等测量装置来获取零件原形表面点的三维坐标值。

（2）从测量数据中提取零件原形的几何特征

按测量数据的几何属性对其进行分割，采用几何特征匹配与识别的方法来获取零件原形所具有的设计与加工特征。

（3）零件原形 CAD 模型的重建

将分割后的三维数据在 CAD 系统中分别做表面模型的拟合，并通过各表面片的求交与拼接获取零件原形表面的 CAD 模型。

（4）重建 CAD 模型的检验并修正

采用根据获得的 CAD 模型重新测量和加工出样品的方法来检验重建的 CAD 模型是否满足精度或其他试验性能指标的要求，对不满足要求者重复以上过程，直至达到零件的设计要求。

11.3　逆向工程常用的测量方法

逆向工程常用的测量方法可按照测量时与模型表面是否接触分为接触式和非接触式，近年来的发展，由于非接触式的便携、高效而成为主流。

（1）三坐标测量机

三坐标测量机具有多种分类方法，按结构形式有龙门式、桥式；按精度分有高精度、低精度；三坐标标测量仪器，可以对具有复杂形状的工件的空间尺寸进行逆向工程测量或者检测。坐标测量机一般采用触发式接触测量头，一次采样只能获取一个点的三维坐标值。上世纪 90 年代初，英国 Renishaw 公司研制出一种三维力—位移传感的扫描测量头，该测头可以在工件上滑动测量，连续获取表面的坐标信息，扫描速度可达 8m/s，数字化速度最高可达 500 点/s，精度约为 0.03mm。这种测头价格昂贵，目前尚未在坐标测量机上广泛采用。坐标测量机主要优点是测量精度高，适应性强，但一般接触式测头测量效率低，而且对一些软质表面无法进行逆向工程测量。如图 11-2 所示为美国 FCA 公司的车身测量仪。

（2）层析法

层析法属于非接触式测量，是一种材料逐层去除结合光扫描的方法。是近年来发展的一种逆向工程测量技术，将研究的零件原形填充后，采用逐层铣削和逐层光扫描相结合的方法，如图 11-3 所示。获取零件原形不同位置截面的内外轮廓数据，并将其组合起来获得零件的

图 11-2　美国 FCA 公司的车身测量仪

三维数据。层析法的优点在于可以对任意形状,任意结构零件的内外轮廓进行测量,但测量方式是破坏性的。如图 11-3 所示为西安交大自己改装的测量机及其测量和建模的图片。

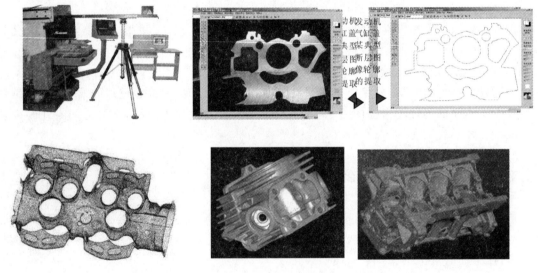

图 11-3　层析法测量

非接触式测量根据测量原理的不同,大致有光学测量、超声波测量、电磁测量等方式。以下仅对在逆向工程中最为常用与较为成熟的光学测量方法(包含数字图像处理方法)作简要说明。

(3)基于光学三角型原理的逆向工程扫描法

该测量方法根据光学三角型测量原理,以光作为光源,其结构模式可以分为光点、单线条、多光条等,将其投射到被测物体表面,并采用光电敏感元件在另一位置接收激光的反射能量,根据光点或光条在物体上成像的偏移,通过被测物体基平面、像点、像距等之间的关系计算物体的深度信息。如图 11-4 所示为激光线扫描三维轮廓测量设备,此测量系统是基于激光三角测量法,采取线扫描测量方式。

（4）基于相位偏移测量原理的莫尔条纹法

这种测量方法将如图 11-5 所示的光栅条纹投射到被测物体表面,光栅条纹受物体表面形状的调制,其条纹间的相位关系会发生变化,用数字图像处理的方法解析出光栅条纹图像的相位变化量来获取被测物体表面的三维信息。

图 11-4　激光线扫描三维轮廓测量仪

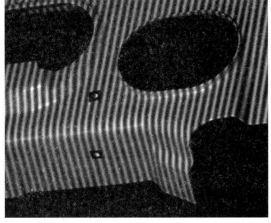

图 11-5　光栅条纹

（5）基于工业 CT 断层扫描图像逆向工程法

该测量方法对被测物体进行断层截面扫描,以 X 射线的衰减系数为依据,经处理重建断层截面图像,根据不同位置的断层图像可建立物体的三维信息。该方法可以对被测物体内部的结构和形状进行无损测量。该方法造价高,测量系统的空间分辨率低,获取数据时间长,设备体积大。美国 LLNL 实验室研制的高分辨率 ICT 系统测量精度为 0.01mm。

（6）立体视觉测量方法

立体视觉测量是根据同一个三维空间点在不同空间位置的两个(多个)摄像机拍摄的图像中的视差,以及摄象机之间位置的空间几何关系来获取该点的三维坐标值。立体视觉测量方法可以对处于两个(多个)摄像机共同视野内的目标特征点进行测量,而无须伺服机构等扫描装置。立体视觉测量面临的最大困难是空间特征点在多幅数字图象中提取与匹配的精度与准确性等问题。近来出现了以将具有空间编码的特征的结构光投射到被测物体表面制造测量特征的方法,有效解决了测量特征提取和匹配的问题,但在测量精度与测量点的数量选取上仍需改进。

11.4　复杂工况三维全场动态变形检测技术

航空航天、军工、船舶、汽车等高端制造业,大量采用新材料、新结构、新工艺,急需在高温、振动等恶劣工况下,对整机和部件的动态变形及应变分布进行三维全场密集检测,为创新设计和数字化制造提供依据。西安交通大学的梁晋教授及其团队,经过 20 年持续攻关,提出了标定和测量同时进行与同时解算的新思想,发明了复杂工况下三维全场动态变形检测方法及装置,并实现了产业化,获得 2013 年度 国家科学技术奖(技术发明)二等奖。该技术提出了标定和测量过程同时进行、标定参数和所有待测坐标同时解算的整体一次性三维解算新思想,突破了传统检测方法先标定后测量的模式,实现了复杂工况下 1mm～50m 视场三维坐标的精确重建,为关键技术发明奠定了基础;发明了弱相关图像精确解算三维应变场的动态检测方法及装置,解决了高温、大变形三维应变场动态测量难题,实现了 2800℃ 高温和 0.01%～1000% 变形范围的三维应变场动态检测,比国际上最高应变检测温度(800℃)提高 2 倍多;发明了测量系统参数自校正的三维变形实时检测方法及装置,解决了航空航天飞行器机载测量基准失稳的动态测量难题,实现了振动工况下三维变形与运动实时检测,比传统空中测量方法提高了 2 个数量级;发明了全局关键点与局部细节变形整体解算的大尺寸全方位动态检测方法及装置,解决了误差累积和快速精确测量的难题,实现了 50 米工件的三维变形动态检测,检测精度达 ±0.02mm/1m,突破了传统方法无法实现的技术瓶颈。基于以上关键技术发明,针对航空航天及军工等行业检测需求,梁晋教授及其团队发明了用于显微、高速、冲压等检测的专有技术,该团队开发了三个系列 10 余种检测系统,如图 11-6 所示。实现了传统检测方法无法实现的三维全场变形检测。在多视场三维快速重建和全场测量集成控制技术的研究取得了突破性进展,处于国际领先水平。根据该技术开发的系列产品推广应用到航空航天、军工、船舶、汽车等行业和大学,满足了多项国防重点项目的设计制造急需。产品出口美国和欧洲等多所著名大学及韩国和俄罗斯等国外企业。取得了显著的经济和社会效益,应用前景广阔,促进了先进制造业的科技进步。下面简单介绍其中几种和 3D 打印关系密切的方法。

图 11-6　各种检测系统

11.4.1　极速人体三维扫描系统

极速人体三维扫描系统(Rapid 3D Body Scanning System),在 1.25ms(相当于 1/800s)实现人体三维几何和彩色数据采集,白光闪光灯闪烁时通过特质的散斑片将散斑图案投射出去,黑白相机同步采集带有散斑图案的人体,进而解算出人体轮廓信息,接下来彩色相机采集,对人体进行彩色贴图。最终结果就是彩色的人体数据。解决了黑色头发的扫描难题。同时实现面部的精细扫描,扫描精度为 0.1mm~0.2mm。多个测量头模块化组合和同步控制,实现人体面部、头部、上身、全身的三维扫描。核心技术采用自主研发的三维全场动态检测方法,如图 11-7 所示,主编亲自体验秒测结果。该系统具有 24 位 RGB 彩色纹理,具备点云优化降噪、点云融合、点云补洞、三角化等自动后处理、自动拼接功能,最终输出数据格式可以选择 ASC/PLY/STL/OBJ。主要应用于 3D 打印、水晶内雕、医学治疗、服装设计、服装定制、人体运动分析等领域。

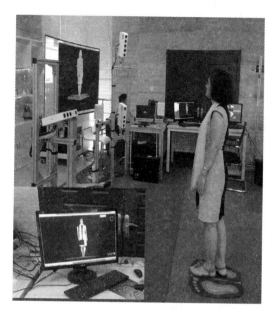

图 11-7　极速人体三维扫描系统

类似的 XTBODYSCAN 人体扫描系统也可以完成人体全身的数据扫描,获取的人体点云数据包含人体各个部位的准确三维信息。基于人体的点云数据模型,可处理成三角面片的人体网格模型。该扫描系统的主要特点有:(1)快速测量:单机测量时间 0.6~1s,多机测量时间 5.0~8.0s;(2)自动拼接:多机系统从四个角度依次自动快速完成人体三维数据的采集,自动拼接不同方位的点云数据到统一的坐标系;(3)彩色扫描:系统不仅可以获得人体表面准确的三维外形坐标,而且同时获得每一个像素点对应的色彩信息。XTBODYSCAN 人体扫描系统测量效果如图 11-8 所示。

图 11-8　XTBODYSCAN 人体扫描系统测量效果

11.4.2　三维光学摄影测量系统

XTDP 三维光学摄影测量系统如图 11-9 所示,使用普通单反相机(非量测相机),通过多幅二维照片,基于工业近景摄影测量原理,重建工件表面关键点三维坐标。用于对中型、大型(几米到几十米)物体的关键点进行三维测量。与传统三坐标量仪相比,没有机械行程限制,不受被测物体的大小、体积、外形的限制,能够有效减少累积误差,提高整体三维数据的测量精度。可以代替传统的激光跟踪仪、关节臂、经纬仪等,而且没有繁琐的移站问题,方便大型工件测量。

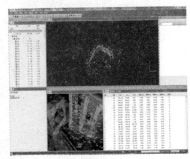

(a)硬件　　　　　　　　　　　　(b)软件界面

图 11-9　XTDP 系统

XTDP 系统主要由高性能单反相机、编码标志点、非编码标志点、标尺、计算机及检测分析软件等组成。该系统是国内首个自主研发的工业近景摄影测量系统,使用高精度的相机标定算法,适用于多种数码相机。其自主知识产权的核心算法,达到国外先进水平,可测量 0.3m～30m 范围的物体,测量精度可达 ±0.015mm/m。该系统测量速度快,拍照方便,计算速度快,测量结果三维可视化,具备 CAD 数模对比模块,可用于质量检测,测量工件变形数据。该系统设备不需要事先校正,操作使用方便,对操作人员无特殊要求,并且不受环境及测量范围限制,可在车间或工业现场测量,便携式设计,设备轻便,单人可携带外出开展测量工作,三维光学摄影测量效果如图 11-10 所示。编码标志点小块具有磁性,一般可以直接吸附在铁质模型表面,非编码标志点后边带胶,可以粘贴在模型表面。通过单反相机围绕被测物体拍摄多张被测物图像,快速检测被测物表面关键的三维坐标、三维位移数据,测量结果三维彩色显示。系

图 11-10　XTDP 三维光学摄影测量效果

统功能主要包括基本测量功能、变形测量功能、数模对比功能、分析报告功能等。数模对比功能:三维显示可灵活设置,包括颜色,尺寸等,可显示相机三维位置。具有数模对比、数模导入功能:支持 stl,iges,step 等多种数模文件格式;具有屏幕截图功能,具备二维图像及三维图像截图功能,截图自动插入报告,数据输出功能:测量结果及分析结果输出成报表,支持 txt,xls,doc 文件的输出。

11.4.3　XTOM 三维光学面扫描系统

XTOM 三维面扫描系统如图 11-11 所示,基于双目立体视觉原理,采用国际最先进的外差式多频相移三维光学测量技术,单幅测量幅面从 30mm 到 1m,测量精度、测量速度等性能都达到国际最先进水平,与传统的格雷码加相移方法相比,测量精度更高,单次测量幅面更大、抗干扰能力强、受被测工件表面明暗影响小,而且能够测量表面剧烈变化的工件,可以扫描测量几毫米到几十米的工件和物体。广泛适用于各种需求三维数据的行业,如汽车工业、飞机工业、摩托车外壳及内饰、家电、雕塑等。

该系统主要由测量头、控制箱、标定板、标志点、计算机及检测分析软件等组成。

(a)XTOM 系统测量头　　　　(b)系统软件界面

图 11-11　XTOM 三维面扫描系统

系统主要应用于逆向设计、产品检测,可以快速获取零部件的表面点云数据,建立三维数模,从而达到产品快速设计的目的。也可以用于生产线产品质量控制和形位尺寸检测,特别适合复杂曲面的检测,可以检测铸件、锻件、冲压件、模具、注塑件、木制品等产品。此外,还可以应用在文物扫描和三维显示、牙齿及畸齿矫正以及医学整容修复等场合。

在使用过程中,该系统可根据需求,配备一组或多组镜头,实现测量从 32mm×24mm 到 800mm×600mm 的幅面。扫描及计算速度快,单次扫描 2～4s,扫描过程全自动拼接,XTOM 一般都是基于标志点进行点云拼接,可配合摄影测量系统 XTDP 完成大型模型的点云测量,支持手动选区扫描;在扫描得到物体三维形状的同时还可以扫描得到并输出纹理信息;处理功能强大,具备点云优化降噪、点云融合(重叠面删除)、点云补洞、三角化等自动后处理功能;具备点云测距、多种坐标变换、元素拟合、各种角度及尺寸分析功能;具备多种数据输出接口,点云(ASC,IGS),三角形网格(STL),纹理贴图(OBJ)。XTOM 三维面扫描系列产品如图 11-12所示。

外观			
型号	XTOM-TC-Ⅰ(单目)	XTOM-TC-Ⅱ(双目)	XTOM-TC-Ⅲ(四目)
相机像素	1×1300000	2×1300000	4×1300000
测量幅面	400×300mm	400×300mm	400×300mm 200×150mm
测量精度	0.05mm	0.04mm	0.03~0.04mm
采样点距	0.3mm	0.3mm	0.3/0.15mm
测量景深	>300mm	>300mm	>300/150mm

(a) 教育型系列产品

外观				
型号	XTOM-ET-Ⅰ (标准型)	XTOM-ET-Ⅱ (四目型)	XTOM-ET-Ⅲ (高精度)	XTOM-ET-Ⅳ (大幅面) · XTOM-ET-Ⅴ (桌面型)

(b) 工业型系列产品

图 11-12 XTOM 三维面扫描系列产品

1. 功能特点

(1)采用国际最先进的外差式多频相移三维光学测量技术,与传统的格雷码加相移方法相比,测量精度更高,单次测量幅面更大(从 150mm 到 3m)、抗干扰能力强、受被测工件表面明暗影响小,工件一般不需要喷显影剂,而且能够测量表面剧烈变化的工件。

(2)一机多用,单幅测量幅面从 200mm 到 3m,可以测量几毫米到几十米的工件和物体。一台测量系统可同时扫描测量小型、中型、大型工件。

(3)面扫描、测量数据密集。单幅扫描一次获得 80 万~100 万的点云,点云的点间距为 0.08mm~1mm,海量数据测量和处理,测量精度从 0.008mm 到 0.05mm。

(4)移动便携式测量。与传统的三坐标测量机、激光抄数机相比,突出特点为移动便携式操作,流动式测量,不需要固定的大型操作台,移动式测量,可以扫描测量几毫米到几十米的产品工件和物体。

(5)强大的自动拼接和重叠面自动删除功能。功能强大的多次扫描自动拼接功能,拼接精度更高,提高工件扫描效率 80% 以上。标志点实时跟踪识别,多幅扫描后进行全局匹配自动化完成拼接,自动删除重叠面。可以与工业近景摄影测量系统配合使用提高拼接精度,有效控制拼接积累出差。

(6)激光指示器测距,测量扫描速度快。单幅(最大 3m 幅面)测量速度为 3~6s。

(7)提供多种标定板。标定板和十字架标定采用编码标志点和亚像素图像识别技术,标定精度更高更准确。标定板幅面从 150mm×110mm 到 3m×3m。

(8)系统采用工业化产品设计。所有硬件设备集成一起,一体化设计,性能稳定可靠。软件一体化集中控制所有硬件设备,包括激光指示器、工业相机、光栅投射器等。

2.技术原理

基本原理是:测量时光栅投影装置投影多幅多频光栅到待测物体上,成一定夹角的两个摄像头同步采得相应图像,然后对图像进行解码和相位计算,并利用立体匹配技术、三角形测量原理,解算出两个摄像机公共视区内像素点的三维坐标,如图 11-13 所示。测量过程中投射到物体的光栅如图 11-14 所示。

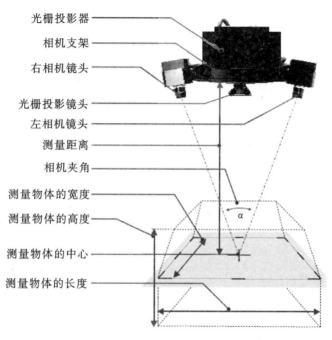

光栅投影器
相机支架
右相机镜头
光栅投影镜头
左相机镜头
测量距离
相机夹角
测量物体的宽度
测量物体的高度
测量物体的中心
测量物体的长度

图 11-13　三维光学测量结构图

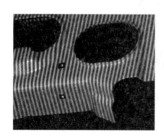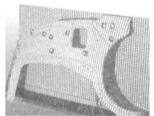

图 11-14　光栅投射到工件图案

3.扫描前预处理

(1)需要做表面处理的情况

物体表面的材质、色彩及反光透光等可能对测量结果有一定的影响,而工件表面的灰尘、铁屑等物更是会带来测量数据的噪声。在光学测量中,由于被测物的色泽、材质、测量环境、设备振动等也会给测量结果引入噪声。

一般情况下,对于色彩复杂的模型(具备多种色彩)、颜色属于冷色系的模型(蓝色、黑色、紫色等)、表面反光透明的模型,为保证测量效果,都需要做显影喷涂处理。

（2）表面处理的基本方法

物体最适合进行三维扫描的理想表面状况是亚光白色，因此通常的方法是在物体表面喷一薄层白色物质。根据工件的要求不同，选用的喷涂物也不同。对于一些不需要进行喷涂后清理的物体，一般可以选择白色的显像剂等；而对于一些要进行喷涂后清理的物体，只能使用白色显像剂，它使用完毕后很容易就可去除掉，便于测量完成后还物体以本来面目，如图 11-15 所示。

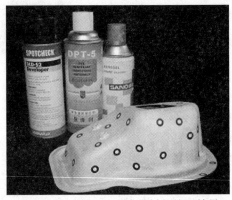

图 11-15　表面处理喷雾剂及处理效果

（3）粘贴标志点

标志点是用于多视角扫描自动拼接时坐标转换的，它实际上是一些贴在物体表面的圆点。常见的非编码型标志点，黑底白点、白底黑点等等。这里采用的是黑底白点作为非编码型标志点。如图 11-16 所示。

图 11-16　用于自动拼接的各种标志点

要完整地扫描一个复杂物体，往往要进行多次、多视角测量，才能获得整体外形的点云。这时就需要进行扫描工程的多视拼接，多视角扫描拼接分为手动拼接和自动拼接两种方法。利用标志点可以将不同视角下测得的点云在测量过程中完成自动拼接。扫描贴标志点实例如图 11-17 所示。

图 11-17　扫描和贴标志点现场实例

11.5　激光三维抄数机

1.激光三维抄数机的基本原理

基于线结构光的三维轮廓测量方法采用光学三角法原理,其测量系统空间几何关系如图 11-18 所示。半导体激光器经柱面镜投射出一光平面,并与被测空间物体相交形成激光投射曲线。由于受到物体高度变化的影响,通过 CCD 从与投射方向不同的另一方向观察到的该投射曲线的形状与位置包含了被测物体表面的高度信息,利用该信息就可实现高度测量。

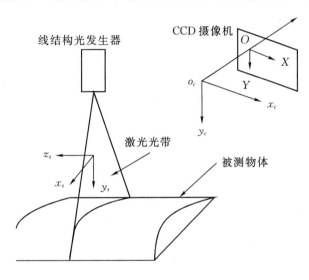

图 11-18　测量系统空间几何关系示意图

2.激光扫描测量几何成像原理分析

分析理想情况下激光扫描三维轮廓测头成像原理。因为成像透镜物距远大于焦距,在不考虑镜头畸变的情况下,摄像机的透视成像可以近似地看作针孔成像,图 11-19 是激光扫描三

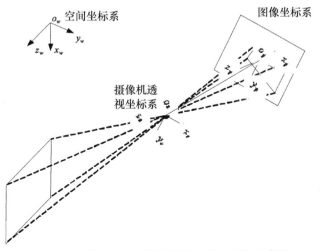

图 11-19　激光扫描三维轮廓测头透视变换示意图

维轮廓测头成像的透视变换示意图。激光投射采用垂直入射方式,图中 O_o 为透视中心,O_oO_p 为摄像机成像光轴,它垂直于成像平面。其中坐标系 $O_p-x_py_pz_p$ 为图像坐标系,$O_o-x_oy_oz_o$ 为摄像机坐标系,且坐标系 $O_p-x_py_pz_p$ 与坐标系 $O_o-x_oy_oz_o$ 对应坐标轴平行,$O_w-x_wy_wz_w$ 为空间坐标系。

3. 系统组成

线结构光扫描测量设备系统结构图如图 11-20 所示,整个测量系统由载物平台、测头、机架、激光发生器和 CCD 摄像机组成。载物平台用来作为测量基准平面和放置被测物体。三维运动机架用来实现测头在三维空间内的移动,它固定在载物平台上。为了减少测量"盲区",本测量系统采用双 CCD 对称结构进行扫描测量。

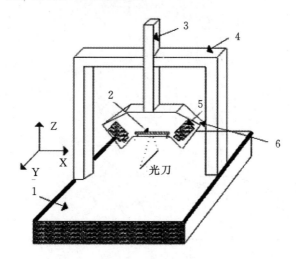

1.载物平台;2.激光发生器;3.机架 Z 轴;4.机架 Y 轴;5.CCD 摄像机;6.测头

图 11-20   测量系统结构图

本测量系统基于激光三角形法,采用垂直入射光束、线扫描测量方式,线结构光发生器、CCD 摄像机测量。在测量时,首先由半导体激光发生器发出一条线状激光(俗称光刀),垂直投射到被测物体表面,形成一条变形条纹;然后,由与光刀投射方向成一定角度的 CCD 采集光刀的变形条纹图像(即光刀图像),光刀图像的视频信号通过图像采集卡输入计算机;再通过软件方法将光刀条纹数据转化为空间坐标;通过一维步进扫描测量,获取被测物体表面的三维轮廓信息。这样,就得到了整个物体表面的数据,由于测量数据为密集的光刀图像离散点,数据量非常庞大,因此也叫做点云数据。

LSS-600 激光扫描测量仪硬件主要由计算机,电源控制模块,运动控制与驱动单元,四维运动测量机台,CCD 图像采集模块,位置检测模块等构成。软件包在 Win98/Win2000/WinXP 环境下运行。系统的具体组成结构如图 11-21 所示。

4. 测绘效果

各种三维测量的点云模型和处理的三角面片模型效果,如图 11-22 所示。

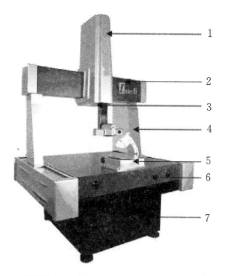

1.Z 轴;2.Y 轴横梁;3.镜头杆;4.立柱;5.转台;6.平台;7.底座

图 11-21　LSS-600 测量系统结构图

图 11-22　三维测量的点云模型和处理的三角面片模型效果

11.6　基于多 RGB-D 扫描相机的三维重建系统

由西安交通大学先进制造技术研究所数字化组最新开发的,基于多 RGB-D 扫描相机的三维重建系统,是一种利用空间扫描相机矩阵,同步、快速采集重建对象特征(目标尺寸、色彩信息、表面纹理等),通过标定相机间的位姿变换矩阵获得完整、均匀的重建对象点云模型,利用网格化算法实现从点云模型生成初步三维网格模型,最后利用相机采集的高清色彩信息,对初步三维网格模型进行网格加密,并对加密后的网格进行颜色映射。以获得高分辨率、细节特征清晰、可直接用于三维打印的重建模型。快速建模如图 11-23 所示。

图 11-23 RGB-D 扫描相机的三维重建模型

基于多 RGB-D 扫描相机的三维重建系统具有以下优点:

(1)利用自动标定技术,实现系统快速自动精确标定;

(2)鲁棒性高,由于多 RGB-D 相机同时快速采样、多帧深度数据快速采样技术的应用,适用于人体各种姿势重建,并能有效过滤轻度人体移动带来的采样误差影响;

(3)无需提取图像特征点进行局部配准。得益于高精度的自动标定,局部配准只需考虑重叠点的影响,进行重叠区域的重采样,进一步获得平滑、均匀点云。

(4)精度在 0.5~1mm,速度在 30s。整套成本在 3 万元左右。

(5)成本低,仅需几万元即可。

第 12 章　快速模具制造技术

12.1　快速模具制造技术简介

随着全球经济的一体化发展,制造业竞争显得越发激烈。如何缩短生产周期并降低成本,已成为制造商首要考虑的问题。快速成形与制造(RPM:Rapid Prototyping & Manufacturing)堪称 20 世纪后半期制造技术最重大的进展之一。RPM 技术诞生 20 余年来已在汽车、家电、航空、医疗等行业中得到广泛应用。国外大型企业如通用、福特、法拉利、丰田、麦道、IBM、Motorola 等以及我国的一些著名企业,积极在产品设计过程中采用这项技术,进行产品的有关设计检验、外观评审、装配实验、动态分析、光弹应力分析、风洞实验等,成功地实现了面向市场的产品造型设计敏捷化。

多品种小批量个性化制造时代的逐步来临,使得企业要求模具制造能保证新产品快速占领市场,开发快速经济模具越来越引起人们的重视。例如用环氧聚脂或其中混入金属、陶瓷、玻璃等增强材料制作的快速软模,可用于上百件注塑成型以及汽车覆盖件试制。其主要特点是制造工艺简单、生产周期短、价格便宜。但由于材料的导热性和机械性能不高,这种模具难以用于高频率的批量注塑成型以及金属拉延件批量成型。水泥、陶瓷制作的汽车覆盖件模具还有待进一步改善。相比之下,由于金属材料具有优良的综合性能,金属模具低成本快速制造成为 RPM 技术的努力目标。快速制造金属模具(RMT:Rapid Metal Tooling)是 3D 打印技术进一步发展并取得更大经济效益所面临的关键课题,世界先进工业化国家的 RPM 技术在经历了模型与零件试制、快速软模制造阶段后,目前正向 RMT 方向发展,RMT 已成为 RPM 技术研究的国际前沿,该技术被美国汽车工程杂志评为全球 15 项重大技术之首,受到全球制造业的广泛关注。

12.2　基于 3D 打印的快速模具技术

传统的模具制造方法可分为两种,一种是借助母模翻制模具,另一种就是用数控机床直接制造模具。在新产品开发过程中,减少模具制造所需成本和时间对缩短整个产品开发时间及降低成本是最有效的步骤,3D 打印技术的一个飞跃就是进入模具制造领域,其潜力所在正是能降低模具制造成本并缩短模具开发时间。将 3D 打印技术引入模具制造过程后的模具开发制造就是快速模具制造。如图 12-1 所示为奔驰公司使用熔模铸造方法的 3D 打印模型和铸造零件。

目前已提出的众多 RMT 方法,可分为由 CAD 数据及 3D 打印系统制作的快速原型或其他实物模型复制金属模具的间接法和根据 CAD 数据直接由 3D 打印系统制造模具的直接法两大类,如图 12-2 所示。直接法虽然受到关注,但由于尺寸范围及精度、表面质量、综合机械性能等方面存在问题,离实用化尚有相当差距,目前最成熟的 RMT 法是间接法。

图 12-1　零件和♯D打印模型

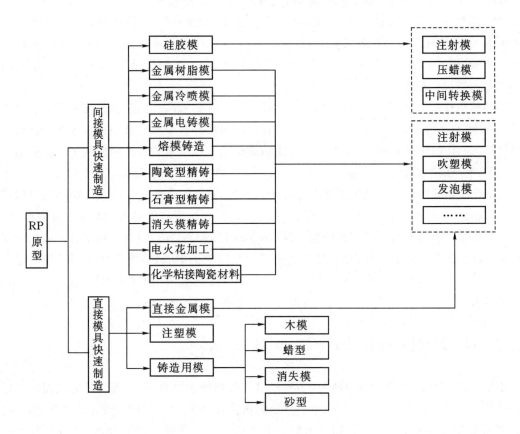

图 12-2　基于 3D 打印的快速模具制造方法分类及应用流程图

1.直接制模法

直接法尤其是直接快速制造金属模具(DRMT:Direct Rapid Metal Tooling)方法在缩短制造周期、节省资源、发挥材料性能、提高精度、降低成本等方面具有很大潜力,从而受到高度关注。目前的 DRMT 技术研究和应用的关键在于如何提高模具的表面精度和制造效率以及保证其综合性能质量,从而直接快速制造耐久、高精度和表面质量能满足工业化批量生产条件的金属模具。目前已出现的 DRMT 方法主要有:以激光为热源的选择性激光烧结法(SLS—

selective Laser Sintering)和激光生成法(LG—Laser Generating);以等离子电弧等为热源的熔积法(PDM—Plasma Detmsition Method,或 PPW—Plasma Powder Welding);喷射成型的三维打印法(3DP:Three—Dimensional Printing)。

(1)选择性激光烧结(SLS)

SLS 的工艺大致为:先在基底上铺上一层粉末,用压辊压实后,按照 CAD 数据得到的层面信息,用激光对薄层粉末有选择地烧结。然后将新的一层粉末通过铺粉装置铺在上面,进行新一层烧结。反复进行逐层烧结和层间烧结,最终将未被烧结的支撑部分去除得到与 CAD 形体相对应的三维实体,第 10 章已对其进行介绍。

(2)激光熔敷

激光生成法中有代表性的 Sandia National Lab 的 LMF(Laser Metal Forming)工艺是在激光熔敷基础上开发的直接制模工艺。该工艺采用高功率激光器在基底或前一层金属上生成出一个移动的金属熔池,然后用喷枪将金属粉末喷入其中,使其熔化并与前一层金属实现紧密的冶金结合。在制造过程中,激光器不动,计算机控制基底的运动,直到生成最终的零件形状。制件密度为理论密度的 90%,机械性能较好,而且还可调整送粉组分实现组织结构优化。但由于残余热应力的影响和缺乏支撑材料,精度难以保证,只适用于简单几何形状的模具,而且与 SLS 过程类似,由于未熔颗粒的粘结,表面粗糙度只达到 $12\mu m$。

(3)三维打印(3DP)

3DP 工艺类似喷墨打印,铺粉装置将一层粉末铺在基底或前一层粉末上面,通过喷头在粉末上喷射固化结合剂,层层堆积形成三维实体,经过烧结、浸渗,得到最终的模具。Michaelss 等采用 MIT 的 3DP 技术直接制造的模具密度相当于理论密度的 60%,强度低于铸件,而且精度和表面粗糙度差。第 10 章已对其进行介绍。

(4)等离子熔积(PDM)

等离子熔积法(PDM)具有使用材料范围广、能获得满密度金属零件的特点。起源于前德国 Kruoo 和 Thvssen 公司的埋弧焊接,能够实现大型或特大型容器的成型焊,其机械性能、组织优于铸锻组织,通过适当选择工艺参数可以减少残余应力和裂纹发生,提高堆焊高度。此外,薄钢板的 LOM 技术也可制造金属模具,但叠层间需焊接等紧固处理,且材料利用率低,薄板热变形也影响成型精度和粗糙度。

(5)分层金属片板

使用金属片板生产分层金属模具的设想和 LOM 的过程类似。不过,与一般的 LOM 不同的是,它直接在成型机上进行金属薄板的叠层制造,根据 CAD 模型,采用激光或水射流方法形成轮廓。采用扩散粘结将切割的薄板叠全起来,形成伪金属实体零件,由于板村的厚度较大,会产生台阶效应,因此需要精加工处理,同时必须解决结合技术的问题,确保最终产品的结构完整。

然而,上述方法都是基于堆积成型的原理,不可避免要产生侧表面阶梯效应,致使精度低、表面质量差,且存在综合力学性能不高等方面的问题,目前多用于金属零件的制造。值得注意的是,Stanford 大学的 AmonC. H 等人开发出形状沉积制造(SDM)工艺,并研制出与 CNC 加工集成的装置。其工艺特点是利用焊接原理熔化焊材(丝状),并借助热喷涂原理使超高温熔滴逐层沉积成型,实现层间冶金结合。但因焊接弧柱的不稳定、以及可控参数的协调性等问题,很容易出现翘曲和剥离。采用 CNC 对外轮廓和表面精整,在解决 RPM 技术中共有的、因逐层堆积产生的侧表面阶梯效应造成的精度和表面质量问题方面做了有益的尝试,但这种工艺目前尚局限于简单形状金属零件制造。图 12-3 是日本 MAZAK 公司 2016 年 9 月在这个展览会上展出的使用这种方法制造的零件,在 CNC 加工的零件上直接 3D 打印的金属。

图 12-3　日本 CNC 加打印零件

在 2016 年 11 月第 28 届日本国际机床展上,日本 OKUMA 公司展出了增加了加工功能的复合加工机"MU-6300VLASEREX",具备铣削与车削功能的传统复合加工机的功能之外,还增加了金属积层造型(3D 打印)、淬火、研磨 3 种加工功能。该公司称,它是"全球首款"将这 5 种加工功能集于一体的机床,是"超复合加工机"。目前新的复合加工方法层出不穷。

2.间接制模法

直接制模法根据要求,能够在不同部位采用不同材料。然而,直接制模法受到工艺本身限制,制造的模具在表面及尺寸精度、大小规格、形状自由度等方面尚不能满足高精度金属模具的要求。具有竞争力的快速制模方法主要是将 3D 打印与铸造、喷涂、电镀、粉末成型等传统成型工艺相结合的间接制模法。间接制模法主要有以下几种方法。

(1)铸造用快速模

传统 3D 打印的金属零件铸造工艺通常不被认为快速制模(RT),而是快速加工或者快速铸造。然而,它是 3D 打印与模具有关的最普遍的应用,它直接导致了 RT 的产生。除去那些铸造方法,铸造工业有一个核心工序,就是利用物理模型生产可用来铸造金属的模具。铸造模型产生过程中使用 3D 打印技术,使得铸造厂在生产少量金属零件时可以不使用模具。

1)陶瓷型精密铸造法

在单件生产或小批量生产钢模时,可采用此法。其工艺过程为:3D 打印 原型作母模→浸挂陶瓷沙浆→在烤炉里固化模壳→烧去母模→预热模壳→烧铸钢(铁)型腔→抛光→加入烧注、冷却系统→制成生产用注塑模。其优点在于工艺装备简单,所得铸型具有极好的复印性和极好的表面光洁度以及较高的尺寸精度。图 12-4 是 3D 打印的陶瓷模型。

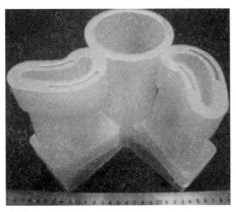

图 12 - 4　3D 打印的陶瓷模型

2)砂型铸造法

用 3D 打印原型作模型来制作砂型,再铸钢而得到模具,可以使浇钢的性能得到大幅提高,用此法几乎可以制造各种模具,且模具寿命不会有大的降低。ABS 材料的高强度特性,适合制造大的坚固实心模型,如图 12 - 5 所示。

图 12 - 5　3D 打印做砂型

3)石蜡精密铸造法

在批量生产金属模具时一般可采用此法。先利用 3D 打印原型或根据翻制的硅橡胶、金属树脂复合材料或聚氨脂制成蜡模的成型模,如图 12 - 6 所示为西安交通大学快速制造国家

图 12 - 6　3D 打印的光敏树脂模具及其制作的蜡模

工程研究中心使用光敏树脂打印的模具及其制作的蜡模。然后利用该成型模生产蜡模如图 12-7(a)所示，再用石蜡精铸工艺制成钢（铁）模型，如图 12-7(b)所示的熔模铸造的零件。另外，在单件生产复杂模具时，亦可直接用 3D 打印原型代替蜡模。

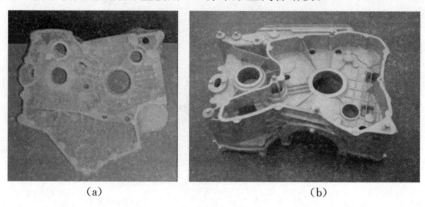

（a）   （b）

图 12-7　石蜡模型和熔模铸造的零件

4）石膏铸造法

利用 3D 打印原型翻制成石膏铸型，然后在真空下浇铸铝、锌等非铁合金模，它可小批量生产注塑产品。用 3D 打印原型作模型浇注低熔合金，作成低熔合金模，可用来压制铸造用的砂芯。

（2）软模

软模（soft tooling）是基于模具的刚性和耐久性，相对于比较硬的金属模具，一般把聚合模具当作软模。

1）硅胶模

由于硅橡胶具有良好的柔性和弹性，能够克隆结构复杂、花纹精细和具有一定倒拔模斜度的零件。而且硅橡胶快速模具制作周期短，制件质量高，可在短期内获得多个零件。因此，硅胶模应用非常广泛，如图 12-8 所示，它是玻璃工艺品、树脂工艺品、灯饰、蜡烛工艺品等复模的最佳精密模具。

图 12-8　硅橡胶模具及塑料件

硅橡胶拉力、弹力好，撕裂度好，不仅让产品漂亮，而且能使做出来的产品不变形。如图 12-8 所示为西安交大快速制造国家工程研究中心制作的硅胶模具。硅胶耐高温 200℃，在零下−50℃模具硅胶仍然不脆，依然很柔软，仿真效果非常好。模具用硅胶、矽胶，统称双组份室温硫化硅橡胶，它具有优异的流动性，良好的操作性，室温下加入固化剂 2％～10％，30min 还可操作,2~3h 后生成模具。硅橡胶在没添加固化剂前是一种糊状流动性半透明或不透明物体。在按比例添加固化剂搅拌均匀抽真空去除气泡后,倒入模框,包裹住母件。待固化后开模即可得到所需要的模具,硅胶模具寿命通常在 20~50 件的复模数量。硅橡胶模具有良好强度和极低的收缩率。并能经受重复使用和低保养操作,易脱模、易修改和修正模具。3D 打印制作出"正"的模与待成型制造硅胶模,首先用 3D 件相同的母模,然后在母模周围浇满硅橡胶。固化后沿预计的分型面将硅橡胶切开,取出母模后就制成了硅胶模。为了保证硅胶模的质量,要求母模表面经过抛光处理,因为模具翻制过程中会将母模表面的几乎所有特征包括细微的手印复制到硅胶模成型面上,进而复制到零部件上。硅胶模具有制作速度快,可以浇铸多种热固性塑料,成型件具有较好精度,价格非常便宜等优点,但硅胶模的使用局限于低压,小体积和低温的生产过程,不能制作精度要求很高的零件。寿命短,通常只能浇铸 25~30 件。

2)环氧树脂模

环氧树脂模经常是完成注射模生产的功能件的最快方法,制作过程类似硅胶模生产过程,只是将硅胶换成了掺有铝粉的环氧树脂。整个模具需分两次浇铸制成,因为环氧树脂不能像硅胶那样用刀切分型。环氧树脂在固化过程中伴有少量收缩,因此母模常会损坏。环氧树脂的导热性极差,用纯环氧树脂制作的模具进行注塑成型时的热量难以散出,解决的办法就是使用环氧树脂制作模具特征表面,背后充填导热性好的材料。这样制作的模具具有很好的抗压强度,完全可以用于注塑成型一类的压力成型,具有研磨性的材料也可以注塑,寿命达数千件。环氧树脂模具与传统注塑模具相比,成本只有传统方法的几分之一,生产周期也大大减少。模具寿命不及钢模,但比硅胶模高,可达 500~5000 件,基本可满足中小批量生产的需要。

(3)硬模

硬模(hardtooling)通常指的就是钢质模具,即用间接方式制造金属模具和用 3D 打印直接加工金属模具。

1)金属喷涂模

用高速隋性气体将熔化的金属液体雾化,喷射在石蜡、塑料或陶瓷原型(通过 SLA、SLS 或 LOM 方法制造)上,生成一薄层金属,补强背衬并除去原型后得到模具。受喷涂设备和母模受温限制,通常所用金属材料是低熔点金属,如铅锡合金、锌合金和镍等,常用的喷涂方法是电弧喷涂。如果母模能够耐受高温,也可以喷涂高熔点金属,如不锈钢。此法可制作注塑模具和冲压模具,但是为了提高制件的表面质量和机械性能需要进行时效处理,增加了制模时间。在 12.3 节中,将对这一工艺进行详细介绍。

2)镍和陶瓷混合物模

利用塑料 3D 打印模型作为母型,在母型上用电镀的方法镀上一层镍金属,制造出一个镍金属薄壳,这个薄壳与母型接触的表面完全反映了待注射成型零件的表面形状及尺寸特征。由于薄壳的强度低,因此在薄壳的非成型面以高强度陶瓷粉充填,要求陶瓷材料具有很小的收缩系数和合适的热物理性能。这种复合材料模具非常适合制造尺寸较大零件(大于 250mm ×250 mm ×250 mm),如若母型用立体光造型方法制作,则此法的尺寸精度将不低于原型件的精度,用于塑料注射成型时其寿命至少为 5000 件,突出问题是电镀壳体所需时间较长。

3)3D Keltool 模

Keltool 是目前被认为最有发展前景的一种快速制造金属模具的方法。它首先用 3D 打印母模型制造出精度较高等的硅胶模,再往硅胶模中注入精细粉状的 A6 工具钢(或不锈钢)与颗粒更加细小的碳化钨的混合物(注意粉末颗粒的大小是控制模具最终质量的一个非常重要的因素)。然后再向混合物中加入环氧树脂类的粘结剂,从而使金属粉末混合物在硅胶模中形成绿件。开模后把原件在炉中加热从而使粘结剂挥发,同时使金属粉末混合物烧结成型,这时的模件中仍有 30 % 的空隙,所以还需做最后渗铜处理,最终得到可用于大批量生产(达百万件)的硬模具。

4)利用 3D 打印原型制作电火花加工(EDM)用的电极

EDM 方法在模具制造领域应用非常广泛,它可用来加工形状极其复杂的型腔和型芯,它可以加工硬度极高的用 CNC 机床无法加工的材料,它还可以加工热处理后的材料,从而避免加工后热处理造成的热变形。EDM 电极的质量是影响加工件质量的关键因素,电极本身的费用占 EDM 加工过程费用的 50 %～80 %。目前多用石墨或铜电极,其使用寿命极短,有时为加工一个型腔需更换多个电极,严重影响 EDM 的加工效率。用 3D 打印方法就可快速制造任意形状的 EDM 电极,可以弥补这个不足。

• 石墨电极成型法:利用 3D 打印,原型翻制石墨电极研具,再利用研具采用平动研磨法制造石墨电极,然后用电火花加工金属模具。

• 电铸铜电极法:在 3D 打印原型表面喷涂一层导电介质,然后用电铸法在 3D 打印 原型的表面沉淀一层一定厚度的铜得到电镀铜电极,再利用电极电火花加工模具。电极成型法的优点在于随着模具型腔复杂程度的提高,批量的增大,其优越性就越能得到体现。

运用 RT 技术突出的特点就是其显著的经济效益。由于基于 3D 打印技术的快速模具制造由于技术集成程度高,从 CAD 数据到物理实体转换过程快,因而同传统的数控加工方法相比,加工一件模具的制作周期仅为前者的 1/3～1/10,生产成本也仅为 1/3～1/5。表 12 - 1 为基于 3D 打印 &M 原型快速制作快速模具的技术选择。

表 12 - 1 快速模具技术的选择

项目	硅橡胶	直接 AIM 模	喷涂 金属模	锌合 金模	SLS RapidTool	3D Kellool	铣削铝模
研制周期/周	0.5～2	1.5～3	2～4	2～3	2～5	3～6	2～6
成本/万美元	0.1～0.5	0.2～0.5	0.2～1.5	0.4～1.5	0.4～1.0	0.35～1.0	0.4～2.5
典型件数	10～50	10～50	50～1000	50～1000	50～100000	50～10000000	501000000
模具 精度/mm	0.05/25				0.08/25	0.05/25	0.025/5
特征细节 公差/mm	0.05				0.127		0.05

注:研制周期系指模具从设计到进入市场的时间。

由表可见,虽然目前由于高速铣削技术的发展,大大促进了模具的制造速度,但是各种 3D 打印＋RT 技术更具有强大的生命力。无论是硅胶模、喷涂金属模、锌合金模,还是直接 AIM 模、SLS RapidTool 技术、3D keltool 技术,都有着其市场的需要和发展的空间。

12.3 金属电弧喷涂模具技术

美国福特汽车公司的电弧喷涂制模技术处于领先水平,其科学研究实验室(Ford Motor Co.′s Scientific Research Laboratory)开发了一种利用碳钢作为喷涂材料的喷涂制模技术,模具金属型壳由机器人系统制作,通过精确控制喷涂工艺过程,目前已经可以制作厚度达 76mm 的金属喷涂层,而且还可以制作更大厚度的涂层,涂层没有翘曲变形和开裂,没有内应力,模具表面硬度可以达到 HRC60。相关资料表明,福特汽车公司是世界上唯一拥有该项技术的机构,其工艺对外界严格保密。根据零件外形及结构情况,福特汽车公司最快可以在 6 天内制作出喷涂模具并提供样件。

1.金属电弧喷涂技术

电弧喷涂是以电弧为热源,将熔化的金属丝用高速气流雾化,并以高速喷到工件表面形成涂层的一种热喷涂工艺。喷涂时,两根丝状金属喷涂材料用送丝装置通过送丝轮均匀、连续地分别送进电弧喷枪中的两个导电嘴内,导电嘴分别连接电源正负极,并保证两根金属丝之间在未接触之前绝缘。当两根金属丝端部相互接触时产生短路而形成电弧时,金属丝端部瞬间熔化,此时利用压缩空气把熔化的金属雾化,形成金属微熔滴,以很高的速度喷射到工件表面上,产生金属涂层。电弧喷涂原理示意图如图 12-9 所示。

2.金属电弧喷涂设备

喷涂设备系统由电弧喷枪、控制箱、电源、送丝机构等组成。另外,电弧喷涂需要使用压缩空气,其辅助设备还包括空气压缩机,并配备储气罐、油水分离器、空气干燥机等设备。喷涂过程产生大量金属粉尘和噪音,为了维护实验室环境,需建设密闭喷涂环境并配备除尘系统。

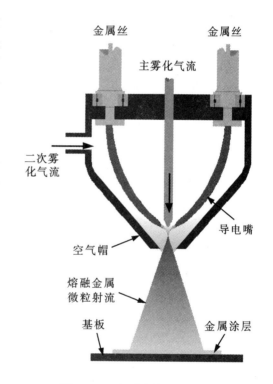

图 12-9 电弧喷涂原理示意图

电弧喷枪由壳体、导电嘴、喷嘴、雾化风帽、遮弧罩等组成。喷枪要完成使金属丝材准确对中,维持电弧稳定燃烧,熔化丝材及雾化喷射等功能。喷枪中的导电嘴与喷嘴是关键零件,直接影响喷涂层的质量及喷涂过程的稳定。金属丝材在导电嘴中既要导电,又要减少送丝阻力,这就要求导电嘴要有合适的孔径及长度。孔径过小,送丝阻力大,孔径过大,导电性能不稳定,丝材对中的性能也差,甚至在导电嘴内引发电弧,产生粘连现象。导电嘴内壁要保持清洁,粘上油污或氧化物会影响丝材的导电性能,增大送丝阻力。导电嘴属易损件,应定期更换。两个导电嘴之间的夹角一般在 30°~ 60°之间。喷嘴,也叫压缩空气喷嘴,它对熔化的金属起到有效的雾化作用。

(1)金属电弧喷涂设备主要技术参数

金属电弧喷涂的工艺参数优化,主要是通过对设备技术参数的优化来进行,以 QD - 8 电弧喷涂设备为例,喷枪重量 3kg、压缩空气压力≥0.6MPa、喷涂效率喷涂 Φ2 锌丝 200A 时 20kg/h、Φ2 铝丝 200A 时 6.5kg/h。

(2)喷枪的主要结构及作用

金属电弧喷枪是电弧喷涂设备的关键装置。它将连续送进的丝材在喷涂枪前部以一定的角度相交,由于丝材各自接于直流电源的两极而产生电弧,从喷嘴喷射的压缩空气流对着熔化金属吹散形成稳定的雾化粒子流,从而形成喷涂层。

为了获得稳定的粒子流,必须设计出良好结构的雾化喷嘴。经常出现的问题是雾化粒子流的喷射经常发生波动,严重时会使喷涂中断。由于丝材从送丝机构出来后,存在着固有弯曲,从导电嘴伸出后不能总是相交在喷枪几何中心。为此,电弧喷涂枪多采用使丝材端部在雾化喷嘴内的方案。该方案保证丝材的弯曲使交点偏移时,仍能在雾化喷嘴气流中,从而保证稳定的雾化过程。普通电弧喷枪的结构如图 12 - 10 所示。

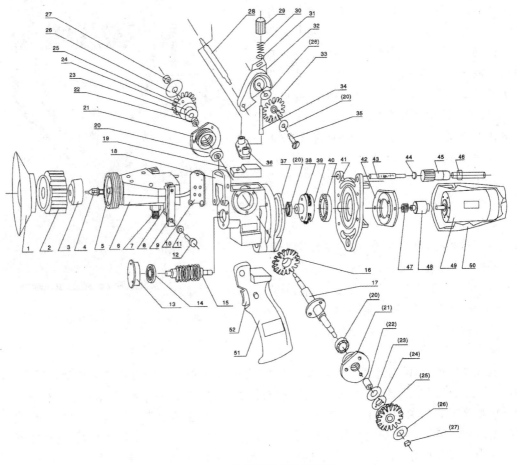

图 12 - 10　普通电弧喷枪结构图

1	护光罩	14	R26 轴承	27	主轴螺母(左右)	40	骨架轴承
2	护光罩座	15	蜗杆	28	折合盖芯轴	41	齿轮箱连接板
3	空气帽	16	蜗轮	29	制紧钮	42	电机连接板
4	连接嘴	17	送丝轮轴	30	弹簧	43	后导管
5	前导管	18	齿轮箱	31	弹簧座	44	M8 螺母
6	喷头组装	19	齿轮箱盖	32	折合盖	45	快速接头
7	空气缩接	20	100800 轴承	33	上送丝轮组装	46	软管接头
8	定位垫圈	21	轴承盖	34	折合盖螺钉	47	电机出轴齿轮
9	电桩	22	定位铜圈	35	压轮轴	48	小齿轮连接轴
10	喷头连接板	23	加强垫圈	36	双头制紧螺母	49	喷枪电机
11	电桩垫圈	24	Φ11 绝缘垫圈	37	内齿轮	50	罩壳
12	M8 螺栓	25	下送丝轮组装	38	行星小齿轮	51	手柄
13	蜗杆轴承套	26	Φ8 绝缘垫圈	39	行星骨架组装	52	手柄开关

3. 电弧喷涂特点

电弧喷涂有以下优势特点,因而采用电弧喷涂的方法制作模具金属型壳:

(1)生产效率高

电弧喷涂作业的高效率主要表现在单位时间内喷涂金属的质量大。电弧喷涂的生产率与电弧电流成正比。当喷涂电流为 300A 时,喷涂各种钢丝可达每小时 15kg。喷涂锌则达每小时 30kg。这大约相当于火焰喷涂生产率的 4 倍。

(2)涂层结合强度高

热喷涂涂层的结合强度取决于喷涂粒子的热能与动能。电弧喷涂时喷涂金属受到高温电弧的直接加热,电弧温度高达 6000℃,粒子加热的程度远较火焰喷涂时高。喷涂粒子的尺寸通常又较火焰喷涂时的粒子大。粒子的热能与动能均较高,从而获得较高的结合强度与内聚强度。一些材料如镍铝合金丝、铝青铜、粉芯丝材在电弧喷涂时呈现自黏结性能,其结合强度可达 25~50MPa。

(3)能源利用率高、能耗低

电弧喷涂是热喷涂方法中能源利用率最充分的方法,其利用率可达 57%,而火焰喷涂仅为 13%,等离子喷涂为 12%。

(4)设备造价低,使用维护容易

电弧喷涂设备比等离子喷涂设备简单,体积小、重量轻,设备移动容易。它不需要瓶装气体也不需要燃料,没有水冷系统。设备中唯一的易损件是喷枪中的导电嘴,但它的成本很低,消耗量也不大。

(5)喷涂成本低

相比其他喷涂工艺,电弧喷涂的喷涂成本要低很多。

4. 智能电弧喷涂系统及操作

ART-3500 型金属电弧喷涂智能机器人,如图 12-11 所示。该机器人可以在计算机的

图 12-11　ART-3500 喷涂设备

控制下,保证喷枪喷涂方向始终在喷涂表面的法向上,而且能对影响喷涂质量的起弧电压、走丝速度、喷涂气压、喷涂距离和喷枪移动速度进行准确的控制。喷涂材料主要包括:锌、铝、铅锡合金、铜、碳钢等实芯丝材及常用的粉芯丝材。

5.金属电弧喷涂快速模具工艺

(1)金属电弧喷涂快速模具工艺流程

金属电弧喷涂快速制模技术是一种基于“复制”的制模技术,它以一个实物模型(或称为原型)作为母模,用电弧喷涂的方法在母模表面沉积形成一定厚度的致密金属涂层,即模具型壳。模具型壳精确拷贝了原型的形状,获得了所需的模具型腔,在完成补强、脱模、抛光等后处理工艺后,即可完成模具的快速制造。电弧喷涂快速模具制模工艺流程如 12-12 所示,通过电弧喷涂的方法在基体表面沉积一定厚度模具型壳,在型壳背面添加围框结构并填充背衬材料,待背衬材料凝固后,去除母模并清理模具型面,在后处理后即可获得简易快速模具,与钢结构装配组装后,即可试模,金属电弧喷涂快速制模工艺示意图如图 12-13 所示,实际模具制作照片如图 12-14 所示。

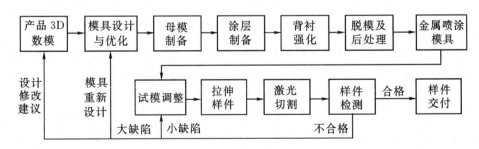

图 12-12　金属电弧喷涂快速制模工艺流程

(2)喷涂模具的应用特点及用途

金属电弧喷涂制模工艺以母模为标准,模具型腔尺寸、几何精度完全取决于母模,型腔表面及其精细花纹一次同时形成,故制模速度快,制造周期短,成本低,同时拥有较长的模具寿命,加工周期是传统钢模具数控加工的 $1/3 \sim 1/10$,费用为传统钢模具的 $1/3 \sim 1/5$ 或更低,成为新产品开发及小批量生产的重要途径。目前该快速模具制造技术已被广泛地应用于飞机、汽车、家电、家具、制鞋、美术工艺品等行业,在表面形状复杂及具有精细花纹的各种聚氨酯制品的吹塑、吸塑、PVC 注射、PU 发泡及各类注射成型模具中,花纹复制的特征细节可以达到 $5\mu m$。

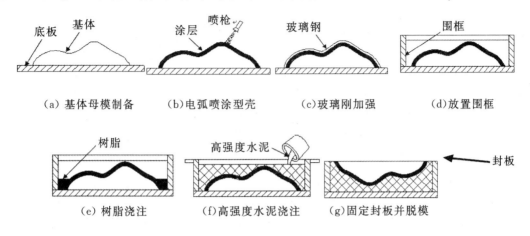

図 12-13　金属电弧喷涂快速制模工艺示意图

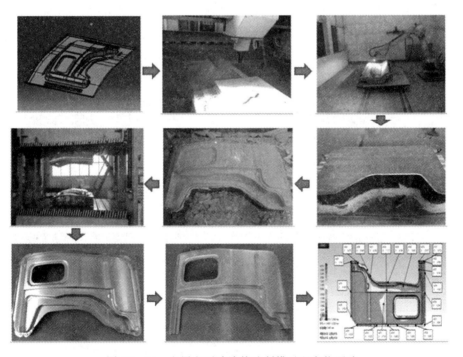

图 12-14　金属电弧喷涂快速制模过程实物照片

以锌、锌铝合金等为代表的中低熔点金属电弧喷涂快速制模技术已经在汽车大型覆盖件模具开发和样车制造中得到应用,以其快速和低成本特点体现出巨大的技术价值取得良好的经济效益。但由于锌、锌铝合金的硬度相对较低,模具的使用寿命和应用范围受到一定限制。

(3)喷涂快速模具的难点

金属喷涂模具的尺寸精度、表面粗糙度、硬度以及寿命等性能主要取决于模具型壳,型壳的性能取决于喷涂材料和涂层制造工艺,因此,喷涂材料和涂层制造工艺也就理所当然地成了电弧喷涂快速制模技术研究的重点和难点。喷涂制模工艺中喷枪的运动参数、电弧喷涂工艺参数以及涂层和基体的温度等都需要根据特定的目标进行精确控制。

(4)控制质量的要点

母模制作的尺寸精度和表面质量决定了金属涂层的尺寸精度和表面质量,同时,金属喷涂沉积要求母模必须具有一定较高的表面粗糙度。喷涂金属的工艺参数、运动参数和温度控制决定了金属涂层的质量,要实现制作高质量的涂层,必须严格控制与涂层沉积相关的每一个工艺参数,杜绝涂层出现变形、砂眼等现象。

金属涂层是模具的工作型面,其表面质量、尺寸精度、硬度决定了模具的质量,涂层本身具有一定的厚度,却几乎没有强度,模具的强度是由背衬来保证的,因而背衬成型质量是模具强度的决定因素,必须合理设计背衬的制造工艺。背衬由玻璃钢和金属围框等结构组成,必须杜绝玻璃钢中出现空洞,围框和型壳之间必须贴合良好。

脱模是在背衬成型并固化后去除母模材料,脱模工作的顺利与否对模具型面的表面质量好坏具有至关重要的影响。要保证高质量的模具型面,必须有合理可行的脱模工艺做保证。另外还有喷涂基材及背衬制备复杂的工艺,本文忽略不讲。

2004 年西安交通大学快速制造国家工程中心利用金属喷涂快速制模技术为国内某企业在 90 个工作日内成功完成两个车型 AM08/AM06 两款三厢、两厢轿车、40 副样车试制模具的制作,如图 12-15 所示,成本低、速度快,为服务企业节约样车模具制作经费近 1000 万元人民币,获得了服务企业的高度称赞。

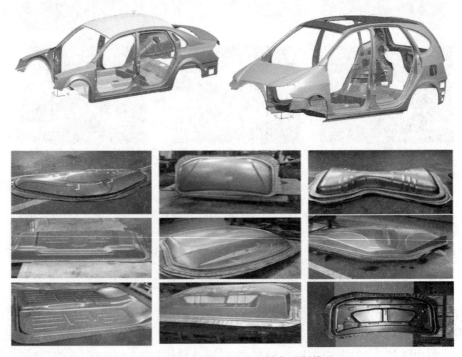

图 12-15 AM08/AM06 样车试制模具

附录 A　计算机绘图国家标准

《机械制图用计算机信息交换制图规则》GB/T 14665－93 中的制图规则适用于在计算机及其外围设备中显示、绘制、打印机械图样和有关技术文件时使用。

1.图线的颜色和图层

计算机绘图图线颜色和图层的规定参见表 A－1。

表 A－1　计算机绘图图线颜色和图层的规定

图线名称及代号	线 型 样 式	图 线 层 名	图 线 颜 色
粗实线 A	———————	01	白色
细实线 B	———————	02	红色
波浪线 C	∿∿∿	02	绿色
双折线 D	—⩘—	02	蓝色
虚线 F	— — — — —	04	黄色
细点画线 G	—·—·—·—	05	蓝绿/浅蓝
粗点画线 J	—·— — —·—	06	棕色
双点画线 K	—·· — — ··—	07	粉红/橘红
尺寸线、尺寸界线及尺寸终端形式	⊢———⊣	08	—
参考圆	⊸→	09	—
剖面线	/////////	10	—
字体	ABCD 机械制图	11	—
尺寸公差	123±4	12	—
标题	KLMN 标题	13	—
其他用	其他	14、15、16	—

2.图线

图线是组成图样的最基本要素之一,为了便于机械制图与计算机信息的交换,标准将 8 种线型(粗实线、粗点画线、细实线、波浪线、双折线、虚线、细点画线、双点画线)分为 5 组。一般 A0、A1 幅面采用第 3 组要求,A2、A3、A4 幅面采用第 4 组要求,具体数值参见表 A－2。

表 A-2　计算机制图线宽的规定

组　别	1	2	3	4	5	一般用途
线宽 (mm)	2.0	1.4	1.0	0.7	0.5	粗实线、粗点画线
	0.7	0.5	0.35	0.25	0.18	细实线、波浪线、双折线、虚线、细点画线、双点画线

3. 字体

字体是技术图样中的一个重要组成部分。标准(GB/T13362.4—92 和 GB/T13362.5—92)规定图样中书写的字体,必须做到:

字体端正　笔画清楚　间隔均匀　排列整齐

(1)字高:字体高度与图纸幅面之间的选用关系参见表 A-3,该规定是为了保证当图样缩微或放大后,其图样上的字体和幅面总能满足标准要求而提出的。

表 A-3　计算机制图字高的规定

字高　字体＼图幅	A0	A1	A2	A3	A4
汉　字	7	5	3.5	3.5	3.5
字母与数字	5	5	3.5	3.5	3.5

(2)汉字:输出时一般采用国家正式公布和推行的简化字。

(3)字母:一般应以斜体输出。

(4)数字:一般应以斜体输出。

(5)小数点:输出时应占一位,并位于中间靠下处。

附录 B　练习题

1.草图练习题

绘制如下图所示的平面图形。

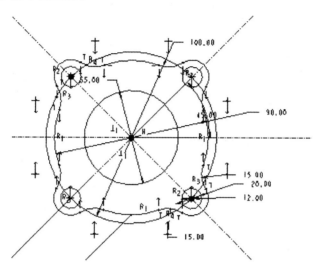

2.零件绘制练习题

绘制如下图所示的零件图。

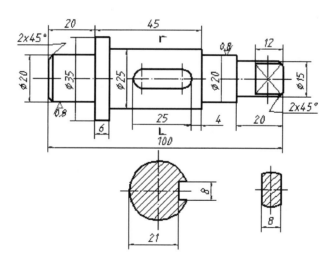

3. 建模练习题

习题 1

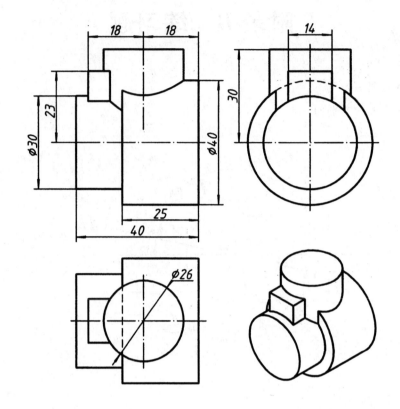

习题 2

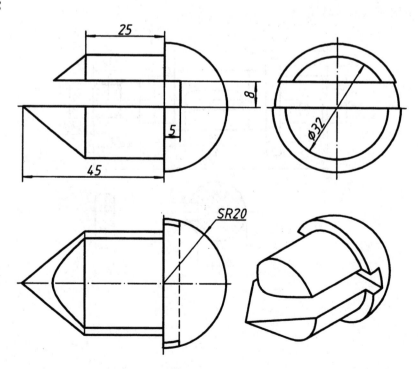

习题 3

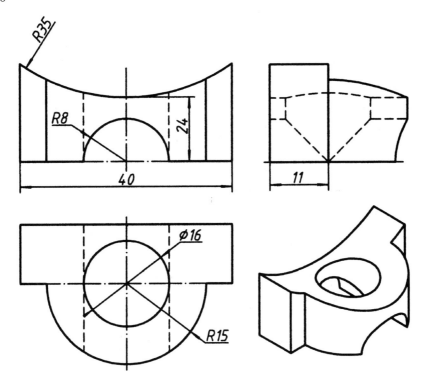

习题 4

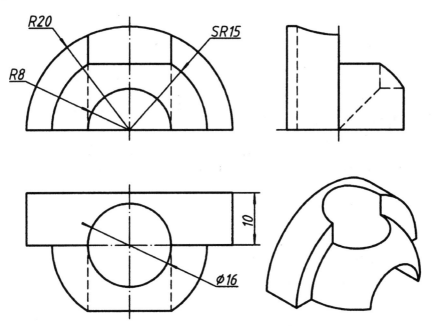

习题 5

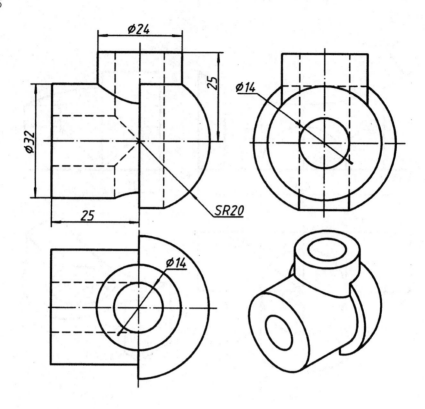

习题 6

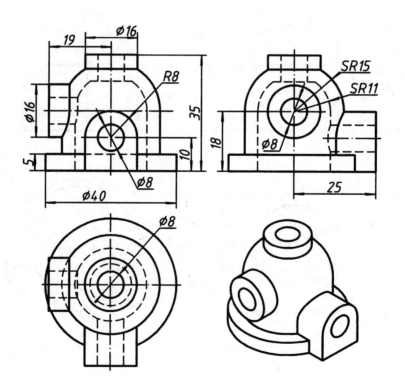

习题 7

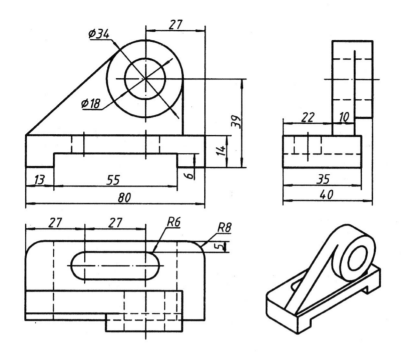

习题 8

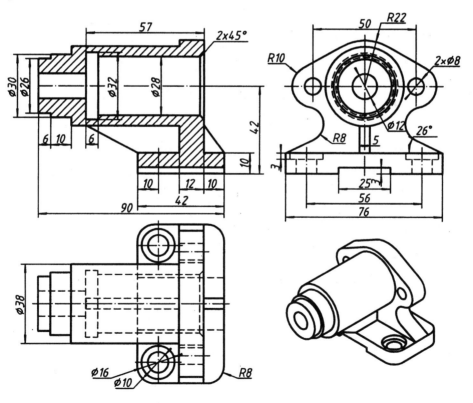

习题 9

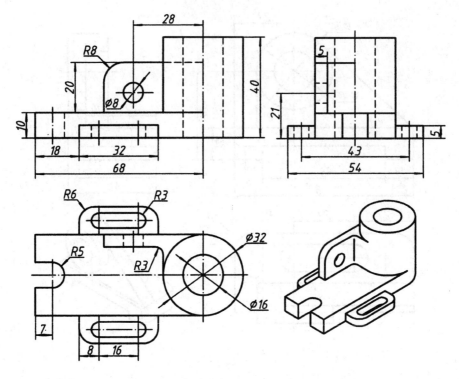

习题 10

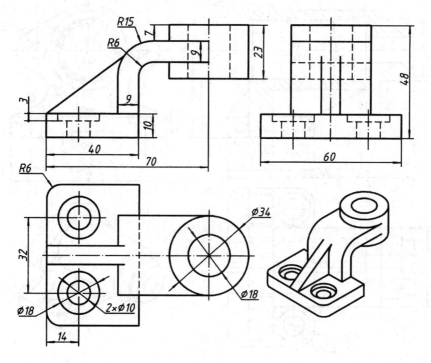

习题 11

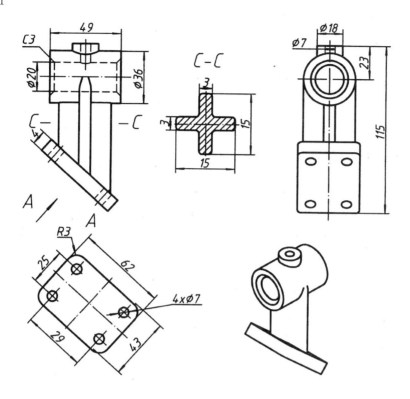

习题 12

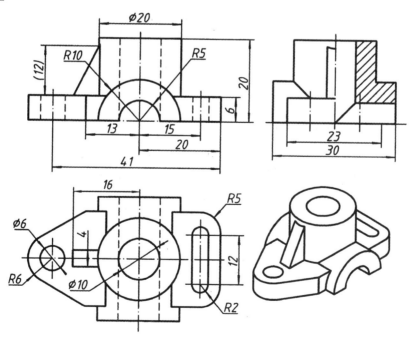

习题 13

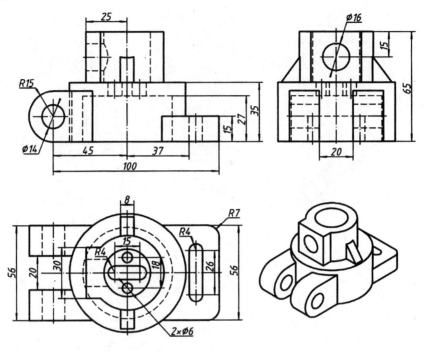

习题 14

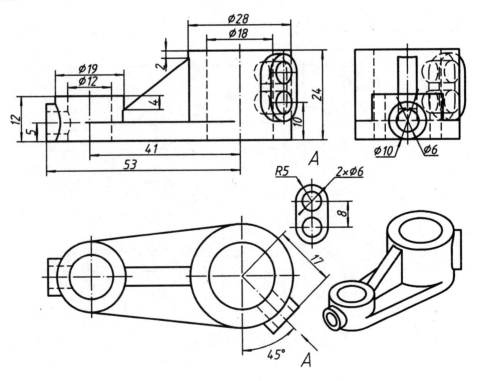

习题 15

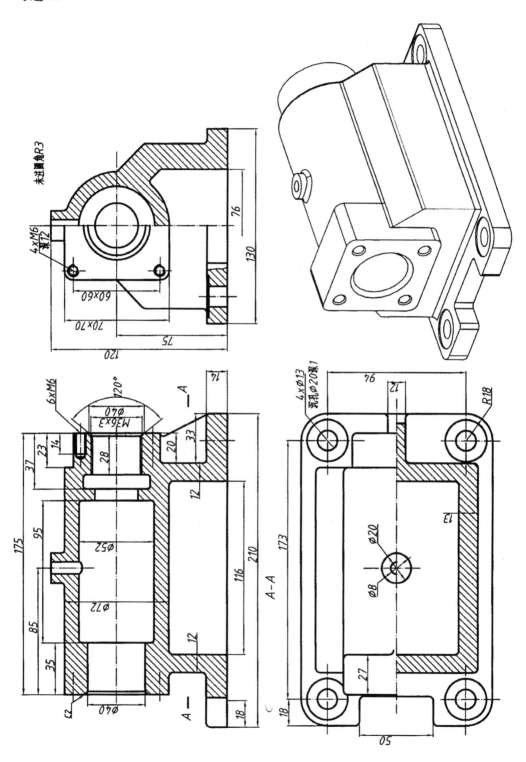

4. 画装配图或建模

作业说明：根据装配示意图和315～316页的零件图，绘制如图D-6所示的
装配图，图纸幅面和比例自选。

回油阀工作原理：回油阀是液压回路中过压保护的一种部件，由13种零件构
成。阀门2在弹簧3作用下通过90°锥面与阀体1密合，液体由下端流入，右
端流出，构成回路。当回路压力过高，液体对阀门2的作用力大于弹簧3对阀门
2的作用力时，将阀门顶起。左侧回路接油箱，液体经阀门2处流入左侧回路到
油箱。此时回路压力降低，阀门2下落，液体又从右侧回路流出。调节阀杆5
可调弹簧3的压力大小，从而可以改变回油阀内额定工作压力值。

技术要求：

(1) 阀门装入阀体时，在自重作用下能缓慢下降。

(2) 回油阀装配完成后需经轻油压试验，在196 000 Pa压力下，各装配表面
无渗透现象。

(3) 阀体与阀门的密合面需经研磨配合。

(4) 调整回油阀弹簧使油路压力在147 000 Pa时回油阀即开始工作。

(5) 弹簧的主要参数：外径ø2.5，节距7，有效总圈数9，旋向右。

附零件图

6是螺钉，10,11,12是双头螺栓及螺母垫片，13是纸垫，均无图。

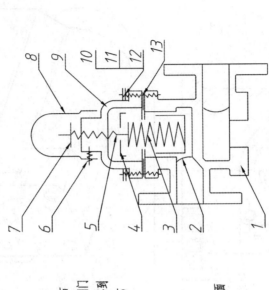

回油阀装配示意图

装配图

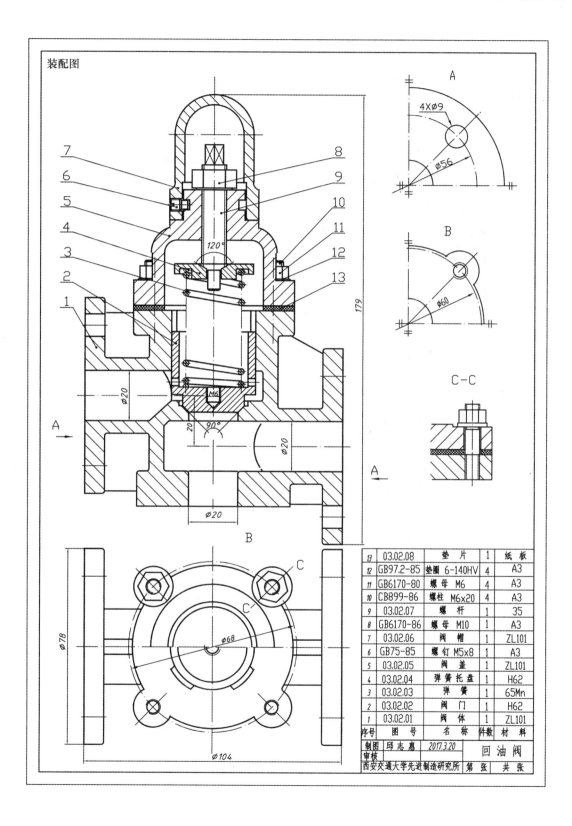

A

4X∅9

∅56

B

∅60

C—C

13	03.02.08	垫 片	1	纸板
12	GB97.2-85	垫圈 6-140HV	4	A3
11	GB6170-80	螺母 M6	4	A3
10	CB899-86	螺柱 M6×20	4	A3
9	03.02.07	螺 杆	1	35
8	GB6170-86	螺母 M10	1	A3
7	03.02.06	阀 帽	1	ZL101
6	GB75-85	螺钉 M5×8	1	A3
5	03.02.05	阀 盖	1	ZL101
4	03.02.04	弹簧托盘	1	H62
3	03.02.03	弹 簧	1	65Mn
2	03.02.02	阀 门	1	H62
1	03.02.01	阀 体	1	ZL101
序号	图 号	名 称	件数	材 料

制图	邱志惠	2017.3.20	回 油 阀
审核			
西安交通大学先进制造研究所		第 张	共 张

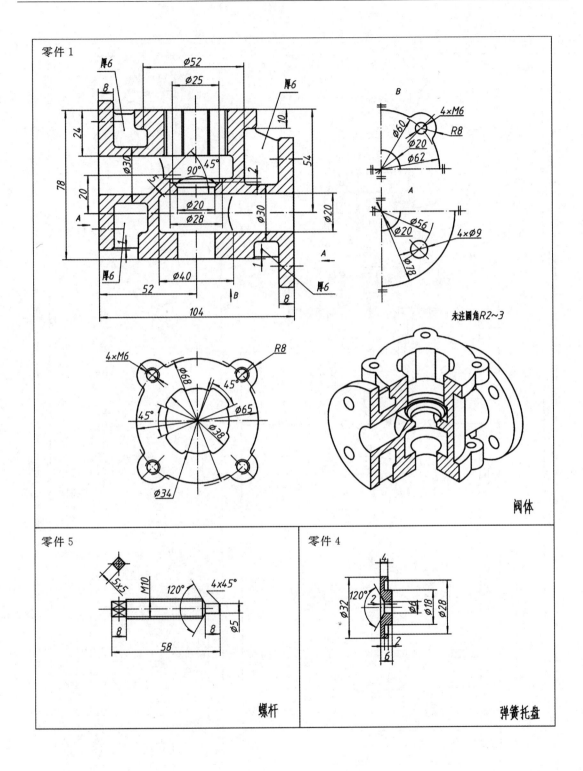

零件1

阀体

未注圆角R2~3

零件5

螺杆

零件4

弹簧托盘

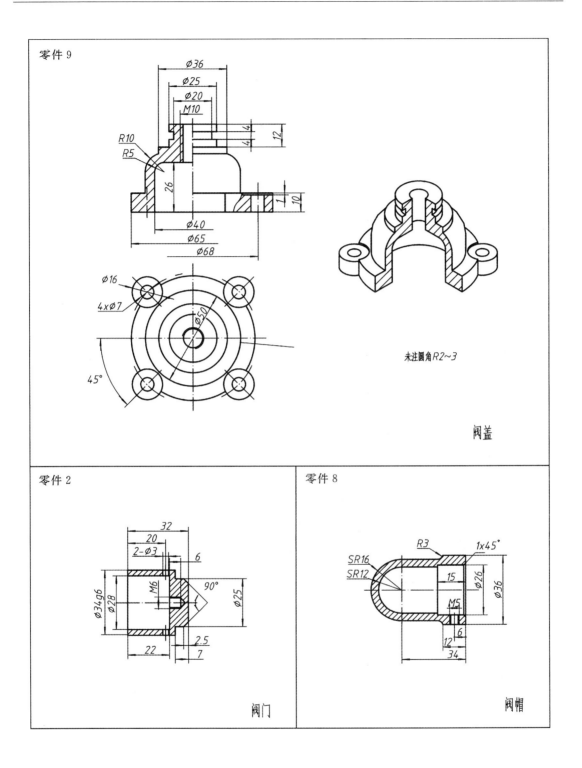

零件 9

R10
R5

Ø36
Ø25
Ø20
M10

4
4

12

26

Ø40
Ø65
Ø68

1
10

Ø16
4xØ7
Ø50
45°

未注圆角R2~3

阀盖

零件 2

32
20
2-Ø3
6

Ø34g6
Ø28
M6
90°
Ø25

22
2.5
7

阀门

零件 8

SR16
SR12
R3
1x45°

15
Ø26
Ø36

M5
6
12
34

阀帽

5.读装配图,拆画零件图,完成所有零件 3D 建模

序号	代号	名称	数量	材料	备注
12	GB/T 65	螺钉 M6×10	4	Q235A	
11	09.08.10	进油阀 M18×15	1		组合件
10	09.08.09	出油阀 M18×15	1		组合件
9	09.08.08	手柄	1	Q235A	
8	09.08.07	销钉	1	45	
7	GB/T 91	销钉 1.6×10	3	45	
6	09.08.06	销钉	2	45	
5	09.08.05	连接板	2	Q235A	
4	09.08.04	护罩	1	Q235A	
3	09.08.03	活塞杆	1	45	
2	09.08.02	活塞环	2	3809	
1	09.08.01	泵体	1	HT150	

制图	邝惠		1:1	09.08.00	
		手压油泵		共 1 张 第 1 张	
审核	2017.4			系	班

手压油泵

作业说明:看懂"手压油泵"的装配图,并拆画阀体 1 的零件图。

工作原理说明:泵体(1)内装有活塞(3),活塞的上部安装手柄(9)和护罩(4),进出油口用管接头(用双点画线表示)与管道连结。操作时,手柄上提,带动连接板(5),使活塞在泵体中向下移动,此时腔内形成减压,润滑油便顶开出油阀(10)的钢球而流出。当手柄下压时,活塞从泵体底位置向上移动,此时腔内容积增大,形成真空,出油阀的钢球受弹簧压力而关闭,同时润滑油在大气压的作用下打开进油阀(11),吸入润滑油,如此反复使压下手柄,润滑油便被输送到所需要润滑的部位。

B-B

A-A

进油

出油

6.滑动轴承装配图练习

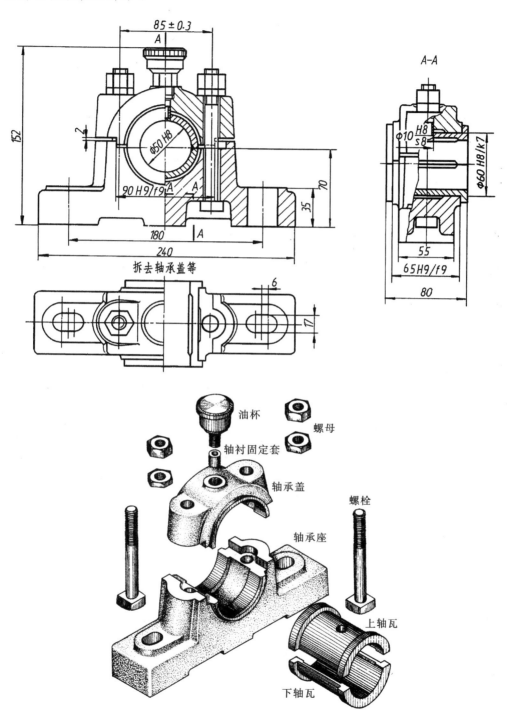

附录 C 工程制图（英文版）

ENGINEERING GRAPHICS

Engineering graphics is the basis of all design and has an important place in all type of engineering practice. Concise graphical documents are required before virtually and product can be manufactured. Graphics also serves the engineer as a foundation for problem analysis and reseach. Graphics permeates nearly every aspect of an engineer's career.

Lecture 1 Overview

1. Engineering Graphics

Industry uses 2-dimensional drawings to manufacture most products. As shown in the Figure C—1.

They are used to communicate①shaps ②dimensions ③tolerances.

It is convenient for ① checking and inspection，② machine shops，③ manufacturing plants.

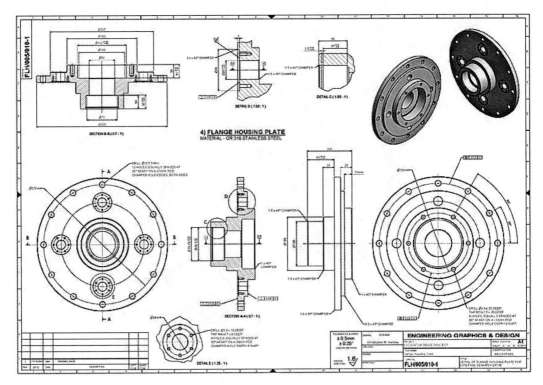

Figure   C-1

2. Projection Method，As shown in the Figure C-2.

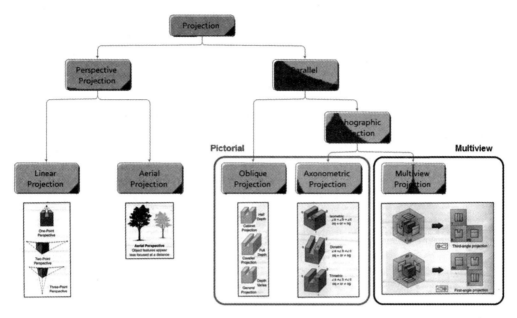

Figure　C-2

Perspective Projection，as shown in Figure C-3.

Parallel projection，as shown in Figure B - 4：

(1) Oblique projection method：the projection direction is inclined to the projection surface.

(2) Normal projection method：the projection direction is perpendicular to the projection plane.

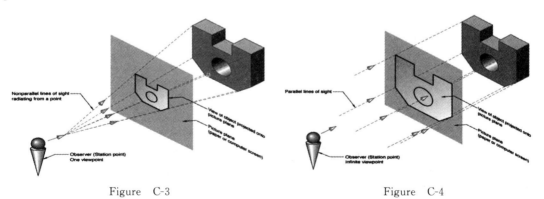

Figure　C-3　　　　　　　　　　　Figure　C-4

Comparison of Perspective Projection and Parallel Projection

Perspective Projection　　　　　　　　Parallel Projection

　　　　　　　　　　　　　vs.

Near objects appear larger, distant objects appear smaller　　　　　Objects will not appear to change size with distance.

Why do we use Orthographic Projection?

①Unlike perspective projection，orthographic projection shows the features' true size in relation to each other.

②Perspective projection may also skew the understanding of the drawing.

3. Glass Box Method and Six Views

Orthographic projection is a type of parallel projection.

—Notice how surfaces A and B are projected. As shown in the Figure C-5.

Imagine opening up the box like this. As shown in theFigure C-6.

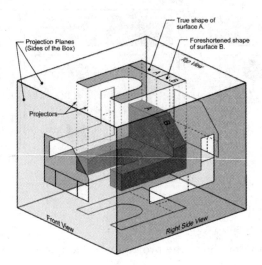

Figure   C-5

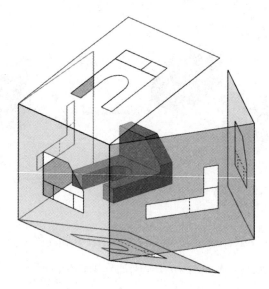

Figure   C-6

This tells us where to put each view in the drawing. As shown in the Figure C-7.

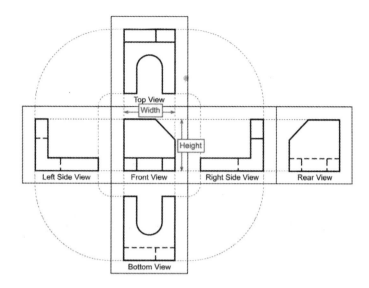

Figure　C-7

U. S. Standard tells us where to put each view in the drawing. As shown in the Figure C-8.

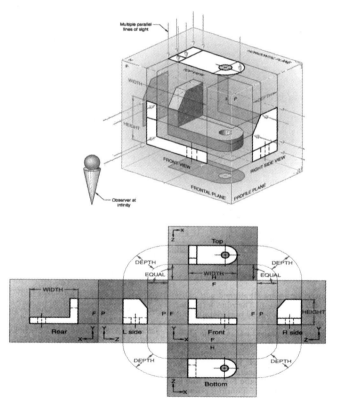

Figure　C-8

Comparison of ISO (CHINA、Eurepean) Standard and U. S. Standard

ISO (CHINA) Standard As shown in the Figure C-9

Orthographic projection uses 1st angle projection

vs.

U. S. Standard As shown in the Figure C-10

Orthographic projection uses 3rd projection

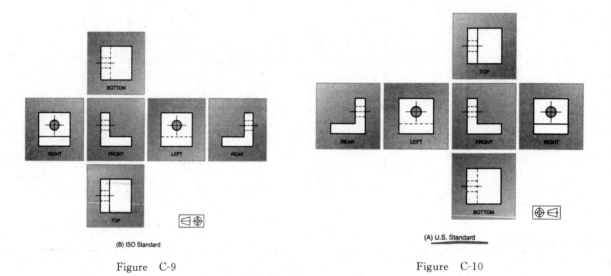

Figure C-9

Figure C-10

4. Three-View Drawings

How Many Views are needed?

As few as possible, but there must be enough to completely describe the object.

(Example: Sheet metal parts that are perfectly flat would only need one view to describe them, and a note indicating the thickness.) In general, three-view drawings are needed. As shown in the Figure C-11

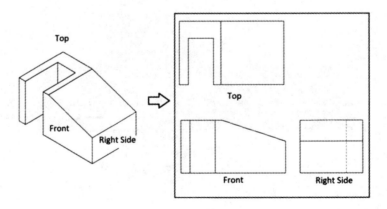

Figure C-11

How tochoose which View to use for the Front View?

①It shows the most features of the object.

②It usually contains the least amount of hidden lines.

③The front view is chosen first and the other views are drawn based on the orientation of the front view. As shown in the Figure C-12.

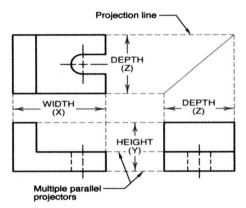

Figure　C-12

The standard views used in an orthographic projection are:

① Front view

② Top view

③ Right side view(Left side view)

Comparison of ISO (CHINA、Eurepean) Standard and U. S. Standard

ISO (CHINA) Standard　　　　　　U. S. Standard
As shown in the Figure C-13　　vs.　As shown in the Figure C-14

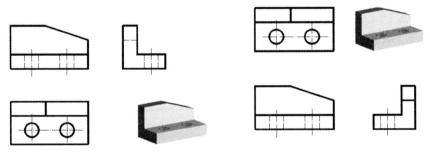

Figure　C-13　　　　　　　　Figure　C-14

The remaining 3 views usually don't add any new information.

It is often helpful to also include an isometric (3D) view, (not required)

5. Alphabet of Lines.

Standard engineering drawing practice requires the use of standard linetypes, which are called the alphabet of lines. The sizes show the recommended line thickness. As shown in the Figure C-15.

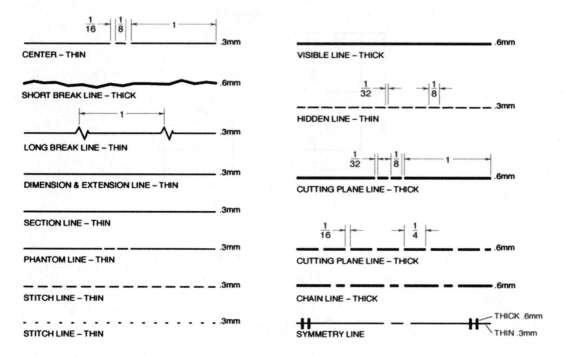

Figure C-15

(1)Visible lines (Object Lines):

①Visible lines represent visibleedges and boundaries.

②Continuous and thick

(2)Hidden lines:

①Hidden lines represent edges and boundaries that cannot be seen.

②Dashed and medium thick

What to do when line types overlap? Line Precedence:

A visible line (object line) takes precedence over a hidden line, and a hidden line takes precedence over a center line.

①If two lines occur in the same place, the line that is considered to be the least important is omitted.

②Lines in order of precedence/importance are as follows:

—Visible line

—Hidden line

—Centerline (least important)

Apply the appropriate line types to the front,
rightside, and top views shown here.
As shown in theFigure C-16

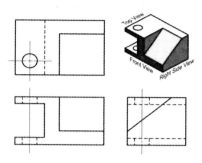

Figure   C-16

6. Three-View Drawings of Basic Geometry.

Understanding and recognizing these shapes will help you to understand their application in engineering drawings. Notice that the cone, sphere, and cylinder are adequately represented with fewer than three views. As shown in the Figure C-17

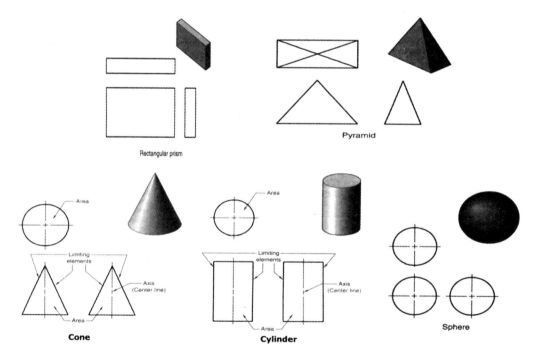

Figure   C-17

7. Three-View Drawings of Combined Geometry.

As shown in the Figure C-18

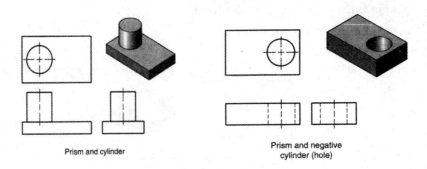

Prism and cylinder

Prism and negative
cylinder (hole)

Figure   C-18

Tangent Parttial Cylinder & Non-Tangent Parttial Cylinder. As shown in the Figure C-19.

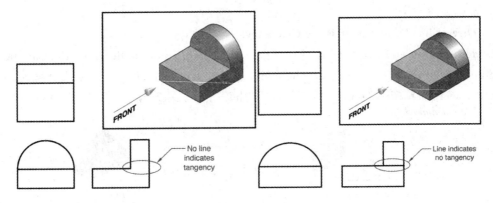

No line
indicates
tangency

Line indicates
no tangency

Figure   C-19

8. Section

Conic Section: Conic section create various types of plane surfaces and curves.

Circle,Triangle,Ellipse,Parabola and Hyperbola，As shown in the Figure C-20.

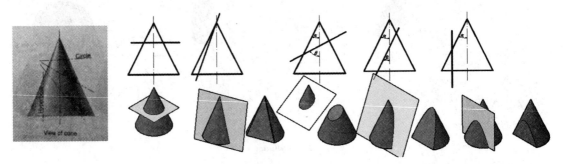

Figure   C-20

Right Circular Cylinder Cut to Creat an Ellipse.

An ellipse iscreated when a cylinder is cut at an acute angle to the axis. As shown in the Figure C-21.

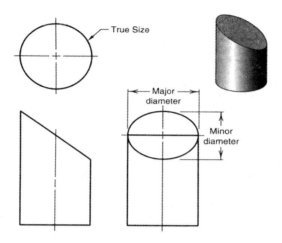

Figure　C-21

Creating an Ellipse by Plotting Points. One method of drawing an ellipse is to plot points on the curve and transfer those points to the adjacent views. As shown in the Figure C-22.

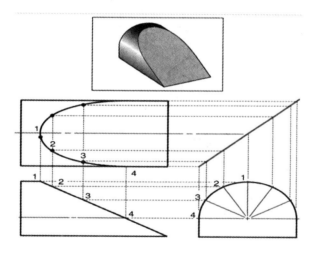

Figure　C-22

Representing the Intersection of Two Cylinders. As shown in the Figure C-23.

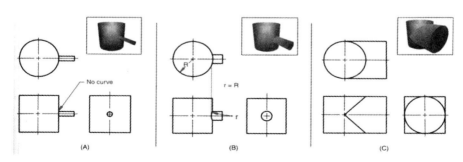

Figure　C-23

Representation of the intersection of two cylinders varies according to the relative sizes of cylinders.

Representing the Intersection between a Cylinders and a Prism. As shown in the Figure C-24.

Representation of the intersection between a cylinders and a prism depends on the size of the prism relative to the cylinder.

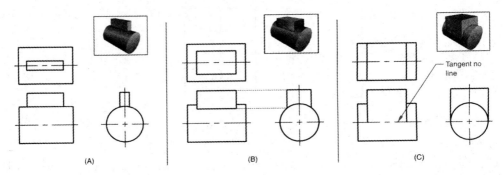

Figure   C-24

Representing the Intersection between a Cylinders and a Hole. As shown in the Figure C-25.

Representation of the intersection between a cylinders and a hole or a slot depends on the size of the hole or slot relative to the cylinder.

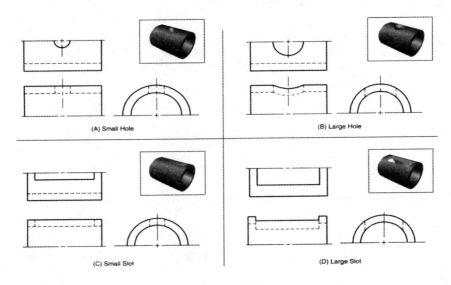

Figure   C-25

7. Dimensioning Techniques

A fully defined part consists of graphics, dimensions, and words (or notes).

Dimensioning is the process of adding size and shape information to a drawing. Dimensioning also adds other necessary information for constructing part(s), such as manufacturing information.

Communication is the fundamental purpose of dimension.

　—For the better communication, standard dimension practices have been established.

　—Both the size and shape information are required for object construction.

Complete dimension must have:

　—Size and locations of the features

　—Details of a part's construction, for manufacturing

　—Consistent unit system: English vs. S I.

Important Elements of Dimensioned Drawing. As shown in the Figure C-26.

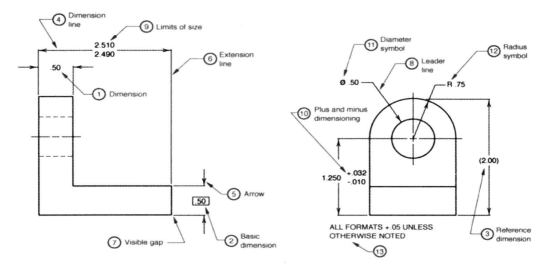

Figure C-26

NO Double Dimensioning! As shown in the Figure B-27.

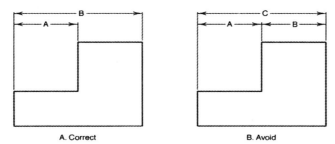

Figure C-27

Geometric Breakdown Technique

Geometric breakdown dimensioning

technique breaks the object down into

its primitive geometric shapes.

　As shown in theFigure C-28.

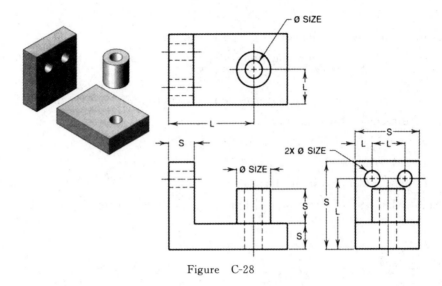

Figure   C-28

The hole goes all the way through the part. As shown in the Figure C-29.

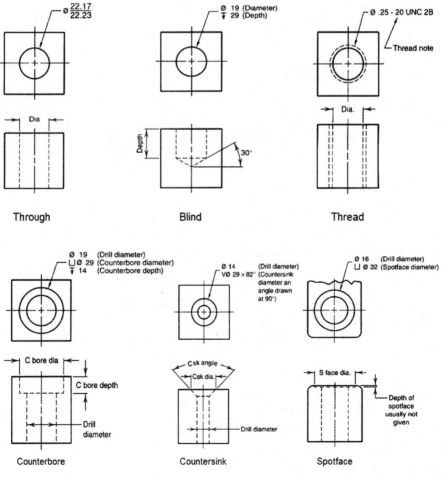

Figure   C-29

Keyseats and Keyways. As shown in the Figure C-30.（怎么裁剪二个图并列放？）

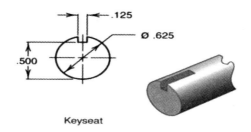

Keyseat

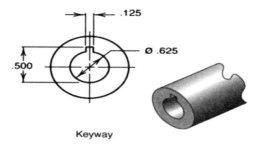

Keyway

Figure　C-30

8. Section Views

• Section View is used to：

　　—improve the visualization of new designs

　　—clarify multiview drawings

　　—reveal interior features of an object

Cutting plane line with arrow shows the location of cut and direction of the view. As shown in the Figure C-31.

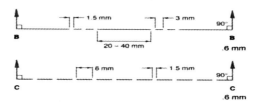

Figure　C-31

Section View Reveals Hidden Features

A section view will typically reveal hidden features, so that the object is more easily visualized.

As shown in theFigure C-32.

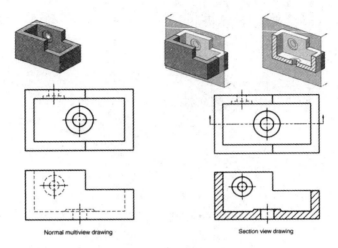

Figure   C-32

Full Section View

Afull section view is created by passing a cutting plane fully through the object. As shown in the Figure C-33.

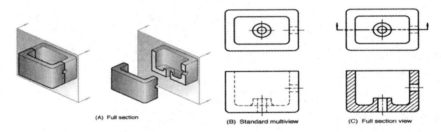

Figure   C-33

Half Section View

Ahalf section view is created by passing a cutting plane halfway through the object. As shown in the Figure C-34.

Broken-out Section View

Abroken-out section view is created by breaking off part of the object to reveal interior features. As shown in the Figure C-35.

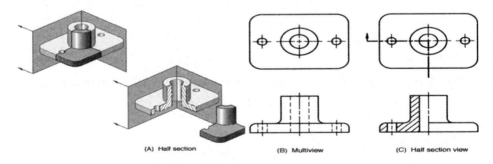

Figure   C-34

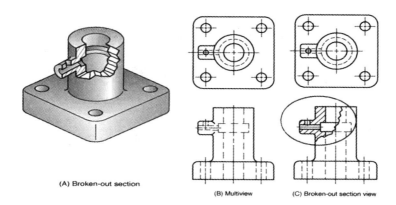

(A) Broken-out section

(B) Multiview　　(C) Broken-out section view

Figure　C-35

Removed Section View

A removed section view is created by making a cross section, then moving it into an area adjacent to the view. As shown in the Figure C-36.

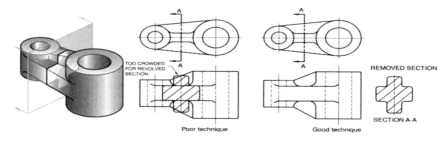

Figure　C-36

Removed Section View (Multiple)

MultipleRemoved Section View s of a Crankshaft Indentified with Labels.

As shown in theFigure C-37.

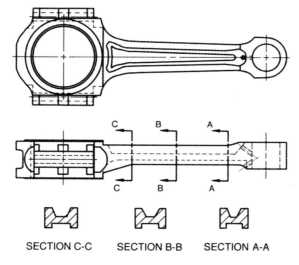

SECTION C-C　　SECTION B-B　　SECTION A-A

Figure　C-37

附录 D 3D Print Technology
(3D Print 打印技术英文简介)

1. 3D Print Rapid Prototyping Technology

During the development of new products, it is usually necessary to make a physical model or prototype before a part or a whole system design has been finalized for manufacturing or assembly. The purpose is to reduce production costs and shorten the time for mold making. 3D Print can meet these requirements by rapidly fabricating a prototype which can be used for product design evaluation, modification as well as function verification.

The typical development process for new products is based on the modification of a previously developed prototype or the utilization of a more effective product design in subsequent development. However, it often takes a long time to fabricate a physical prototype, and it is extremely difficult to fabricate some complex parts by using traditional methods. For example, as a big country for appliance consumption, China has obtained powerful manufacturing capability with the introduction of some whole sets of technologies and production lines from abroad in recent years. However, the development capability for innovative products in China is still very limited, especially at the stage of product upgrading. The capability to develop new products is not only dependent on excellent product design, but also determined by the rapid fabrication of physical prototypes for feasibility and performance testing before marketing. In the automotive industry, for example, it is crucial to rapidly fabricate the molds. In some developed countries, the development cycle for electromechanical products is generally 3 to 6 months while it often requires 24 months in China. Therefore, the development, industrialization and application of 3D Print technology will fundamentally update the traditional manufacturing industries in China, improving our new product development capabilities in some pillar industries like automotive and appliances.

3D Print was first developed in US as a high-tech manufacturing technology in late 1980s. Its significance is just as the development of CNC technology. 3D Print integrates CAD modeling, CNC, laser and material technologies and is an important part of advanced manufacturing technologies. Unlike traditional material removing processes, 3D Print techniques belong to material adding processes and fabrication of physical prototypes or parts directly from CAD models. Since it simplifies the 3D Print part fabrication process into the stacking of 2D layers, it can fabricate highly complex structures without any molds and tools and also enhance the productivity and flexibility of manufacturing enterprises.

3D Print can be called layer manufacturing or direct CAD manufacturing. Currently, there are several commercially available 3D Print systems such as stereolithography (SL), laminated object manufacturing (LOM), selective laser sintering (SLS), fused deposition

modeling (FDM), solid ground curing (SGC), three dimensional (3D) printing, ballistic particle manufacturing (BPM), etc.

3D Print employs the principle of material additive manufacturing to fabricate 3D Print solid objects directly from their CAD data without traditional cutting tools, machine tools and clamping fixtures. It possesses the capability to built highly complex parts rapidly and precisely. The fabricated prototypes can be either used for design evaluation and performance experiments, or further employed to fabricate molds. It is particularly useful for small companies to retrofit their product fabrication capability in smallbatches. In addition, 3D Print can greatly reduce the production costs by $1/3 \sim 1/5$ and shorten the product development time to $1/5 \sim 1/10$ compared with CNC. 3D Print is a highly integrated manufacturing system including CAD design, prototype and mould fabrication to products batch production, which can effectively improve the capability of new products development and market competitiveness for enterprises.

In theUnited States, Japan and Europe, 3D Print has found wide applications in many industrial fields such as automobile, electronics, aerospace, appliance and healthcare. Currently, as a new emerging technology, 3D Print systems have more than 3000 sales annually throughout the world. The main providers include 3D Print SYSTEMS in US, CMET in Japan, EOS in Germany etc. In US, not only large enterprises (such as three big automotive manufacturers, McDonnell Douglas, Boeing, etc.) are using 3D Print techniques, but there are also more than 200 professional companies who provide 3D Print services to small and medium sized companies. Some statistic data indicate that the market sales of 3D Print systems increased 59% in the past three years and rapid tooling (RT) is being developed to enhance the capabilities of 3D Print in both research and application.

In China, under the financial support from national programs such as the state key scientific and technological projects in the ninth and tenth "Five Year Plans", National "863" Program as well as national science foundation of China, extensive 3D Print related research work has been conducted including CAD modeling, development of slicing and data preparation software, 3D Print device construction and process optimization, material synthesis, etc. Now, some 3D Print systems have already been industrialized and many research centers have been established such as MOE (Ministry of Education) Research Center for RP&M Technology, National Engineering Research Center of Rapid Manufacturing. To popularize the application of 3D Print in China, a series of 3D Print service centers have been established in Suzhou, Shenyang, Shanghai, Nanjing, Shenzhen, Tianjing、Chongqing, Ningbo, Weinan, Henan, Xinjiang, Weifang, etc. Meanwhile, with the development of SPS series 3D Print machines, the fabrication efficiency has been improved $3 \sim 5$ times in comparison with that of LPS series 3D Print machines. The maximum part building rate is 100 g/h, and the average rate is 40 g/h.

2. Advantages of 3D Print Techniques

(1) 3D Print is one of the most important tools to visualize the conceptual design. A

physical prototype can be quickly fabricated based on its CAD model, which can be further used for the evaluation on process capability and design feasibility.

(2) Since 3D Print techniques can simplify the fabrication process of a 3D Print part into a stacking of two dimensional (2D) layers, they have the ability to fabricate a complex and intricate part without any tooling.

(3) 3D Print is a kind of advanced manufacturing technology. In some cases, the fabricated prototypes can be further processed to directly obtain the final products.

(4) 3D Print can be directly used to fabricate molds in a rapid and cost effective manner. Highly complex parts can also be built by using this freeform fabrication method, which is unrivalled by traditional manufacturing methods.

3. 3D Print Principle

3D Print rapid prototyping is based on the principle of material additive method. It fabricates 3D Print parts through layer by layer process. Just as the Great Wall was stacked by layers of bricks. There are several kinds of 3D Print processes, but all share the same fabrication principle. The difference lies in the materials used and forming process of each layer.

The general process for 3D Print is as follows:

(1) The Construction of a 3D Print Model

A 3D Print part is designed in the CAD software (such as CATIA, Pro/E, UG, SolidWorks, SolidEdge, CAXA, AutoCAD etc.), and the resultant CAD file is exported in STL format.

(2) Tessellation Treatment of the 3D Print CAD Model

Currently, STL is the most commonlyused file format among the existing 3D Print techniques. The STL format can be obtained by segmenting a CAD object with specific slicing program, which approximates the surface of the CAD object with multiple facets (i. e. the so-called tessellation treatment). Each layer represents some cross section of the discrete CAD object in the pre-defined building orientation. The advantage of STL based representation is that it simplifies the data information of a CAD object and is compatible with almost any existing CAD system. Therefore, STL format has become the de facto standard for the data exchange between CAD software and 3D Print systems.

Tessellation treatment is achieved by sectioning a CAD object using a series of parallel horizontal planes in the fabrication orientation. The crossed lines represent the layer profile of the object while the filling information within the profile can be obtained based on specific criteria. The distance between two adjacent layers is equal to the slicing interval, also called layer thickness. Since tessellation operation destroyed the surface continuity of the CAD object, some important information like the connection between the two adjacent layers will be inevitably lost.

These approximate operations will cause deviation in object dimension and geometry. Therefore, the slicing interval directly affects the surface roughness and geometry accuracy of the final part. The geometry error in 3D Print process will increase with the increase of sli-

cing interval. To improve the part fabrication accuracy, a smaller slicing interval is commonly used.

The objects designed in CATIA software. To export them in STL format, click "save as" in the list of "File" menu and choose . stl file format . The export accuracy can be improved by setting smaller values for arc height and angle control shows the CAD object in STL format.

4. Fabrication and Stack of Cross section Layer

The part is virtually sliced into many thin layers (cross-section) and the profile information of each layer is separately processed and analyzed. The cross-section is still separated into many parallel lines and then compiled into series of CNC commands which provide detailed fabrication parameters to the 3D Print machine. Of a cross-section layer in FDM process. Under the control of computer, the forming head (laser scanning point, nozzle, cutting tools etc.) of the 3D Print system is automatically moved in x—y plane to fabricate the cross-section. The next layer will form and bond to the previously formed layer, and the 3D Print part could be finally built by repeating the layer by layer fabrication process. The mechanical strength of the part could be further improved by post processing treatment such as polishing, painting or sintering at high temperature.

5. 3D Print Techniques

So far, there are tens of 3D Print techniques that have been developed. According to the fabrication process, they can be categorized . In this book, only four kinds of 3D Print techniques, which are predominate and widely used in industrial fields, are introduced as follows:

Main 3D Print processes and classification

Stereo Lithography, SL; Fused Deposition Modeling, FDM; Selective Laser Sintering, SLS;

Laminated Object Manufacturing, LOM.

(1)SL

SL is considered as the most widely used 3D Print technique. The principle of SL is that a liquid photocurable resin is solidified into specific shapes by laser or ultraviolet beam, under the control of computer according to the cross-section data of the part. The resin is polymerized to form a thin layer of the cross-section.

When SL process starts, the elevator table is at its highest position (depth a). The depth of liquid resin above the elevator table is equal to one layer thickness. Under the control of computer, a laser beam is focused on the surface of the resin, and moves horizontally according to the cross-section contour of the part to solidify the first layer. The elevator table then moves down to a distance of one layer thickness. A new layer of resin is covered on top of the previously solidified layer. The second layer is formed in the same manner and tightly bonds to the first layer. By repeating abovementioned layer by layer process, a circular shaped part with height b and certain wall thickness is formed. The elevator has moved from position a to position b in the vertical direction. The change in the cross-section profile will result in some unsupported regions, which may float away during the building process. In this case, auxiliary mesh shaped structure is designed to provide temporary support for the fabrication of some overhanging regions (supporting structures will be discussed in detail in the following sections). When all cross-section layers of the part are completed from bottom to top, the supporting structures can be easily removed to obtain the 3D Print part. The liquid photocurable resin without exposure to the laser beam can be reused in the future.

The resolution of SL process is determined by the size of the focused laser point, which is commonly0. 125 mm in diameter. Fine surface quality can be achieved even on tilted surface. SLA is the first commercially available 3D Print equipment, whose sales in the worldwide accounts for about 70% of all kinds of 3D Print apparatus. The advantages of SLA include high accuracy with dimensional deviation ±0. 1mm, fine surface quality, nearly 100% utilization of raw material and the capability to fabricate complex and microstructured parts.

(2)Principle FDM process

The FDM nozzle mounted on the working table can move in x and y directions. The elevator table can move up or down to a user defined distance. Thermoplastic or wax is melted to liquid, which is then injected from the small nozzle. The initial layer is deposited on a substrate according to the predetermined pathway. When the first layer is finished, the elevator table moves down a depth equal to the layer thickness and the next layer will be directly formed on the previous one. The key to FDM process is to keep the temperature of the extruded resin at about 1℃ higher than its melting temperature.

To fabricate complex parts, supporting structures are often needed. It is difficult to directly build the part because the next layer will be overhung once the part was built to height a. The solution is to add a temporary supporting structure. The density or strength of the material for supporting structures should be lower than that of the part to be built so that the supporting structures can be easily removed after the whole fabrication process is completed.

The layer thickness in FDM process is determined by the diameter of the extruded filament, usually ranging from0. 150 mm to 0. 250 mm. This is also the best achievable tolerance for the part in the vertical direction. As long as the filaments are deposited onto the previously formed features, the resolution can be as small as 0. 025 mm in the x—y plane.

The advantages of FDM include strong material toughness, low equipment cost, easy operation and environment friendly process. The disadvantages include low accuracy, difficulty in fabricating complex and large structures, poor surface quality and low productivity. FDM is more suitable for conceptual modeling of new products, shape and function testing for small or medium size prototypes. Due to strong chemical stability of methyl methacrylate ABS plastics, the parts can be fabricated directly by FDM and sterilized with gamma ray, especially suitable for medical use.

(3)SLS

SLS is a kind of 3D Print technique which selectively sinters non-metallic (or common metal) powder into a single part. The method uses a laser beam as the energy source, and the materials can be various powders such as nylon, synthetic rubber or metal.

There are two hollow cylinders at the bottom of the working chamber, one for powder supply and the other for in situ part fabrication. A piston in the powder supply cylinder can move up to supply powders, which will be subsequently transferred to part fabrication cylinder through a rolling mechanism. The piston in the part fabrication cylinder can move down for the fabrication of the next layer.

Initially, there is a thin layer (0.1~0.2 mm) of powers uniformly covered on the working table, which is selectively sintered into a cross-section shape by a computer controlled laser beam. After one layer is completed, the working table moves down and a new layer of powder is paved on the top for the fabrication of next layer. Non sintered powder functions as the support for the sintered part, so SLS does not need supporting structures. The process is repeated layer by layer until the whole 3D Print part is finished. In some cases, it requires some additional post processes such as drying and grinding to obtain the final part. At present, the materials such as wax and plastic powder have been well studied for SLS while the metal powder or ceramic powder sintering process is still in an experimental stage. The ability of SLS to directly create real parts from engineering materials makes it an attractive 3D Print technique.

SLS has many advantages such as good mechanical properties of the fabricated parts, no need for supporting structures, and a wide range of materials suitable for this process and nearly 100% utilization of raw materials. It can be used to fabricate prototypes, complex molds, even final mechanical parts. Many engineering materials can be used, including functional plastics, durable synthetic rubber, ceramics and metals. The disadvantages include poor surface roughness, difficulty in fabricating tiny structures, loose and porous structures, complex post process treatment, high energy consumption and high fabrication costs, etc. In addition, SLS process needs a nitrogen environment to ensure safety, and in some cases, some toxic gases might be produced. SLS is especially suitable to fabricate the prototypes for function testing. Since it can be used to sinter multi-component metal powders, the final prototypes could have similar mechanical properties to the metal parts after some post-process treatments such as cupric cement. So it can be used to fabricate metal molds directly. When wax material is used, SLS process is similar to investment casting process and especially suitable for the production of small batch complex parts.

(4)LOM

The principle of LOM is as follows: a layer of paper coated with thermomelted material is tightly glued on the working table, and a heated roller is used to press the paper. The first cross-section contour of the part is cut out by a computer controlled laser beam or sha3D Print tools. A new layer of paper is then added and the whole part is fabricated by repeating the same process. The paper made prototypes need some post treatments such as wax sealing, painting, and moisture protection process. LOM process is reliable, does not need supporting structure and has a wood-like appearance. It is more suitable for the fabrication of the pars with complex geometry but simple internal structure. The disadvantage is that it is time consuming and cannot fabricate hollow structures.

The process of LOM is shown . When the previous layer was fabricated, a new layer of paper coated with thermomelted glue is stacked on the top and a heated roller will be used to glue the current layer to the previous one. A laser beam was used to cut the cross-section shape according to the CAD slicing data. By repeating the cutting- gluing-cutting process layer by layer, a 3D Print prototype can be created. Since LOM only cuts the counter of the part, it is especially suitable for fabricating solid parts. The excess materials must be removed manually. This process can be simplified by using laser beam to cut some box shaped holes around the part.

LOM has the following advantages: no need for supporting structures, high productivity without filling process, small internal stress and deformation and low production cost. The disadvantages include waste of materials, poor surface quality, and difficulty in removing the paper inside the structures. The commonly used paper will cause environmental pollution to some degree. LOM process is suitable for the fabrication of medium-sized solid prototypes with small deformation and simple shape. It can also be used for the conceptual modeling for product design, functional testing and especially for the direct fabrication of sand casting mold.

(5)3D PRINT

The process of 3D Print is shown. It uses powders and adhesives as the building materials, and has a similar process as ink jet printer. The nozzles selectively spray adhesives onto each layer of the material to glue the powders together while the powder in non sprayed region remains in its original state. A spatial object is created by repeating this layer by layer process. The final part could have good mechanical properties after post sintering. Currently, 3D Print P has not yet been fully commercialized due to poor surface quality.

6. The Applications of RP

3D Print is the integration of many technologies such as mechanical engineering, CAD, CNC, laser and material science. Meanwhile, the ability of 3D Print can be enhanced when combined with reverse engineering (RE), rapid tooling and quick casting to form rapid prototyping and manufacturing (RP&M) system . Currently, 3D Print has found wide applications in many areas such as appliance, automobile, aerospace, industrial design, medical care, construction and so on. It could be used in prototype fabrication, new products development, assembly evaluation, functional testing, structural analysis, products' market popularization and feasibility research etc. It can also be used to fabricate master pattern for silicon molds or metal sprayed molds.

Compares the difference of traditional manual methods and RP-based methods in product design and fabrication. It can be seen that the fabrication cost of 3D Print is higher than that of traditional methods. However, as the ability to rapidly develop new products has become the bottleneck for the survival and development of many enterprises, 3D Print gradually becomes the essential part for new product development.

7. 3D Print is mainly used in following areas

(1)Evaluation and Verification of New Products

To improve design quality and shorten development cycle, 3D Print system can convert the designers' drawing or CAD models into physical prototypes within several hours or days. In this way, design assessment and functional verification can be immediately conducted based on the prototypes and the users' feedback on the product design can be quickly obtained. In comparison with traditional model fabrication methods, 3D Print is fast, precise and convenient for the modification and reverification of CAD models.

(2)Functional Testing

The prototypes made from photosensitive resin by 3D Print system have sufficient strength so that they can be used for heat transfer and fluid dynamics testing. For example, General Motors (GM) in the US conducted heat transfer experiments on the RP-fabricated air conditioning system, cooling circulation system and heating system of new automobiles. They saved more than 40% in costs in comparison with traditional methods. Chrysler directly employed 3D Print to fabricate the prototype of a car, and used it for fluid dynamics testing in high-speed wind tunnel. They saved up to 70% in costs.

(3)Easy Communication with Suppliers and Customers

In abroad, 3D Print technology has become an important tool for manufacturers to obtain the orders. For example, an automobile manufacturer inDetroit was just founded five years ago, but it produced the first functional prototypes in 4 days after receiving the bid from Ford. The reason is because that it was equipped with two types of 3D Print systems and therefore has the corresponding quick casting techniques. As a result, it finally won the order worthy of $30 millions for the casting of engine's cylinder heads. In addition, the customers might modify their original design when they evaluate the physical prototype. In this case, RP-based prototype could facilitate the communication between manufacturers and customers.

(4)Rapid Mold Manufacturing

The prototypes fabricated by 3D Print can be used as mold cores and jackets. When combined with investment casting, powder sintering or electrode grinding, functional molds or devices can be rapidly fabricated to meet the requirements of the company. In comparison with traditional CNC, the manufacturing cycle is generally reduced to $1/5\sim1/10$ and the cost is only $1/3\sim1/5$. A mold supplier in Chicago (only 20 employees) claims that they can provide injection molds with any complexity within 1 week after receiving the CAD files from their customers, and about 80% molds can be finished in $24\sim48$ hours.

(5)Applications in Medical Care

The prototypes of human tissues or organs could be directly replicated based on the CT or MRI images of the patients by using RP. These prototypes can be used for the surgery operation planning at head, maxillofacial or dental regions, complex surgery exercise, biomimetic design for bone graft, or the reference of X-ray inspection.

(6) Concurrent Engineering

Concurrent engineering was proposed in modern manufacturing technology. Based on team work, it shares information resources through internet, and simultaneously considers the relevant problems in product design and manufacturing and hence realizes the so-called concurrent design. However, it is difficult to perfectly perform concurrent design if only depending on the computer simulation without physical approaches. 3D Print can rapidly fabricate physical prototypes at every stage of the product design, which facilitates product modifications. It creates an excellent design environment for designers by fabricating molds or parts in small batches to find various relevant problems. So 3D Print technology is a powerful tool to realize concurrent design.

8. Relation CAD and 3D Print

CAD Modeling

The first step in the 3D Print process is virtually identical for all the various systems, and involves the generation of a three dimensional computer aided design model (CAD modeling) for the object. all 3D Print rapid prototyping processes is a layer by layer material addition fabrication process. So before starting the fabrication process, the model is mathematically sectioned by the computer into a series of parallel horizontal planes like the floors of a tall building. The sliced layers include all the information of the cross sections (contour, entity) for the fabrication process.

The production process of 3D Print has been indicated . The CAD model should be converted into data format compatible to 3D Print Machine, so that the consequent process can be well performed

The CAD file should be converted to STL format approximately (tessellation) before slicing. Almost all the commercial CAD software have STL file interface to achieve the conversion of file formats for the CAD model.

.

Output of STL File for Commonly Used Software.

Open theCAD files constructed by CATIA(UG. \ProE\AutoCAD⋯) Click menu, then choose item under the options to export STL file (3D version) from selected solid or sheet.

3D Print Machine works according to the user's STL file. With the CAD design system whose output includes the STL format, we can execute the 3D Print CAD solid modeling, and the consequent STL facets files can be the input of the software of 3D Print Machine. Knowing from the flow chart above, when data processing software receive the STL file, a series of tasks can be executed, such as determining the size and orientation of the parts, slicing for the STL file, designing their supporting structure, generating the data processing files for the SPS series Laser 3D Print Machine, which would handle the fabrication process.

附录 E 3D 打印的模型

3D 打印的工程应用很多，现将部分打印的实体照片给出，以开阔读者的应用思路。

树脂激光 3D 打印汽车外覆盖件并喷漆

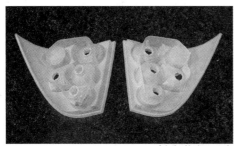 

树脂激光 3D 打印车灯座

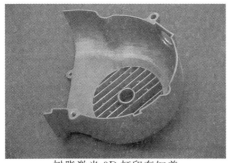 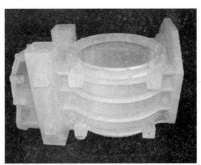

树脂激光 3D 打印车缸盖　　　　　树脂激光 3D 打印车缸

 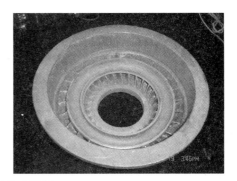

打印后抛光效果

树脂激光 3D 打印戒指等

树脂激光 3D 打印车缸盖

树脂激光 3D 打印摩托发动机外壳

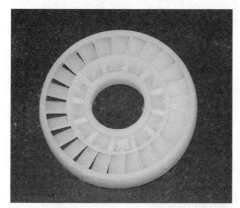

树脂激光 3D 打印涡轮

树脂激光 3D 打印涡轮

树脂激光 3D 打印汽车空调器叶轮

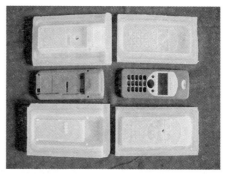

树脂激光 3D 打印手机壳　　　　　　树脂 3D 打印手机壳及硅胶模具

树脂激光 3D 打印人头像

树脂激光 3D 打印人物造型(喷漆前后)

树脂激光 3D 打印艺术造型

树脂激光 3D 打印节水滴头

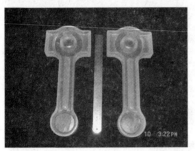
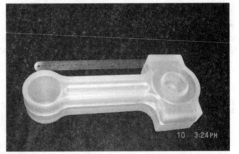

树脂激光 3D 打印连杆快速模具

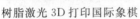

树脂激光 3D 打印国际象棋　　树脂激光 3D 打印齿轮等　　　透明树脂 3D 打印

手枪模型激光树脂 3D 打印　　　　树脂激光 3D 打印彩弹枪（书中实例）
（全国建模大赛一等奖）

树脂激光 3D 打印曲轴　　　　　　密西根大学树脂激光 3D 打印曲轴

树脂激光 3D 打印大雁塔模型　　脂激光 3D 打印城堡　　激光 3D 打印千手观音

密西根大学迪尔本分校激光切纸 3D 打印汽车模型

西安交大刀片切纸 3D 打印手机模型　　西安交大刀片切纸 3D 打印阀盖

西安交大刀片切纸 3D 打印机械零件

桌面机 3D 打印 PLA 塑料人像

桌面机 3D 打印 PLA 塑料组件组装玩具

桌面机 3D 打印 PLA 塑料仿古董（喷漆效果）

树脂激光一次 3D 打印可以相对运动的机构

 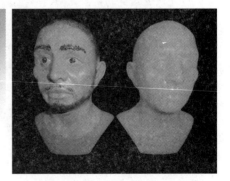

彩色石膏打印　　　　　　　　打印后涂色人像

西安交通大学的金属打印零件

西北大学金属 3D 打印模型

3D 打印纸抛光封蜡后模型

树脂紫外光 3D 打印模型

3D 打印浮雕及水晶内雕

清华大学学生打印的馅饼　　　　　　中央台报道 3D 打印的巧克力杯

最大的 3D 机及打印的模型

麦道公司贝尔直升机 Textron　　　　　树脂 3D 打印机器人

美国 3D 打印柔性穿戴饰品

美国的金属 3D 打印

美国 EX-one 3D 打印的砂型

国外的金属 3D 打印件